Interdisziplinäre Absicherung der Produktionsplanung in der Automobilindustrie

Karl-Josef Wack

Interdisziplinäre Absicherung der Produktionsplanung in der Automobilindustrie

Karl-Josef Wack

Universitätsverlag Ilmenau
2020

Impressum

Bibliografische Information der Deutschen Nationalbibliothek

Die Deutsche Nationalbibliothek verzeichnet diese Publikation in der Deutschen Nationalbibliografie; detaillierte bibliografische Angaben sind im Internet über http://dnb.d-nb.de abrufbar.

Diese Arbeit hat der Fakultät für Wirtschaftswissenschaften der Technischen Universität Ilmenau als Dissertation vorgelegen.

Tag der Einreichung:	20. März 2019
1. Gutachter/-in:	Prof. Dr. Steffen Straßburger (Technische Universität Ilmenau)
2. Gutachter/-in:	Prof. Dr. Christian Weber (Technische Universität Ilmenau)
3. Gutachter/-in:	Dr. Thomas Bär (Daimler AG, Ulm)
Tag der Verteidigung:	25. November 2019

Technische Universität Ilmenau/Universitätsbibliothek
Universitätsverlag Ilmenau
Postfach 10 05 65
98684 Ilmenau
https://www.tu-ilmenau.de/universitaetsverlag

ISBN 978-3-86360-213-0 (Druckausgabe)
DOI 10.22032/dbt.40550
URN urn:nbn:de:gbv:ilm1-2019000559

Für Sabrina

Vorwort

Die vorliegende Arbeit entstand im Rahmen meiner Tätigkeit im Forschungszentrum der Daimler AG am Standort Ulm in enger Zusammenarbeit mit der Technischen Universität Ilmenau.

An dem Zustandekommen und dem Gelingen der Dissertation haben verschiedene Personen Anteil. Zunächst bedanke ich mich bei Dipl.-Psych. Henning Brau, der mir den Einstieg in die spannende Materie der Automobilindustrie durch die Betreuung meiner Diplomarbeit im Bereich Virtual Reality ermöglicht hat.

Dr. Thomas Bär danke ich für das entgegengebrachte Vertrauen und den Einstieg in das Themenfeld der Digitalen Fabrik, der virtuellen Produktionsplanung und der virtuellen Absicherung, den ich in seinem Team machen durfte. Dieser gelang mir mit meiner Master Thesis, die sich mit der Absicherung der produktionsgerechten Produktgestaltung befasste, für deren Betreuung ich Dr. Marco Müller danken möchte. Im gleichen Umfeld fand die Erstellung der Dissertation statt.

Bei den ehemaligen Kollegen möchte ich mich für viele inspirierende sowie kritische Diskussionen, aber auch für das hervorragende Arbeitsklima, bedanken. Nicht zu vergessen sind neben dem fachlichen Austausch auch die gemeinsamen Unternehmungen nach Feierabend, die für den notwendigen Ausgleich zu dem arbeitsintensiven Alltag sorgten. Wir hatten eine einzigartige Zeit.

Einen wesentlichen Beitrag zu der Dissertation leisteten Dipl.-Ing. Franz Otto mit der von ihm verfassten Diplomarbeit und Victor Mittelstädt mit der Begleitung der durchgeführten Studien.

Darüber hinaus möchte ich mich bei den Kollegen bedanken, die mir die praktischen Umsetzungen der ausgearbeiteten Konzepte ermöglicht haben. Dr. Tobias Riegmann danke ich für die anspruchsvolle Umsetzung bei Daimler Truck Aggregate in Mannheim. Dipl.-Wirtsch.-Ing. (FH) Birgit Leißler sowie den Kollegen der Planung aus Sindelfingen und Bremen danke ich für die Unterstützung während der Umsetzung im Rahmen der interdisziplinären Produktionsvorbereitung der Baureihe 205 bei Mercedes-Benz Cars in Sindelfingen.

Für die Unterstützung und die Freiheit, die mir Dr. Thomas Bär bei der Ausarbeitung der Konzepte und der Umsetzungen gewährte, danke ich herzlich.

Bedanken möchte ich mich insbesondere bei meinem Doktorvater, Prof. Dr. Steffen Straßburger für das Interesse an den von mir bearbeitenden Fragestellungen, für die offenen sowie kritischen Diskussionen und die hilfreichen Anregungen. Auch Prof. Dr. Christian Weber möchte ich für die Übernahme des Koreferates danken.

Weiterhin möchte ich mich bei meinen Freunden, die mich auf diesem Weg begleitet und motiviert haben, bedanken. Meiner Familie und meinen beiden Geschwistern gilt an dieser Stelle mein besonderer Dank.

Abschließend danke ich meinen Eltern Hannelore und Karl-Heinz herzlich für die Möglichkeiten, die mir durch sie eröffnet wurden. Sie haben mich auf den Wegen meiner Ausbildung immer bestätigt und gefördert.

Karlsruhe, im Januar 2020 Karl-Josef Wack

Inhaltsverzeichnis

Abbildungsverzeichnis

Tabellenverzeichnis

Abkürzungsverzeichnis

2D	-	Zweidimensional
3D	-	Dreidimensional
ANOVA	-	Analysis of Variance
AR	-	Augmented Reality
ASB	-	Arbeitsschritteblatt
AV	-	Augmented Virtuality
AVO	-	Arbeitsvorgang
BEMI	-	Betriebsmittel
CAD	-	Computer Aided Design
CAEX	-	Computer Aided Engineering Exchange
CAM	-	Computer Aided Manufacturing
CAPP	-	Computer Aided Process Planning
CE	-	Concurrent Engineering
CIM	-	Computer Integrated Manufacturing
CLI	-	Command-Line Interface
DAB	-	Detaillierte-Arbeitsplatz-Beschreibung
DB	-	Datenbank
DBMS	-	Datenbankmanagementsystem
DFMA	-	Design for Manufacturing and Assembly
DIN	-	Deutsches Institut für Normung
DMU	-	Digital Mock-Up
DPE	-	DELMIA Process Engineer
EDM	-	Engineering Data Management
EHPV	-	Engineering Hours per Vehicle
EOP	-	End of Production
ER	-	Entity Relationship

ERM - Entity Relationship Modell
ERP - Enterprise Resource Planning
FAT - Fahrertür
FEM - Finite-Elemente-Methode
FFZ - Flurförderfahrzeug
FOT - Fondtür
FT - Fördertechnik
FTS - Fahrerloses Transportsystem
GLT - Großladungsträger
GUI - Graphical User Interface
HPV - Hours per Vehicle
HRL - Hochregallager
HW - Hardware
IS - Informationssystem
ISO - International Organization for Standardization
IT - Informationstechnik
JCGM - Joint Committee for Guides in Metrology
JIS - Just in Sequence
JIT - Just in Time
JT - Jupiter Tesselation
KLT - Kleinladungsträger
KVP - Kontinuierlicher Verbesserungsprozess
LE - Ladeeinheit
LLZ - Lagerlogistikzentrum
LP - Logistikplan
LT - Ladungsträger
LTM - Ladungsträger-Management-System
MIT - Massachusetts Institute of Technology
MR - Mixed Reality
MTM - Methods-Time Measurement
MV - Manufacturing Variable

NUI - Natural User Interface
OEM - Original Equipment Manufacturer
PDM - Product Data Management
PEP - Produktentstehungsprozess
PKW - Personenkraftwagen
PLM - Product Lifecycle Management
PMU - Physical Mock-Up
PP - Produktionsplanung
PPG - Produktionsgerechte Produktgestaltung
PPR - Produkt-Prozess-Ressource
PPS - Produktionsplanung und -steuerung
PV - Primärvorgang
QM - Qualitätsmanagement
ROI - Return on Investment
SE - Simultaneous Engineering
SLT - Sonderladungsträger
SOA - Service Oriented Architecture
SOP - Start of Production
STEP - Standard for the Exchange of Product Data
SV - Sekundärvorgang
TPP - Technische Produktionsplanung
TPS - Toyota Production System
TTM - Time-to-Market
UX - User Experience
VDA - Verband der Automobilindustrie
VDI - Verein Deutscher Ingenieure
VGR - Visibility Guided Rendering
VR - Virtual Reality
WFMS - Workflowmanagement-System
WI - Wirtschaftsinformatik
WPF - Windows Presentation Foundation

WWW	-	World Wide Web
XML	-	Extensible Markup Language
ZB	-	Zusammenbau
ZBU	-	Zusammenbau unbestimmt

1 Einleitung

„Vom Bau des ersten Wagens an gerechnet brauchten wir annähernd dreißig Jahre, um eine Million Wagen herzustellen – der Millionste wurde am 10. Dezember 1915 fertiggestellt. Am 28. Mai 1921 brachten wir das fünfmillionste Auto heraus; am 4. Juni 1924 vollendeten wir unseren zehnmillionsten Wagen. (...) Wir haben unseren Mindestlohn von fünf Dollar am Tag auf sechs Dollar pro Tag gesteigert. Aber unsere Autos werden um vierzig Prozent billiger abgegeben wie 1914, als unser Durchschnittslohn zwei Dollar vierzig pro Tag betrug."[1]

- Henry Ford

1.1 Motivation

Das von Henry Ford – vor nahezu 100 Jahren – beschriebene Streben nach Steigerung der Produktivität ist bis heute der Antrieb für produzierende Unternehmen. Durch die fortgeschrittene Globalisierung hat sich die Wettbewerbssituation für die Unternehmen deutlich verschärft. In der Automobilindustrie hat die turbulente Marktsituation einen Konkurrenzkampf um wichtige Marktanteile entfacht. Die Unternehmen bewegen sich mehr denn je in dem allgemein bekannten Spannungsfeld aus Qualität, Produktivität und Kosten. Der ständige Wettbewerb führt zu kürzeren Innovations- sowie Produktzyklen und stellt die Unternehmen vor neue Herausforderungen.

[1] (Ford & Crowther, 1926, S. 43)

Kundenanforderungen unterscheiden sich von Markt zu Markt immer mehr[2]. Die Hersteller reagieren darauf mit einer verstärkten Kundenorientierung, was in einer hohen Individualisierbarkeit der Produkte mündet. Hinzu kommen äußere Einflüsse der Märkte, wie beispielsweise neue Abgasnormen oder alternative Antriebskonzepte[3], welche sich zusätzlich auf das Produkt auswirken[4]. Insgesamt führt dies zu einer Vielzahl an Produkten und Produktvarianten (Stäblein, Schütte, Merat, & Bracht, 2008), (Bär, 2008), welche unmittelbare Auswirkungen auf die Produktion und deren Planung haben.

Betrachtet man die durchschnittliche Anzahl der Serienanläufe bei Mercedes-Benz Cars pro Jahr, so hat sich diese über die vergangenen 20 Jahre mehr als verdreifacht (Wack, Bär, & Straßburger, 2010). Gleichzeitig zeichnen sich durch einen sogenannten Re-Use von Produktionsanlagen längere Produktionslebenszyklen ab. Die in eine laufende Produktion zu integrierenden Prozesse nehmen durch flexible und wandlungsfähige Produktionssysteme zu (Elmaraghy, 2009), (Bär, 2008).

Weitere empirische Studien belegen, dass ein Großteil von notwendigen Änderungsmaßnahmen erst ab der Phase der Nullserie und somit während der Phase des Serienanlaufs durchgeführt wird. Auch die Erstellung von Serienwerkzeugen ist zu diesem Zeitpunkt bereits erfolgt (Assmann,

---

[2] Zetsche, Dieter, 2011, Rede anlässlich der ordentlichen Hauptversammlung der Daimler AG, Berlin 13.04.2011, http://www.daimler.com/Projects/c2c/channel/documents/2004076_Daimler_Rede_DZ_HV2011_13_04_201–,1_dt.pdf. Aufruf am 14.04.2011.

[3] Zetsche, Dieter, 2018, Exklusiv-Interview https://www.presseportal.de/pm/68912/3856016

[4] Zetsche, Dieter, 2017, Interview zu dem Thema Elektromobilität https://www.deutschlandfunk.de/elektromobilitaet-zetsche-elektroautos-erst-2025.868.de.html?dram:article_id=389524

2000). Da sich hinter diesen Umständen ein hohes Einsparpotenzial für die Automobilindustrie verbirgt, gewinnen effiziente Produktionsanläufe zunehmend an Bedeutung (Fleischer, et al., 2005).

Um einen effizienten Produktionsanlauf zu gewährleisten, wird dieser im Vorfeld abgesichert. In Bezug auf manuelle Montageumfänge findet dies in der sogenannten Produktionsvorbereitung statt, welche unter Beteiligung verschiedener Planungsbereiche interdisziplinär erfolgt. Die Produktionsvorbereitung ist der Serienentwicklung und Serienvorbereitung zugeordnet.

In dieser Phase werden gemäß dem aktuellen Planungsstand physische Prototypen des Produktes stationsweise, mit den dazugehörigen Arbeitsinhalten, aufgebaut. Neben der Verifikation des eigentlichen Produktes dient diese Phase dazu, einen effizienten Produktionsanlauf sicherzustellen.

In der Automobilindustrie entstehen im Rahmen der Produktionsvorbereitung physische Fahrzeugprototypen, welche mit sehr hohen Kosten verbunden sind. Daher werden unterschiedliche Ansätze verfolgt, mit denen die Anzahl der physischen Fahrzeugprototypen reduziert werden kann (Fusch, 2001).

Neben Methoden, die eine Optimierung der Auslastung von physischen Prototypen verfolgen (Clausen & Weber, 2006), bestehen immense Potenziale durch den Einsatz von virtuellen Methoden zur Absicherung von Produkt und Produktion.

Die Produktentwicklung und Produktionsplanung erfolgen in der Automobilindustrie zunehmend virtuell (Zoll, 2013). Dies bildet die Grundlage für die Anwendung von virtuellen Absicherungen, wodurch Fehler frühzeitig identifiziert und behoben werden können – lange bevor erste Hardware gefertigt oder Produktionsanlagen beauftragt werden. Nach

Zoll *„verkürzen sich Serienanlaufzeiten um die Hälfte, was sich in erhöhter Flexibilität und entsprechend kürzerer Markteinführungszeit auszeichnet"* (Zoll, 2013, S. 14), sofern Simulationen und virtuelle Absicherungen eingesetzt werden.

1.2 Zielsetzung

Ein zentrales Element der Produktionsvorbereitung bildet der sogenannte interdisziplinäre Produktionsvorbereitungsworkshop, bei dem die verschiedenen Planungsbereiche aufeinandertreffen. Die Workshops sind von einer hohen Dynamik und von einer Vielzahl an Beteiligten geprägt. Im Rahmen des Workshops werden die Planungsergebnisse der einzelnen Planungsdisziplinen zusammengeführt, bewertet und optimiert.

Die vorliegende Arbeit fokussiert insbesondere die Produktionsvorbereitung und die damit verbundene Absicherung des Produktionsanlaufs im Hinblick auf manuelle Montageumfänge in der Automobilindustrie. Während in der Produktentwicklung bereits weitreichend virtuelle Absicherungsmethoden etabliert sind und mit einem digitalen Fahrzeugprototyp verschiedene Fahrzeugfunktionen, wie beispielsweise Crashverhalten, Aerodynamik und Betriebsfestigkeit abgesichert werden können (Breitling, Grossmann, & Zöller, 2009), ist eine vollständig virtuelle Absicherung des Produktionsanlaufs bislang noch nicht möglich.

An dieser Stelle setzt die Arbeit an und verfolgt das Ziel, die Produktionsvorbereitung durch die Bereitstellung von virtuellen Methoden zu unterstützen. Hierbei gilt es mittels einer Analyse festzustellen, welche Absicherungsumfänge für die Produktionsvorbereitung relevant sind und welche durch virtuelle Methoden sichergestellt werden können.

Gleichzeitig stellt sich die Frage, welche Absicherungsumfänge nicht durch virtuelle Methoden durchgeführt werden können. Die daraus resultierenden Grenzen sind aufzuzeigen. In diesem Zusammenhang ist zu klären, wie eine virtuelle Produktionsvorbereitung gestaltet und systematisch durchgeführt werden kann.

Einen wesentlichen und im Rahmen der Arbeit beispielhaft betrachteten Aspekt der Produktionsvorbereitung stellt die Planung und Absicherung der Materialzone dar, die im Spannungsfeld zwischen Logistikplanung und Montageplanung angesiedelt ist. Beide Planungsbereiche haben unterschiedliche Planungsschwerpunkte und müssen gemeinsam eine für das Unternehmen wirtschaftliche Lösung finden. Daher ist ein Konzept auszuarbeiten, welches die Planung und Absicherung der Materialzone virtuell unterstützt und dabei die notwendige Kollaboration fördert.

Auch im Hinblick auf die interdisziplinären Produktionsvorbereitungsworkshops gilt es, die Zusammenarbeit, die Entscheidungsfindung sowie die Dokumentation der Planungsergebnisse effizienter zu gestalten. Die erläuterte Zielstellung wird in Form von Forschungsfragen in Abschnitt 4 weiter detailliert.

1.3 Forschungsmethodik

Bevor die angewandten Forschungsmethoden vorgestellt werden, wird die Einordnung der Arbeit in die Wirtschaftsinformatik vorgenommen. Die Wirtschaftsinformatik ist eine eigenständige, interdisziplinäre Wissenschaft und beschreibt eine anwendungsorientierte Wissenschaftsdisziplin, deren Gegenstand Informationssysteme in Wirtschaft, Verwaltung und privaten Bereichen sind. Im Allgemeinen lässt sich Wirtschaftsinformatik als Realwissenschaft klassifizieren, da Phänomene der Wirklichkeit untersucht werden[5]. Die Ziele der wissenschaftlichen Disziplin Wirtschaftsinformatik sind u. a.:

- Die Entwicklung und Weiterentwicklung von Konzepten, Methoden, Modellen und Werkzeugen
- Eine gestaltungsorientierte Konstruktion von Informationssystemen

Eine ausführliche Erläuterung der Zielsetzung der Wirtschaftsinformatik kann (Mertens, et al., 2012) entnommen werden.

Forschungsarbeiten aus der Wirtschaftsinformatik sind sowohl geprägt von verhaltensorientierten, als auch von gestaltungsorientierten Ansätzen. In der deutschsprachigen Forschung finden jedoch gestaltungsorientierte Ansätze häufiger Anwendung (Wilde & Hess, 2007).

Zu den Ergebnistypen gestaltungsorientierter Wirtschaftsinformatik zählen nach (Österle, et al., 2010):

- Konstrukte (Konzepte, Terminologien, Sprachen)
- Modelle
- Methoden
- Instanzen (Prototypen oder produktive Informationssysteme)

Im Fokus der Arbeit steht die Absicherung der Produktionsvorbereitung in der Automobilindustrie. Es werden Konzepte, Methoden, Modelle sowie Werkzeuge entwickelt und weiterentwickelt. Im Rahmen der Absicherung der Produktionsplanung werden prototypische Informationssysteme konstruiert, welche Absicherungen virtuell ermöglichen und

---

[5] (Wissenschaftliche Kommission Wirtschaftsinformatik, 2011)

den Absicherungsprozess unterstützen. Somit lässt sich die Arbeit in die gestaltungsorientierte Forschung der Wirtschaftsinformatik einordnen.

Im Allgemeinen verläuft der Erkenntnisprozess idealtypisch iterativ und folgt dabei den folgenden Phasen:

- Analyse
- Entwurf
- Evaluation
- Diffusion

Die vorliegende Arbeit folgt ebenfalls diesen Phasen und greift auf Forschungsmethoden zurück, welche umfassend in (Wilde & Hess, 2007) erläutert sind.

Zur Ermittlung der Einflussfaktoren eines Problems werden in der Analysephase neben einer Analyse der einschlägigen Literatur qualitative Studien in der Praxis vorgenommen. In der Entwurfsphase kommen die Methoden Prototyping, Methodisches Engineering sowie konzeptionelle und argumentativ-deduktive Analysen zum Einsatz. Mittels quantitativer und qualitativer empirischer Studien sowie Laborexperimenten und Experteninterviews wird die Evaluationsphase der Arbeit durchgeführt. Die abschließende Phase der Diffusion erfährt ihre Umsetzung zum einen durch die vorliegende Arbeit und deren Veröffentlichung, zum anderen durch Publikationen auf namhaften Konferenzen und in Fachzeitschriften.

1.4 Aufbau der Dissertation

Die vorliegende Arbeit gliedert sich in drei wesentliche Teile. Zu Beginn wird der aktuelle Stand der Forschung und Technik betrachtet. Die damit im ersten Teil behandelten Themen vermitteln die für das weitere Verständnis der Arbeit notwendigen Grundkenntnisse und geben einen Überblick über die Produktionsplanung in der Automobilindustrie. Dabei werden die mit der Produktion und deren Planung in Verbindung stehenden Begriffe, Methoden und Vorgehensweisen erläutert.

Weiterhin werden der Produktentstehungsprozess beleuchtet, die einzelnen Planungsbereiche erläutert, Produktionssysteme vorgestellt sowie die informationstechnische Unterstützung durch die Digitale Fabrik und die Digitale Produktionsplanung beschrieben. Ein wesentlicher Aspekt ist hierbei die Digitale Absicherung, welche mit modernster informationstechnischer Unterstützung durchgeführt wird. Ein besonderes Augenmerk liegt auf der Absicherung von Zielen der Logistik und Montage in der Phase der Produktionsvorbereitung. Diese dient als Grundlage zur Anwendung des erarbeiteten Konzeptes.

Im zweiten Teil der vorliegenden Arbeit erfolgt eine Analyse der Ausgangssituation. Diese Analyse zeigt mögliche Potenziale auf, durch die eine Steigerung der Planungsqualität und -effizienz erreicht werden kann. Die Erkenntnisse schlagen sich unmittelbar in den ausgearbeiteten Konzepten nieder.

Der dritte Teil der vorliegenden Arbeit umfasst die Anwendung und Validierung der Konzepte anhand von praxisnahen Beispielumsetzungen in unterschiedlichen Planungsbereichen und Business Units der Automobilindustrie.

In den beiden letzten Kapiteln wird die Arbeit zusammengefasst, kritisch bewertet sowie ein Ausblick zu möglichen Weiterentwicklungen und einem produktiven Einsatz gegeben. Die nachfolgende Abbildung verdeutlicht den Aufbau der Arbeit.

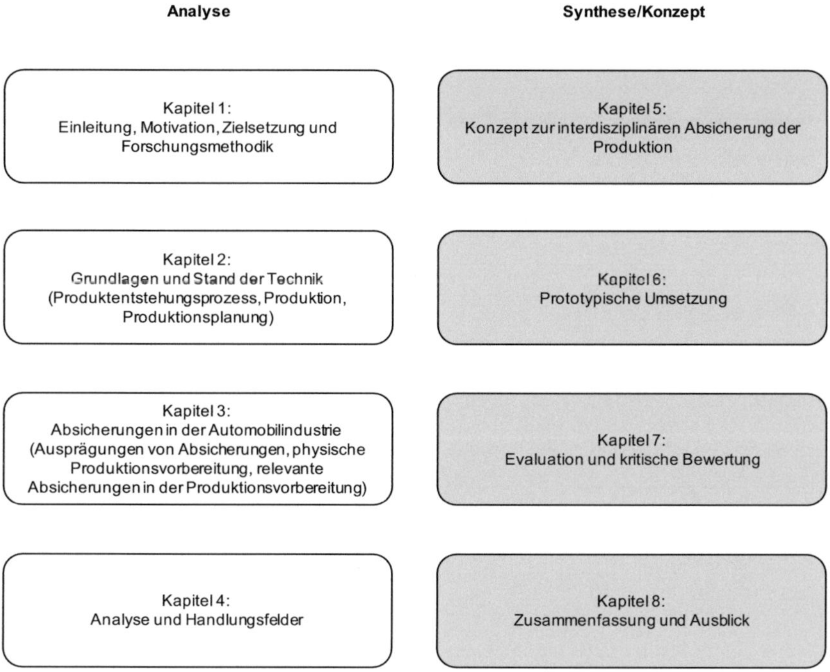

Abbildung 1: Aufbau der Arbeit

2 Grundlagen und Stand der Technik

„Als vor mehr als 2000 Jahren im alten Griechenland ein junger König seine Herrschaft antrat und einen Philosophen fragte, was er denn als erstes tun solle, so soll ihm dieser geantwortet haben: König, kläre die Begriffe."[6]

- Griechischer Philosoph

In diesem Kapitel werden die für das Verständnis der Arbeit notwendigen Grundlagen und Begrifflichkeiten aufgeführt und erläutert.

2.1 Produktentstehungsprozess

Der Produktentstehungsprozess ist fester Bestandteil des Produktlebenszyklus, welcher einer der Kernprozesse industrieller Unternehmen ist. Ein Prozess ist allgemein definiert als *„Gesamtheit von aufeinander einwirkenden Vorgängen in einem System, durch die Materie, Energie oder Information umgeformt, transportiert oder gespeichert wird"* (DIN IEC60050-351, S. 20).

Ein Produkt ist *„eine von einem Unternehmen am Markt angebotene Leistung, die durch ihre spezifischen Funktionen und Eigenschaften geeignet ist, konkrete Bedürfnisse von Kunden nutzbringend zu befriedigen"* (Sabisch, 1996, S. 1439-1440), und durchläuft in einem Unternehmen sowie auch bei der späteren Nutzung verschiedene Phasen, welche in ihrer Gesamtheit als Produktlebenszyklus bezeichnet werden.

---

[6] Zitat entnommen aus (Schulz 2007, S. 8)

Der Produktlebenszyklus beinhaltet die Planung und Entwicklung eines Produktes, die dazu benötigten Ressourcen, Fertigungseinrichtungen, Fertigungs- und Montageprozesse, die Produktion sowie letztlich die Nutzung, den Betrieb sowie das Produktrecycling. Abbildung 2 veranschaulicht dies anhand einer sequenziellen Darstellung des Produktlebenszyklus zusammen mit dessen einzelnen Phasen sowie den damit verbundenen Aktivitäten (Eigner & Stelzer, 2009).

In der Literatur ist neben einem unterschiedlichen Verständnis für den Produktentstehungsprozess oftmals die Begrifflichkeit Produktentwicklungsprozess zu finden (Lindemann, 2009), (Pahl, Beitz, Feldhusen, & Grote, 2013), (Ehrlenspiel, 2009).

Auch wenn bei den unterschiedlichen Bezeichnungen teilweise einzelne Phasen ausgeschlossen und andere wieder miteinbezogen werden, ist der Produktentwicklungsprozess nicht als Synonym zu verstehen, da dieser im Vergleich zum Produktentstehungsprozess lediglich auf die Produktentwicklung zielt.

Mit Vollendung der Produktentwicklung gilt der Produktentwicklungsprozess als abgeschlossen (Pahl, Beitz, Feldhusen, & Grote, 2013). Der Produktentstehungsprozess hingegen endet erst mit dem hergestellten Produkt. Eine beispielhafte Ausführung der verschiedenen Sichtweisen zum Produktentstehungsprozess liefert die Dissertation von (Burr, 2008). Der Produktentstehungsprozess untergliedert sich nach (Eigner & Stelzer, 2009) in vier Phasen:

- Anforderungen
- Produktplanung
- Entwicklung
- Prozessplanung

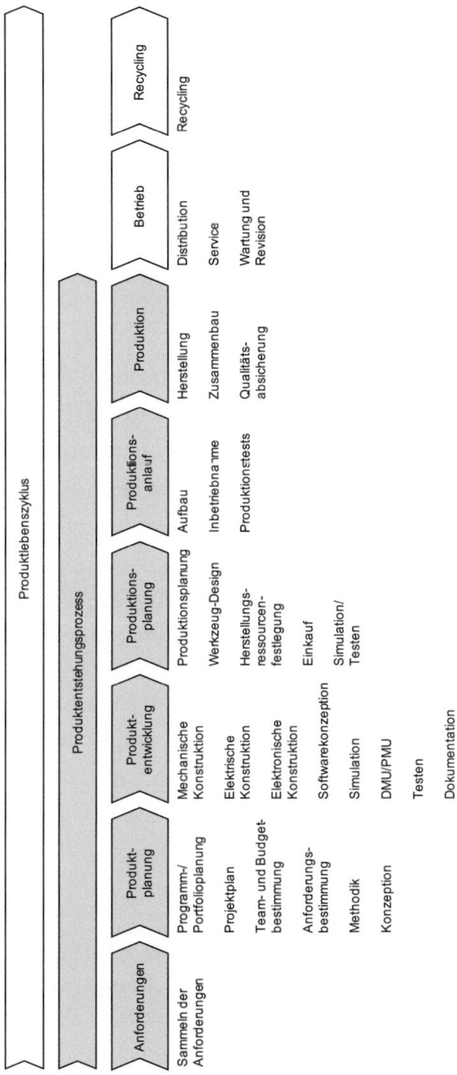

Abbildung 2: Phasen und Tätigkeiten des Produktlebenszyklus. Eigene Darstellung in Anlehnung an (Eigner & Stelzer, 2009)

Die Prozessplanung ist hierbei als Synonym für Produktionsplanung zu verstehen und wird in dieser Arbeit fortan als Produktionsplanung verwendet. Abbildung 2 hebt die einzelnen Phasen des Produktentstehungsprozesses farblich hervor.

Betrachtet werden lediglich die technischen Bestandteile des Produktentstehungsprozesses. Betriebswirtschaftliche Bestandteile, welche die Planung der Kapazitäten, wie beispielsweise des Personals betrachten, sind in der Darstellung nicht enthalten.

Den Ausgangspunkt und somit die erste Phase des Produktentstehungsprozesses bildet eine Produktidee, eine strategische Entscheidung oder aber auch ein konkreter Kundenauftrag (Westkämper, 2006). Es werden Anforderungen gesammelt und in einem Lastenheft festgehalten (Vajna, Weber, Bley, Zeman, & Hehenberger, 2009), bevor sich die Phase der Produktplanung anschließt. Diese beinhaltet, neben einer ausführlichen Marktanalyse, die Planung eines entsprechenden Portfolios, das Erstellen eines Projektplans, einer Methodik sowie einer Konzeption.

Die Entscheidung, welches der Konzepte letztlich realisiert wird, liegt im Ermessen der Unternehmensführung. Zu möglichen Entscheidungskriterien zählen unter anderem die Integrationsmöglichkeit des Produktes in das bestehende Produktportfolio sowie die Erreichung der Unternehmensziele durch den potenziellen Verkaufserfolg. Auch strategische Entscheidungen spielen hierbei eine bedeutende Rolle.

Die während dieser Phase entstandenen Informationen sind die Basis für die nachfolgende Produktentwicklung, deren Phasen in Abbildung 3 veranschaulicht werden.

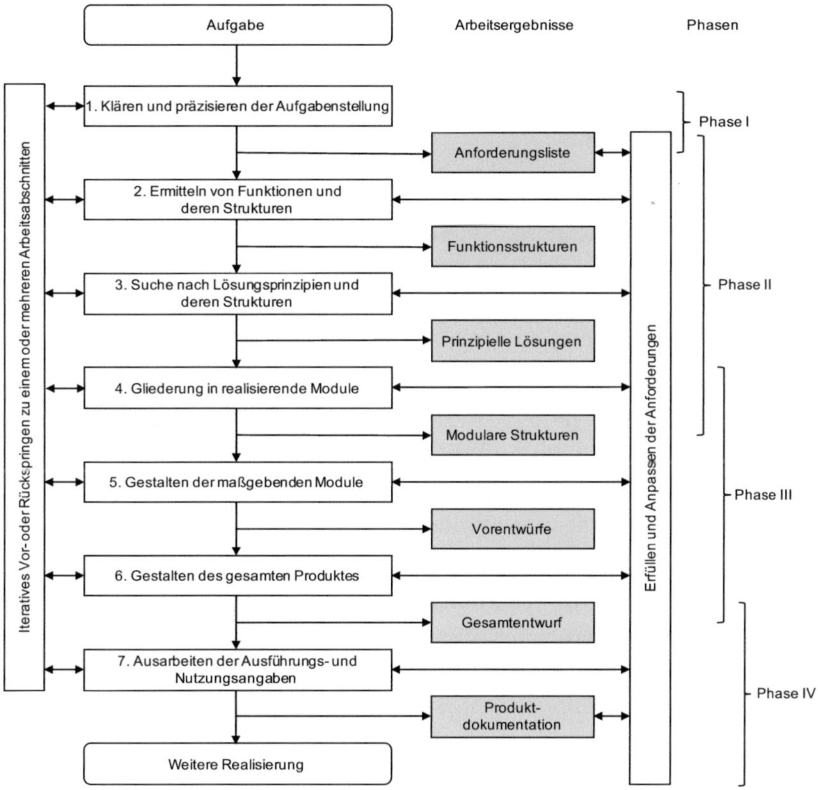

Abbildung 3: Generelles Vorgehen beim Entwickeln und Konstruieren (VDI 2221)

Das Ziel der Produktentwicklung ist ein Produkt, welches die zuvor definierten Anforderungen und Eigenschaften erfüllt. Die einzelnen Schritte bestehen aus der Gestaltung des Produktes, dessen mechanischer, elektrischer, elektronischer Konstruktion, der Softwarekonzeption, der Absicherung durch Simulation und intensivem Testen sowie einer vollständigen Beschreibung des Produktes und seiner Einzelteile im Rahmen der Produktdokumentation.

In der Phase der Produktionsplanung werden die Prozesse und Systeme zur Herstellung des Produktes geplant und beschrieben, benötigte Werkzeuge und Ressourcen definiert sowie Verhandlungen durch den Einkauf vorgenommen.

Da die beiden Phasen der Produktentwicklung und Produktionsplanung parallel stattfinden, werden sie zusammengefasst auch oftmals als Serienentwicklung bezeichnet (Schuh, Stölzle, & Straube, 2008).

Eine der aktuellen Herausforderungen, die sich daraus ergebenden Rahmenbedingungen für den Produktentstehungsprozess in der Automobilindustrie, stellt die steigende Anzahl an Produktvarianten (Stäblein, Schütte, Merat, & Bracht, 2008) dar. Die Vielzahl an Produktvarianten hat unmittelbare Auswirkungen auf die Produktionssysteme, insbesondere deren Flexibilität und mündet, begründet durch ein Vielfaches an Iterationen, in einer hohen Dynamik während der gesamten Phase der Produktentwicklung. Ein Produktionssystem ist *„eine technisch, organisatorisch (und kostenrechnerisch) selbständige Allokation von Potential- und Mittelfaktoren zu Produktionszwecken"* (Eversheim, 1992, Sp. 2058 ff.) und umfasst alle Elemente und damit verbundenen Relationen, die zu einer vollständigen Erstellung eines Produktes erforderlich sind (Eversheim, Sp. 2059).

2.2 Produktion

„Die Produktion ist der betriebliche Umwandlungs- und Transformationsprozess, durch den aus den Einsatzgütern andere Güter oder Dienstleistungen erstellt werden" (Weber, 2006, S. 7).

Ähnliche Definitionen, bei denen die Produktion übereinstimmend durch den Input- und Output-Prozess gekennzeichnet ist, sind in (Hoitsch, 1993), (Dangelmaier, 2001), (Beuermann, 1996) zu finden.

Nachstehende Abbildung 4 verdeutlicht den allgemeinen Transformationsprozess einer Produktion.

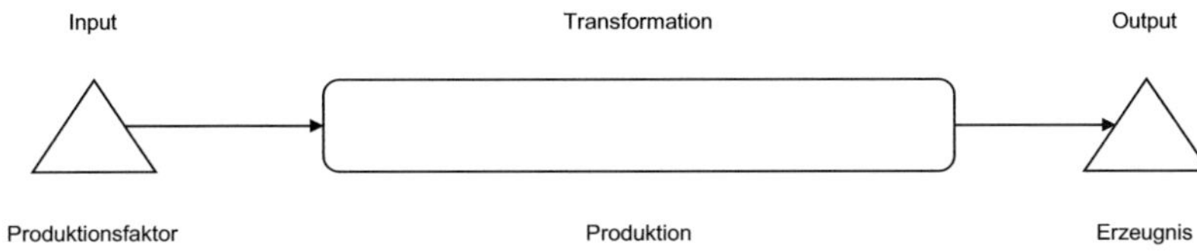

Abbildung 4: Produktion als Input/Output-Prozess (Dangelmaier, 2009)

Einsatzgüter sind gleich Produktionsfaktoren zu verstehen und somit *„die im Produktionsprozess eingesetzten Güter materieller oder immaterieller Art"* (Beuermann, 1996, S. 1494), welche eine unmittelbare Auswirkung auf die Planung von Produktions- oder Fertigungssystemen haben. Da es diverse Kategorien von Produktionsfaktoren gibt, wird in Abbildung 5 eine detaillierte Darstellung der verschiedenen Produktionsfaktoren vorgenommen.

Die Klassifikation der Produktionsfaktoren nach (Gutenberg, 1951, S. 1-9) gestaltet sich zunächst dadurch, dass zwischen dispositiven Faktoren und Elementarfaktoren differenziert wird. Dispositive Faktoren umfassen menschliche Arbeitsleistungen, welche sich in der Leitung und Lenkung betrieblicher Vorgänge des Unternehmens manifestieren. Weiterhin lassen sich dispositive Faktoren in originäre und derivative Faktoren unterteilen.

Originäre Faktoren beschreiben dabei diejenigen Faktoren, von denen eine unternehmerische Tätigkeit ausgeht, wohingegen derivative Faktoren die Planung und Organisation beinhalten.

Den Elementarfaktoren lassen sich Faktoren zuordnen, welche in direkter Verbindung mit den Prozessen der Leistungserstellung oder der Produktion stehen. Den Elementarfaktoren können somit die objektbezogene Arbeit (konkrete menschliche Arbeit, Tätigkeiten und Verrichtungen, welche der direkten Leistungserstellung dienen), die Betriebsmittel (BEMI), Betriebs- und Hilfsstoffe wie auch Werkstoffe zugeordnet werden. Zu den Werkstoffen zählen neben den eigentlichen Rohstoffen auch Halb- und Fertigerzeugnisse in Eigen- oder Fremdfertigung.

Eine weitere Möglichkeit, Produktionsfaktoren zu differenzieren, ist die Einteilung in so genannte Potenzial- und Repetierfaktoren. Diese Möglichkeit der Unterscheidung wird meist in Bezug auf die Nutzungshäufigkeit eines Produktionsfaktors im Produktionsprozess herangezogen. Dabei werden durch Potenzialfaktoren Bestands- sowie Gebrauchsfaktoren und durch Repetierfaktoren ausschließlich Verbrauchsfaktoren beschrieben.

Repetierfaktoren werden inhärenter Bestandteil des Erzeugnisses oder sie werden im Rahmen des Produktionsprozesses aufgebraucht. Rohstoffe oder der Einsatz von Energie seien hier als Beispiele genannt.

Potenzialfaktoren hingegen werden mehrmals wiederverwendet und sind kein Bestandteil des späteren Erzeugnisses. Hierzu zählen beispielsweise Maschinen, Werkzeuge oder auch die menschliche Arbeitsleistung.

Die Unterscheidung zwischen Potenzial- und Repetierfaktoren ist nicht immer trennscharf. Gerade beim Einsatz von Maschinen ist beispielsweise neben einem Wertverlust unter anderem mit Verschleiß zu rechnen, welcher dann per Definition eher den Repetierfaktoren zugehörig ist.

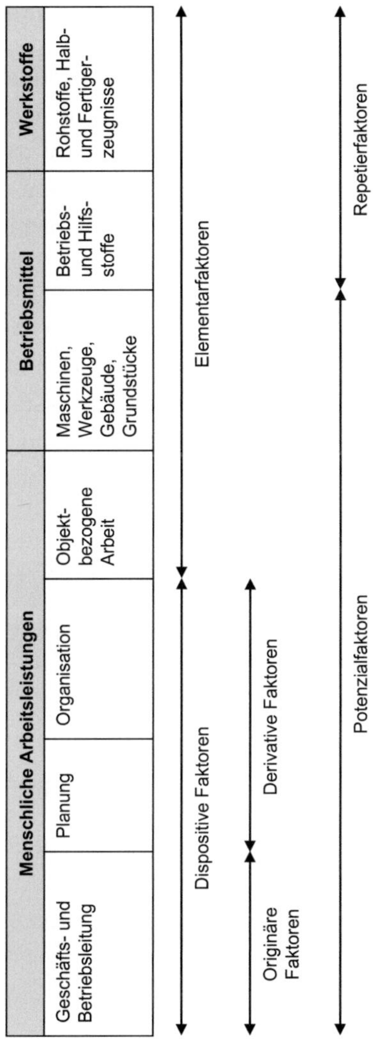

Abbildung 5: Klassifikation von Produktionsfaktoren (Gutenberg, 1951), (Dangelmaier, 2003)

2.2.1 Aufbau der Produktion in der Automobilindustrie

In der Automobilindustrie unterteilt sich die Produktion typischerweise in fünf Fertigungsbereiche, welche in diesem Zusammenhang auch als so genannte Gewerke bezeichnet werden. Es wird zwischen dem Presswerk, dem Karosserierohbau, der Oberfläche, dem Antriebsstrang, welcher auch als Powertrain bezeichnet wird, sowie der Endmontage differenziert (vgl. Abbildung 6).

Im Presswerk werden aus Rohmaterialien, wie beispielsweise Stahl- oder Aluminiumcoils, Blechteile geformt, welche anschließend im Karosserierohbau durch einen mehrstufigen Fertigungsprozess zusammengefügt werden. Um die aus ca. 500 Teilen bestehende Fahrzeugrohkarosserie zusammenzufügen, werden unterschiedliche Fügetechniken verwendet.

Abbildung 6: Gewerke der Automobilindustrie

Neben ca. 6.000 Schweißpunkten kann eine fertige Fahrzeugrohkarosserie unter anderem aus ca. 90 m Klebenähten, ca. 200 Schweißbolzen oder ca. 1.700 Nieten bestehen. Die gesamte Fertigung im Karosserierohbau verfügt über einen sehr hohen Automatisierungsgrad, dessen Wert bei aktuellen Baureihen weit über 90 % liegt.

Nach dem Zusammenbau der Fahrzeugrohkarosse wird diese gereinigt und in das darauffolgende Gewerk Oberfläche transportiert. Dort wird eine Mehrschichtlackierung aufgebracht, bevor schließlich in der Endmontage der Einbau der Innenausstattung sowie die Verbindung des Antriebsstranges und des Fahrwerks mit der Fahrzeugkarosserie durch die so genannte Hochzeit erfolgt. Der Antriebsstrang bestehend aus Motor, Getriebe und Achsen wird in der Regel an anderen Standorten gefertigt. Die Anlieferung in der Montage erfolgt Just in Time (JIT) oder Just in Sequence (JIS).

JIT ist die *„lagerlose, kurzzyklische, sortenreine Direktbelieferung"* (VDA 510, S. 6). JIS hingegen beschreibt die *„lagerlose, kurzzyklische Direktbelieferung in Sequenz. Maßgeblich für eine Einführung von JIS über längere Transportdistanzen ist eine hohe Perlenkettengüte über einen definierten Zeitraum, der u. a. die längeren Transportzeiten und Distanzen berücksichtigt"* (VDA 510, S. 6).

Unter dem Perlenkettenprinzip wird eine festgelegte, kundenspezifische Auftrags- bzw. Produktionsreihenfolge, vom eigentlichen Auftrag bis hin zur Fertigstellung des Produktes, verstanden. Somit werden die einzelnen Kundenaufträge vor Produktionsstart in eine feste und nicht veränderbare Auftragsreihenfolge gebracht (Weyer & Spath, 2001).

Die Endmontage erfordert im Gegensatz zum Karosserierohbau überwiegend manuelle Montagevorgänge. Abschließend werden die produzierten Fahrzeuge einer finalen Qualitätssicherung unterzogen. Dieses Vorgehen ist auch als Finish bekannt und erfolgt im Bereich End of Line der Endmontage. Eine detaillierte Übersicht über die einzelnen Bereiche der Endmontage ist in Abbildung 7 zu finden.

In der Regel sind die einzelnen Gewerke jeweils voneinander entkoppelt. Dies erfolgt durch Puffer (Wemhöner, 2006) oder Lager (Koether, 2007). Durch einen Puffer können beispielsweise unterschiedliche Taktzeiten, Arbeitszeitmodelle sowie Störungen innerhalb der Gewerke abgefangen werden (Wemhöner, 2006). Taktzeit beschreibt die *„Zeitdauer zur Durchführung eines oder mehrerer Arbeitsgänge bei einer Fließfertigung an einer Station einer Montagelinie"* (CIRP, 2014, S. 342).

Lager werden benötigt, sobald ein Fertigungsprozess aufeinanderfolgender Gewerke von einem Losgrößenprozess in eine kontinuierliche Fertigung übergeht.

Die Losgröße beschreibt die Menge einer Produktart, welche kontinuierlich, also ohne Unterbrechung durch die zwischenzeitliche Produktion anderer Produkte, hintereinander in einer Produktionsstufe gefertigt wird. In der Automobilindustrie ist ein solcher Fertigungsprozess häufig bei dem Übergang vom Presswerk zum Karosserierohbau zu beobachten (Koether, 2007).

Aufgrund diverser Randbedingungen und infolge der zunehmenden Globalisierung haben sich über die Jahre verschiedene Ausprägungen, Organisationsformen und Produktionssysteme einer Produktion entwickelt. Als Beispiele seien hierzu die Vernetzte Produktion oder auch die Schlanke Produktion angeführt, welche in Kapitel 2.2.3 genauer erläutert werden.

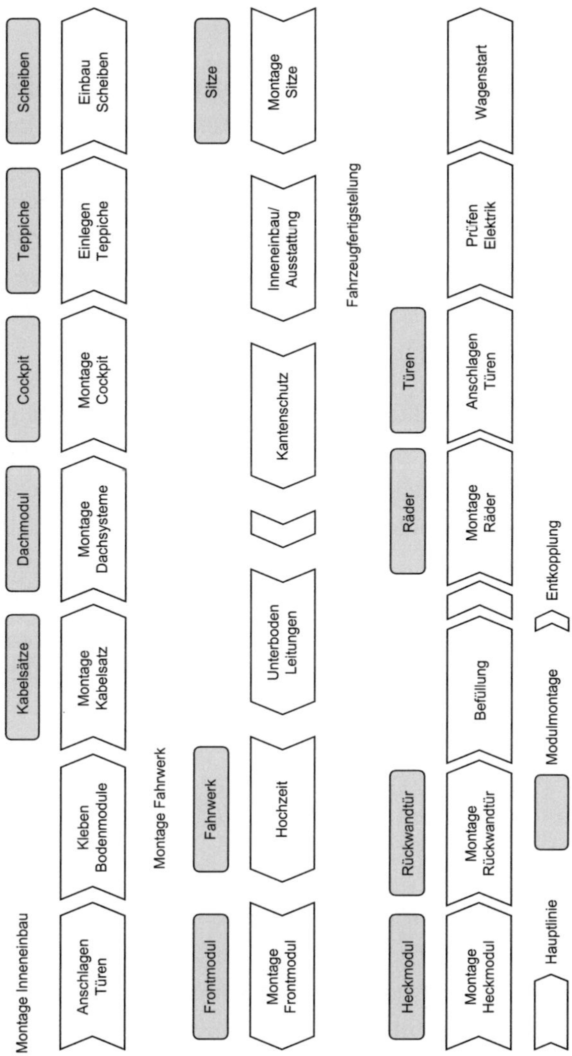

Abbildung 7: Die Endmontage und ihre Bereiche in der Automobilindustrie (Roscher, 2007)

2.2.2 Vernetzte Produktion

Die unternehmensübergreifende Zusammenarbeit mehrerer Unternehmen wird als vernetztes Produktionssystem bezeichnet. Dabei bedingt die Anzahl der kooperierenden Unternehmen die Komplexität der Struktur des Unternehmensnetzwerkes (Kemper, Pedell, & Schäfer, 2012). Nach (Westkämper, 2006, S. 22) ist die vernetzte und verteilte Produktion die *„Nutzung der günstigsten Produktionsstandorte und der Synergien zwischen Unternehmen, d. h. jedes Unternehmen macht das, was es am besten kann."* (Westkämper, 2006, S. 22).

Bei der Vernetzung wird der Gedanke verfolgt, durch eine gemeinsame Nutzung der in das Netzwerk eingebrachten Ressourcen entsprechende Potenziale zu generieren. Dies wird u. a. durch die Einbeziehung aller Netzwerkpartner bereits in der Planungsphase des Produktionsprozesses erreicht (Wiendahl & Lutz, 2002). Die Bündelung der sich daraus ergebenden Kompetenzen und Kapazitäten sowie die Steigerung der Flexibilität im Hinblick auf Marktveränderung sind weitere Potenziale einer vernetzen Produktion (Kemper, Pedell, & Schäfer, 2012).

Hervorzuheben ist die rechtliche Unabhängigkeit der Unternehmen, welche innerhalb eines Netzwerkes agieren. Wirtschaftlich hingegen besteht aufgrund der Verknüpfung von Produktionsprozessen durchaus eine Abhängigkeit (Pfohl & Buse, 2000).

Im Gegensatz zu den klassischen Lieferketten[7], welche lediglich die aufeinanderfolgenden Wertschöpfungsstufen beschreiben, schließt die vernetzte Produktion nicht nur vertikale, sondern auch horizontale sowie komplementäre Beziehungen mit ein und verknüpft dabei mehrere

---

[7] engl. Supply Chains

Supply Chains (Kemper, Pedell, & Schäfer, 2012). *„The Supply Chain is the network of organizations that are involved, through upstream and downstream linkages, in the different processes and activities that produce value in the form of products and services in the hands of the ultimate consumer"* (Christopher, 2016, S. 17).

2.2.3 Schlanke Produktion

„Many good American companies have respect for individuals, and practice kaizen and other TPS tools. But what is important is having all the elements together as a system. It must be practiced every day in a very consistent manner – not in spurts – in a concrete way on the shop floor."[8]

- Fujio Cho, President, Toyota Motor Corporation

Der Begriff Schlanke Produktion[9] wurde durch den japanischen Automobilhersteller Toyota geprägt und ist auch unter der Bezeichnung Toyota Production System (TPS) bekannt. Das TPS ist wesentlicher Erfolgsfaktor von Toyota bei der Etablierung als Automobilhersteller am europäischen Markt und dient bis heute anderen Automobilherstellern als Vorbild, um deren Prozesse zu verschlanken (Liker, 2004).

Der eigentliche Ursprung der Terminologie Lean Production ist auf eine Publikation des Massachusetts Institute of Technology (MIT) in den frühen 90er Jahren zurückzuführen. The machine that changed the world (Womack, Jones & Roos 1991) befasst sich systematisch mit den wesentlichen Unterschieden bei der globalen Automobilproduktion und identifiziert dabei Lean Production als die wesentliche Neuerung in der Auto-

[8] (Liker 2004, S. 27)

[9] engl. Lean Production

mobilindustrie. Die Analyse zeigt, dass Toyota mit seinem Produktionssystem einen unternehmensweiten Ansatz verfolgt, welcher verschiedenste Prinzipien sowie Methoden integriert. Die Unternehmensphilosophie ist dabei genauso wie die Handlungsweisen der Mitarbeiter mit aller Konsequenz auf diesen Ansatz ausgerichtet (Liker, 2004), (Ohno, 1993).

Die entscheidenden Unterschiede und Grundsätze, welche das TPS im direkten Vergleich zu Produktionssystemen anderer Automobilhersteller ausmachen, werden anhand der nachfolgenden Beispiele erläutert.

Entgegen der klassischen Lagerhaltung mit einem hohen Lagerbestand und Sicherheitspuffern, setzt der Lean-Gedanke auf maximale Bestandsreduzierung, minimale Vorräte, geringen Flächenbedarf, effiziente Arbeitsplatzgestaltung und Anordnung von Maschinen. Die Vorteile, die sich durch die konsequente Anwendung der Schlanken Produktion ergeben, sind zum einen geringe Lagerbestände, hohe Mitarbeitermotivation, hohe Qualität, geringe Kosten sowie schnelle Reaktionsfähigkeit auf agile Marktanforderungen (Gienke & Kämpf, 2007).

Von zentraler Bedeutung bei Lean Production ist das Vermeiden von Verschwendung, die auch als Muda bezeichnet wird. Die Berücksichtigung dieser Aspekte kann letztlich zu einer deutlichen Steigerung der Produktivität führen. Eine Ausschöpfung dieser Möglichkeiten ist jedoch nicht nur auf die eigentliche Produktion beschränkt, vielmehr ist der Lean-Gedanke auch auf die vor- und nachgelagerten Prozesse übertragbar, was häufig auch als Lean Management bezeichnet wird (Ohno, 1993).

Lean Production ist heutzutage in hohem Maße etabliert und wird nicht nur von produziere Abgrenzung nden, sondern auch von Dienstleistungsunternehmen angestrebt bzw. praktiziert (Gerberich, 2011). Dennoch ist eine einheitliche Definition und Abgrenzung von Lean Production und Lean Management aus der Literatur nicht ersichtlich (Pettersen, 2009). Die Meinungsvielfalt zu dieser Thematik und die unterschiedlichen Auffassungen sind beispielsweise in (Womack & Jones, 2013), (Liker, 2004), (Ohno, 1993), (Shingo, 1989) zu finden.

Eine umfassende Erläuterung zu Lean Production sowie Lean Management liefern (Pfeiffer & Weiß, 1994): *„In unserem Verständnis repräsentiert Lean Management die permanente, konsequente und integrierte Anwendung eines Bündels von Prinzipien, Methoden und Maßnahmen zur effektiven und effizienten Planung, Gestaltung und Kontrolle der gesamten Wertschöpfungskette von (industriellen) Gütern und Dienstleistungen. Es erstreckt sich dabei sowohl auf die strategisch-langfristigen als auch auf die taktisch-mittelfristigen und operativ-kurzfristigen Aspekte. Dabei setzt es an sämtlichen Gestaltungsfaktoren der Unternehmen an (...). So betrachtet erscheint es uns angebracht, mehr von einer Philosophie des Lean Managements als von einer traditionellen Definition zu sprechen"* (Pfeiffer & Weiß, 1994, S. 53).

Die Lean-Management-Philosophie wird durch die Ableitung von Prinzipien operationalisiert und somit in grundlegende Leitlinien sowie Orientierungshilfen übersetzt (Pfeiffer & Weiß, 1994). Die konsequente Umsetzung und die individuelle, unternehmensspezifische Definition von Prinzipien gelten als Erfolgsfaktoren für ein effizientes Lean Management (Liker, 2004), (Womack & Jones, 2013). (Womack & Jones, 2013) definieren insgesamt fünf Prinzipien, welche in ihrer Abfolge nochmals in Abbildung 8 dargestellt sind:

- Spezifikation des Wertes
- Identifikation des Wertstroms
- Flow
- Pull
- Streben nach Perfektion

Die Spezifikation des Wertes eines Produktes oder einer Dienstleistung wird ausschließlich durch den Endverbraucher vorgenommen und bildet die Basis von Lean Thinking. Der Hersteller ist in der Verantwortung, die Generierung des Wertes sicherzustellen (Womack & Jones, 2013).

Das zweite Prinzip ist die Identifikation des Wertstroms (Rother, 2015). Ein Wertstrom umfasst alle wesentlichen Aktivitäten eines Unternehmens, von der Produktentwicklung über die Transformation von Produkten bis hin zum Informationsmanagement (Rother, 2015), (Womack & Jones, 2013).

Flow beschreibt das dritte Prinzip des Lean Thinking und zielt in erster Linie auf einen durchgängigen Fluss von wertschöpfenden Tätigkeiten. Der Fokus liegt hierbei auf einer kontinuierlichen Bearbeitung des Produktes angefangen mit dem Rohmaterial bis zu dessen Fertigstellung. Eine ganzheitliche wertstrombasierte Prozessorientierung steht im Vordergrund (Womack & Jones, 2013).

Das Pull-Prinzip beschreibt eine Verbrauchersteuerung und bedeutet Produkte exakt in der Anzahl und zum Zeitpunkt des Kundenbedarfes herzustellen. Der Kunde ist Auslöser für den Abruf der Produkte (Womack & Jones, 2013).

Als letztes Grundprinzip des Lean Thinking ist das Streben nach Perfektion formuliert. Darunter wird die kontinuierliche Annäherung des tatsächlichen Produktes an die Kundenwünsche verstanden. Um dies zu erreichen gilt es im Wesentlichen transparente Prozesse zu schaffen (Womack & Jones, 2013).

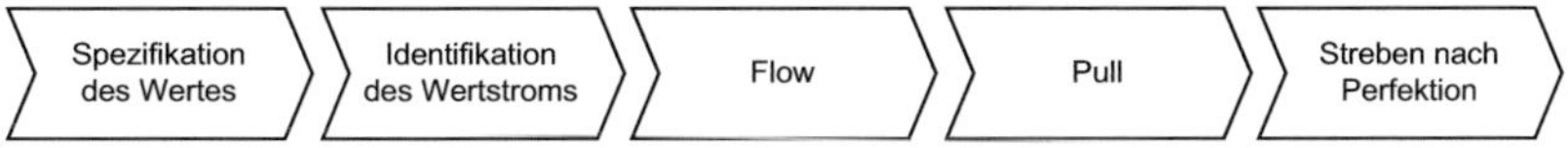

Abbildung 8: Prinzipien des Lean Thinking

Auf diese Weise integriert dieser Ansatz individuelle Kundenwünsche wie auch eine effiziente Organisation der Produktion und Logistik unter der Prämisse der kontinuierlichen Verbesserung (Womack & Jones, 2013).

Neben den von (Womack & Jones, 2013) definierten Prinzipien des Lean Thinking gibt es auch andere, wie beispielsweise die so genannten Prinzipien des Toyota-Wegs. Das Unternehmen Toyota gilt noch immer als der Maßstab im Hinblick auf die Schlanke Produktion. Insgesamt beschreibt (Liker, 2008) 14 wesentliche Prinzipien, welche sich in vier Kategorien einordnen lassen:

- Philosophie
- Prozess
- People und Partner
- Problemlösung

Die von (Liker, 2008) erläuterten Prinzipien bilden die Grundlage des Toyota Production System (TPS), welches durch diverse Methoden und Werkzeuge gestützt wird. Das wesentliche Ziel des TPS ist die Beseitigung von nicht wertschöpfenden Tätigkeiten. Insgesamt wird zwischen acht Arten der Verschwendung differenziert (Liker, 2008):

- Überproduktion
- Wartezeiten der Mitarbeiter und Leerläufe der Maschinen und Anlagen
- Überflüssige Transporte des Materials
- Aktivitäten ohne Wertschöpfung in der Bearbeitung
- Bestände
- Ineffiziente Bewegungsabläufe der Mitarbeiter oder Betriebsmittel
- Herstellung fehlerhafter Produkte und Nacharbeit
- Ungenutzte Potentiale der Mitarbeiter

Zur Optimierung einer Schlanken Produktion werden sowohl monetäre als auch nicht-monetäre Kenngrößen herangezogen. Als Beispiele für monetäre Kriterien seien Ertrag oder Rentabilität genannt. Nicht-monetäre Kriterien sind beispielsweise Produktivität, Bestände, Qualität, Zeit oder auch Flexibilität. Eine Stellschraube zur Sicherstellung einer Schlanken Produktion bietet die so genannte Supply Chain. Diese ist unmittelbares Bindeglied zwischen der Fertigung und dem Kunden, welcher letztlich den Takt vorgibt. In der Automobilindustrie wird dies auch oftmals als Kundentakt bezeichnet.

Ein Ansatz, bei dem eine Supply Chain vom Ausgangspunkt der Fertigung her optimiert wird, bezeichnet man als Line-Back-Prinzip (Klug, 2010). Dabei wird der gesamte Ablauf von innen nach außen, entlang der Wertschöpfungskette, optimiert (Abbildung 9).

Im Fokus sind hierbei besonders die Anforderungen der Arbeitsplätze in der Montage (Corsten & Gabriel, 2004) sowie die damit verbundene Bereitstellung des Materials und zugehörige Beschaffungsprozesse der Logistik. Die darin enthaltenen einzelnen Schritte werden nachfolgend detailliert erläutert.

Nach dem Line-Back-Prinzip beginnt die Vorgehensweise demzufolge beim Arbeitsplatz. Ein optimiert gestalteter Arbeitsplatz ist *„das oberste Ziel einer Versorgungsplanung, da dieser den logistischen Engpass, den größten Wertschöpfungsanteil und gleichzeitig die höchste Kapitalbindung besitzt"* (Klug, 2010, S. 80). Die Arbeitsplatzgestaltung beinhaltet die *„Planung von manuellen Arbeitsplätzen und -abläufen. Neben technischen und wirtschaftlichen Randbedingungen sind arbeitsphysiologische Erkenntnisse zu berücksichtigen"* (CIRP, 2014, S. 338). Die Bereitstellung des Materials am Arbeitsplatz muss daher unter optimalen Bedingungen im Hinblick auf Zeit, Menge, Qualität sowie Ergonomie erfolgen und dem Werker eine ideale Ausgangsgrundlage für die Leistungserbringung bieten.

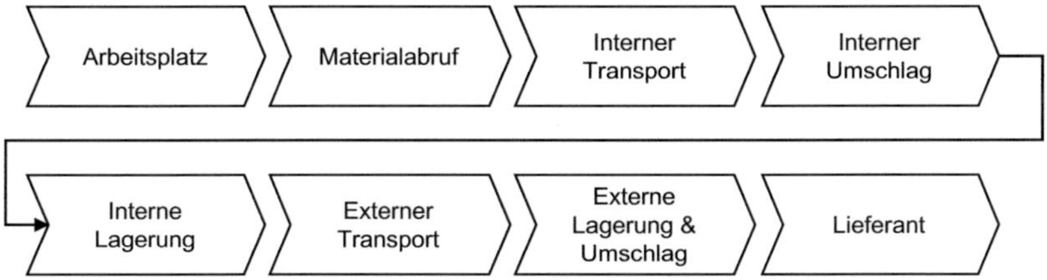

Abbildung 9: Line-Back-Prinzip (Klug, 2010)[10]

Unter Arbeitsplatzergonomie wird die *„Optimierung der psychischen, physischen und sozioökonomischen Arbeitsbedingungen auf Grundlage der an die Physiologie des Menschen angepassten Arbeitsplatzgestaltung zur Vermeidung von Stress und gesundheitlichen Schäden sowie zur Steigerung der Produktivität"* verstanden (CIRP, 2014, S. 338). In die Planung

[10] Vereinfachte Darstellung in Anlehnung an (Klug, 2010)

des Arbeitsplatzes fließen Resultate zu Fragestellungen der Logistik (optimiertes Layout) und der Montageplanung (ergonomische Aspekte sowie die Art der Materialbereitstellung) mit ein (Klug, 2010).

Die Nachversorgung am Arbeitsplatz wird durch den Materialabruf ausgelöst. Dieser Impuls soll auf einfache Art und Weise und synchron zum Verbrauch erfolgen. Mögliche Bündelungseffekte, welche durch eine Zusammenfassung von Abrufmengen oder zeitliche Verzögerungen des Auslösens von Abrufimpulsen entstehen, sollen so vermieden werden. Generell unterscheidet man zwischen bedarfs- und verbrauchsgesteuertem Materialabruf (Klug, 2010).

Durch den internen Transport wird die räumliche Überbrückung des Materialstroms innerhalb des Fahrzeugwerkes sichergestellt. Die Planung ist dabei von der Materialanstellung am jeweiligen Arbeitsplatz bis zur Entladung der angelieferten Waren im Wareneingang zuständig. Das zu realisierende Transportkonzept erfolgt teile-, baugruppen- oder taktspezifisch. In der Praxis entsteht somit ein Mix aus verschiedenen Arten der Fördertechnik. Zu den bekanntesten Transportmitteln der internen Logistik zählen u. a. Stapler, Schleppzüge und fahrerlose Transportsysteme (FTS) (Klug, 2010).

Der interne Umschlag dient der mengenmäßigen Gütertransformation (Pfohl, 2010). Der damit verbundene innerbetriebliche Materialfluss erfordert wechselnde Teilemengen sowie wechselnde Zusammensetzungen derer. Logistikeinheiten werden aufgelöst und deren inhaltliche Zusammenstellung geändert. Die Minimierung von Materialbeständen und Materialhandling in der Materialbereitstellung wird dadurch erzielt, dass Anliefer- und Verbrauchsprozess optimiert und optimal aufeinander abgestimmt werden. Weiterhin trägt eine reine Umschlagsfunktion bei lagerloser Anlieferung (z. B. JIT-/JIS-Anlieferung) ebenfalls zur Reduzierung der Bestände bei (Klug, 2010).

Die interne Lagerung umfasst das Aufbewahren und die Bereithaltung von Material, Halbfabrikaten und Endprodukten. Dadurch werden die unterschiedlichen Geschwindigkeiten des Materials in Anlieferung und Ablieferung ausgeglichen und die Quellen und Senken harmonisiert. Eine Bestrebung ist es, Bestände und Handlingsfunktionen durch eine sinnvolle Abstimmung von Anliefer- und Verbrauchsprozessen zu optimieren (Klug, 2010).

Unter externem Transport wird die Überbrückung der räumlichen Distanz zwischen den Lieferanten und dem Original Equipment Manufacturer (OEM) bei den Inbound-Transporten bzw. zwischen OEM und Händler bei den Outbound-Transporten verstanden. Eine wesentliche Bedeutung hat hierbei der Ladungsträger, welcher für den Transport eingesetzt wird, sowie das externe Transportkonzept. Die Ausgangsgrundlage der Planung bildet hierbei die Prognostizierung der zu erwartenden Transportströme. Darauf aufbauend ist das Transportkonzept zu definieren (Klug, 2010).

Bei einem externen Lager- und Umschlagprozess wird *„die ressourcenarme Materialanlieferung bei hoher Versorgungssicherheit sowie eine sendungsbezogene Auskunftsfähigkeit unter Berücksichtigung von Werks- und Gesamtprozessstrukturen“* (Klug, 2010, S. 82) fokussiert. Als externe Lager- und Umschlagssysteme seien in der Inbound-Logistik der Automobilhersteller beispielhaft Transshipment Terminals, Lieferantenlogistikzentren sowie Außenlager genannt (Klug, 2010).

Beim Line-Back-Prinzip steht im letzten Prozessschritt der Lieferant im Zentrum der Betrachtung. Die Gestaltung der logistischen Prozesse innerhalb des Lieferantennetzwerks bilden die Grundlage für eine Optimierung des Versorgungsprozesses.

Die Automobilindustrie sieht sich einer hohen Lieferantendichte gegenüber und strebt deshalb eine größtmögliche Transparenz im Hinblick auf Bestände, Bedarfe und Kapazitäten der Lieferanten und Sublieferanten an, so dass u. a. Engpasssituationen frühzeitig erkennbar sind.

Wie die vorausgehenden Ausführungen sowie die Abbildung 9 verdeutlichen, ist für den optimalen Prozess einer Schlanken Produktion nicht nur eine optimale Montage notwendig, sondern auch eine entsprechend ausgelegte Logistik sowie die damit verbundenen Prozesse. Da beide Bereiche ein eigenes lokales Optimum verfolgen, welches durchaus konträre Ziele bei der Suche nach einem gemeinsamen globalen Optimum zur Folge hat, kommt es häufig zu einem Spannungsfeld (vgl. Kapitel 4.1.7).

Die nachfolgenden Ausführungen liefern eine generelle Erläuterung der Produktionsplanung in der Automobilindustrie sowie der dazugehörigen Planungsbereiche Logistik-, Montage- und Fabrikplanung. Es gibt in der Automobilindustrie weitere Planungsbereiche, wie beispielsweise Rohbau- oder Presswerkplanung, welche ebenfalls Teilaspekte der Produktionsplanung sind. Diese sind jedoch für das weitere Verständnis der Arbeit nicht von Bedeutung und werden daher nicht weiter erläutert.

2.3 Produktionsplanung

Allgemein betrachtet bedeutet Planung *„die gedankliche Vorwegnahme zukünftigen Handelns durch Abwägen verschiedener Handlungsalternativen und Entscheidung für den günstigsten Weg. Planung bedeutet also das Treffen von Entscheidungen, die in die Zukunft gerichtet sind und durch die der betriebliche Prozessablauf als Ganzes und in allen seinen Teilen festgelegt wird"* (Wöhe & Döring, 2016, S. 137 f.).

Für die Planung im produktionstechnischen Umfeld finden sich in der Literatur unterschiedliche und teilweise auch gegensätzliche Bezeichnungen (Eversheim, 2002), (Warnecke, 1995). Zu den häufigsten Nennungen zählen u. a. Begrifflichkeiten wie beispielsweise Arbeitsplanung, Arbeitsvorbereitung, Fertigungsplanung und Produktionsplanung.

Im Kontext von produzierenden Unternehmen verfolgt die Produktionsplanung das *„Ziel des Findens und Realisierens der wirtschaftlichsten Lösung, das heißt wenn die Kriterien Qualität, Termin und Kosten in ihrer Gesamtheit ein Optimum erreichen"* (Stiegler, 1999).

Die Produktionsplanung unterteilt sich in zwei wesentliche Bereiche: zum einen in einen ingenieurswissenschaftlichen, zum anderen in einen betriebswirtschaftlichen Bereich. Beide Bereiche sind essentiell und decken unterschiedliche Aspekte ab (siehe Abbildung 10), wobei der Fokus dieser Arbeit auf der ingenieurswissenschaftlichen Perspektive liegt.

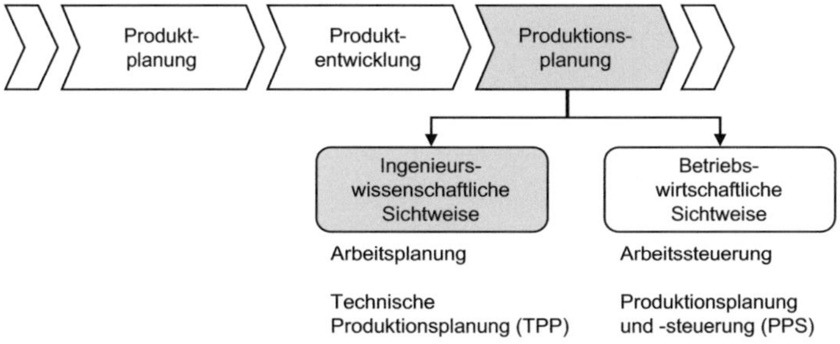

Abbildung 10: Einordnung und Unterteilung der Produktionsplanung

Um die chronologische Einordnung beider Bereiche im Produktlebenszyklus vorzunehmen, bietet Abbildung 11 eine übersichtliche Darstellung.

Diese verdeutlicht, dass die technische Produktionsplanung weitestgehend vor dem eigentlichen Produktionsstart, auch Start of Production (SOP) genannt, erfolgt. Die Planung und Steuerung des Produktionsprogramms ist Bestandteil der Produktionsplanung und -steuerung und findet chronologisch nach SOP statt.

Die Arbeitsvorbereitung unterteilt sich in Arbeitsplanung und Arbeitssteuerung. *„Die Arbeitsvorbereitung umfasst die Planung der Gesamtheit aller Maßnahmen, einschließlich aller erforderlichen Unterlagen und Betriebsmittel, die zur wirtschaftlichsten Produktion von Erzeugnissen entsprechend der* Produktionsstrategie *erforderlich sind“* (Westkämper, 2006, S. 154).

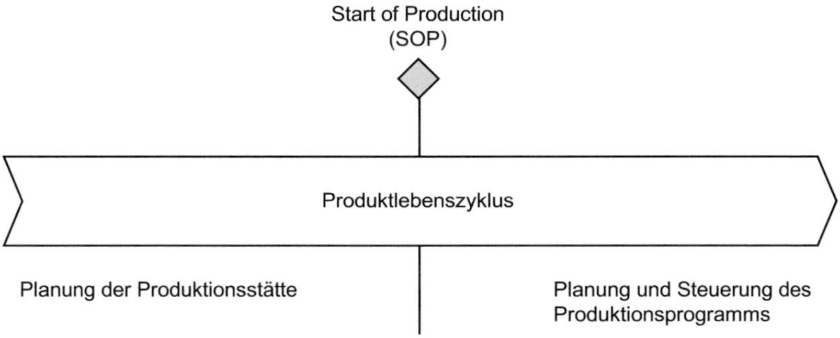

Abbildung 11: Produktionsplanung im Produktlebenszyklus (Schäppi, Andreasen, Kirchgeorg, & Rademacher, 2016)[11]

Die technische Produktionsplanung beinhaltet *„alle einmalig auftretenden Planungsmaßnahmen, die das räumliche und zeitliche Zusammenwirken von Mensch und Betriebs- bzw. Arbeitsmittel unter Berücksichtigung*

[11] in Anlehnung an (Schäppi, Andreasen, Kirchgeorg, & Rademacher, 2016)

der gestellten Anforderungen zur Herstellung von Serienerzeugnissen vorbereiten und sicherstellen" (Zenner, 2006, S. 18). Der Aufgabenbereich der technischen Produktionsplanung umfasst die Planung der notwendigen Arbeitsschritte, der dazu erforderlichen Betriebsmittel sowie des Personalbedarfs unter wirtschaftlichen und arbeitstechnischen Gesichtspunkten. Das Planungsergebnis sollte dabei eine für die Serienfertigung optimale Lösung widerspiegeln.

Die darunter angesiedelte Arbeitsplanung umfasst die *„Planung von Produktionsprozessen, Produktionssystemen und industriellen Produktionsstätten sowie die Überwachung der Realisierung bis zum Anlauf der Produktion. Der Umfang reicht dabei von der Planung einer einzelnen Maschine mit ihren Nebeneinrichtungen über die Umplanung von Teilbereichen der Produktion bis zur Erstellung eines neuen Werks"* (VDI 4499 S. 6). Wie in Abbildung 12 dargestellt, unterteilt sich die Arbeitsplanung weiterhin in die beiden Kategorien Arbeitsablauf- und Arbeitssystemplanung (Eversheim, 2002), (REFA 1985).

Die Trennung erfolgt unter Berücksichtigung des zeitlichen Horizonts. Bei der Arbeitsablaufplanung, welche unter anderem als Prozessgestaltung bezeichnet wird, *„wird innerhalb der kurzfristigen Planungsaufgaben die wirtschaftliche Fertigung und Montage der Produkte bzw. derer Komponenten festgelegt"* (Eversheim, 2002, S. 6).

Die Arbeitssystemplanung oder auch Produktionsmittelgestaltung verfolgt hingegen das langfristige Ziel, *„geeignete Maßnahmen für die wirtschaftliche Gestaltung und Auslegung der Bereiche Fertigung und Montage zu entwickeln"* (Eversheim, 2002, S. 6).

Die Planungsqualität hat dabei mehrere Einflussfaktoren und ist nicht ausschließlich auf die reine Tätigkeit der technischen Produktionsplanung zurückzuführen. Projektspezifische Vorgaben haben einen maßgeblichen Einfluss auf die Planungsqualität (Lotter & Wiendahl, 2012). Hierzu zählen beispielsweise produktionstechnische Investitionen oder aber auch die Verlässlichkeit von Vertriebsprognosen (Berndt, 2005), (Berndt & Cansier, 2007).

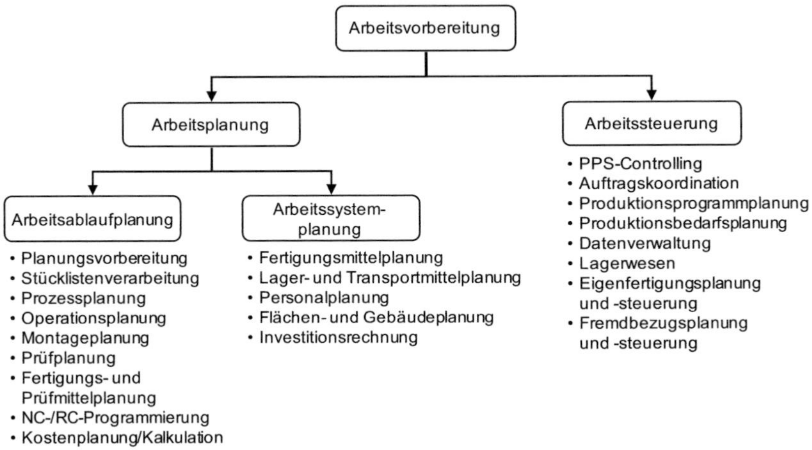

Abbildung 12: Untergliederung und Aufgabenbeschreibung der Arbeitsvorbereitungen (Otto, 2011)

Zur betriebswirtschaftlichen Sicht zählt die Arbeitssteuerung. *„Aufgabe der Arbeitssteuerung ist die termin-, kapazitäts- und mengenbezogene Planung und Steuerung der Fertigungs- und Montageprozesse"* (Eversheim, 2002, S. 123). Produktionsplanung und -steuerung sind als synonym zu Arbeitssteuerung zu verstehen. Diese adressiert die betrieblichen Funktionen, welche der Planung und Steuerung des Bedarfs und der Herstellung von Erzeugnissen dienen.

Vorgegebene Bedarfsmengen, wie beispielsweise Kundenaufträge, sind dabei ebenso eingeschlossen wie aus Planungsschritten resultierende

Bedarfsmengen (Gienke & Kämpf, 2007). *„Die wesentlichen Aufgaben der PPS sind das Planen, Veranlassen, Überwachen sowie Einleiten von Maßnahmen bei unerwünschten Abweichungen. Im Vordergrund der Betrachtung stehen dabei die Vertriebs- und Kundenaufträge von der Angebotsbearbeitung bis zum Versand unter Mengen-, Termin- und Kapazitätsaspekten"* (Eversheim & Schuh, 1996, S. 14/2).

2.3.1 Komplexität in der Automobilindustrie

„Jeder Kunde kann sein Auto in jeder gewünschten Farbe bekommen, solange diese Farbe schwarz ist."

- Henry Ford

Henry Ford traf seinerzeit diese Aussage und beschreibt damit die Sichtweise auf eine im Vergleich zu heute sehr einfach gehaltene Produktion und die möglichen Varianten von Automobilen. Die heutige Automobilindustrie steht hingegen im ständigen Wettbewerb und ist wechselnden wirtschaftlichen Einflüssen ausgesetzt. Die immer kürzer werdenden Produktlebenszyklen und der ständige technologische Fortschritt haben zur Folge, dass die Time-to-Market (TTM) stets verkürzt wird. Gleichzeitig haben die Produkte mit einem hohen Maß an Individualisierbarkeit und Innovationen unmittelbare Auswirkung auf die Variantenvielfalt.

Mit der Variantenvielfalt geht die Komplexität der Produktion einher. Komplexität wird *„bestimmt durch die Vielzahl und Vielfalt der Elemente (Elementenkomplexität) und ihrer Relationen (Relationenkomplexität) sowie die dynamische Veränderlichkeit der Elemente und ihrer Beziehungen untereinander"* (Kirchhof, 2003, S. 18).

Komplexität beschreibt demnach generell den Umstand, dass ein System sowohl auf der Ebene der Elemente und ihrer Beziehungen als auch hinsichtlich der Dynamik der Veränderung eine Vielzahl und eine große

Vielfalt von Zuständen annehmen kann (Kirchhof, 2003; Domschke & Scholl, 2008).

„Die steigende technische Komplexität eines Fahrzeuges, gepaart mit der Vielzahl angebotener Baureihen sowie Derivaten, führt zwangsläufig zu einer erhöhten Produktkomplexität" (Klug, 2010, S. 41). In der Automobilindustrie ist die Produktkomplexität nicht nur in der Produktvielfalt (Kleinwagen, Limousine, SUV etc.) begründet, sondern auch durch die ständig steigenden Anforderungen der Fahrzeugelektronik, des Komforts oder der Sicherheit. Damit sind auch komplexe Fertigungsprozesse verbunden, welche erfahrungsgemäß zu einem erhöhten Fehlerrisiko und somit auch zu erhöhten Kosten führen (Klug, 2010).

Heutzutage werden in der Automobilindustrie pro Fahrzeug ca. 3.000 bis 6.000 verschiedene Materialpositionen verbaut. Hinzu kommen die unterschiedlichen Varianten pro Materialposition, welche ebenfalls berücksichtigt werden müssen. Daraus ergeben sich etwa 15.000 bis 20.000 Positionen pro Fahrzeug, die es entsprechend mit allen vor- und nachgelagerten Prozessen zu handhaben gilt.

Um den Grad der Komplexität eines Fahrzeugs zu bestimmen, werden u. a. die nachfolgenden Kriterien herangezogen (Klug, 2010):

- Fertigungstiefe
- Modularisierung von Fahrzeugteilen
- Lieferantenvielfalt
- Anzahl der Produktionsstandorte
- Strategie der Programmplanung
- Anlieferkonzepte

Da das Produkt in der Automobilindustrie zunehmend an Komplexität gewinnt, gilt es in der technischen Produktionsplanung diese Komplexität abbilden zu können und die Anforderungen aus unterschiedlichen

Bereichen zu berücksichtigen. Hierzu zählen beispielsweise Anforderungen der Mechanik, der Elektrotechnik sowie der Informatik (Berndt, 2005). Nach (Schuh & Speth, 1998) ist die Ursache für die steigende Komplexität im unmittelbaren Umfeld der Produktvariantenvielfalt (Produktprogramm, Produktstruktur, Produktfolge) auszumachen.

Weiterhin trägt die verteilte Planung durch vernetzt arbeitende Planungsexperten mit einem hohen Maß an Interdisziplinarität sowie standortübergreifende Planung ihren Teil zur Komplexität der Produktionsplanung bei. Abbildung 13 illustriert zusammengetragener Fakten aus diversen Publikationen unterschiedlicher Automobilhersteller die Komplexität von Produkt und Produktion.

Abbildung 13: Komplexität von Produkt und Produktion in der Automobilindustrie

Um diese Komplexität in der Produktionsplanung beherrschen zu können ist der Einsatz von informationstechnischen (IT) Systemen unabdingbar. Daher geht Kapitel 2.3.5 gesondert auf den Einsatz von IT-Systemen in der Planung unter dem Schlagwort Digitale Fabrik ein. Da für die Arbeit die Planung der Materialzone, also der Materialbereitstellung, von besonderer Bedeutung ist, wird anschließend die Montage-, Logistik- und Fabrikplanung beleuchtet.

2.3.2 Logistikplanung

Logistik *„ist die wissenschaftliche Lehre der Planung, Gestaltung, Steuerung und Kontrolle der Material-, Personen-, Energie- und Informationsflüsse in oder zwischen Unternehmen sowie in Unternehmensnetzwerken"* (Jünemann, 1989, S. 10). Logistik behandelt dabei die *„marktorientierte, integrierte Planung, Gestaltung, Abwicklung und Kontrolle des gesamten Material- und dazugehörigen Informationsflusses zwischen einem Unternehmen und seinen Lieferanten, innerhalb eines Unternehmens, sowie zwischen einem Unternehmen und seinen Kunden"* (Schulte, 2016, S. 1).

Die Logistik umfasst also einen räumlichen und zeitlichen Transfer von Wirtschaftsgütern. Hierzu zählen unter anderem der Transport, der Umschlag, die Lagerung oder auch Kommissionierung – ausgehend von der Beschaffung über die Fertigung, die Distribution bis hin zur Entsorgung.

Generell zählen sowohl materielle als auch immaterielle Güter zu den zu transportierenden Wirtschaftsgütern. (Schulte, 2016) spricht nicht von Gütern, sondern von Objekten der Logistik. *„Als Objekte der Logistik sollen alle Materialien und Waren, d. h. Fertigungsmaterialien, Hilfs- und Betriebsstoffe, Zuliefer- und Ersatzteile, Handelswaren, Halb- und Fertigerzeugnisse sowie Reststoffe angesehen werden. Hiermit erfolgt eine klare Abgrenzung zu anderen zu beschaffenden und bereitzustellenden Faktoren wie Anlagen, Personal und Kapital"* (Schulte, 2016, S. 3).

Nach (Jünemann, 1989) wird von den sechs „r" der Logistik gesprochen. Nämlich der Bereitstellung

- des **r**ichtigen Objektes,
- in der **r**ichtigen Menge,
- am **r**ichtigen Ort,
- zur **r**ichtigen Zeit,
- in der **r**ichtigen Qualität,
- zu den **r**ichtigen Kosten.

Zu den wesentlichen Leistungselementen der Logistik gehören, ergänzend zu den sechs „r", die nachfolgenden Punkte, welche von (Schulte, 2016) zusammengefasst wurden:

- Lieferzeit
- Lieferzuverlässigkeit
- Lieferflexibilität
- Lieferqualität
- Informationsgehalt

Lieferzeit

Die Lieferzeit stellt die Zeitspanne dar, die zwischen der Auftragserteilung und der eigentlichen Verfügungsstellung der Ware liegt. Diese ist je nach Gestaltung der damit verbundenen Prozesse unterschiedlich. Durch geringe Lieferzeiten können geringe Lagerbestände beim Kunden sowie eine kurzfristige Disposition realisiert werden. Die Lieferzeit setzt sich im Falle einer direkten Verfügbarkeit der angeforderten Ware aus der Zeit für die Auftragsbearbeitung, die Kommissionierung, die Verpackung, die Verladung sowie den Transport zusammen. Bei einer Produktion der angeforderten Ware auf Bestellung ist die Durchlaufzeit für die

Produktion entsprechend zu den genannten Zeiten zu addieren (Schulte, 2016).

Lieferzuverlässigkeit

Unter der Lieferzuverlässigkeit wird im Allgemeinen die Liefer- oder auch Termintreue verstanden. Diese kann durch diverse Formeln berechnet oder durch Kenngrößen, wie beispielsweise die Häufigkeit von Fehlmengen, bestimmt werden (Schulte, 2016).

Lieferflexibilität

Die Lieferflexibilität bezieht sich auf das eigentliche Auslieferungssystem und dessen Fähigkeit, auf besondere Kundenwünsche einzugehen. Hierzu zählen Auftrags- sowie Liefermodalitäten (Schulte, 2016).

Lieferqualität

Zustand der Lieferung sowie Liefergenauigkeit in Bezug auf Menge und Art spiegeln sich in der Lieferqualität wider. Durch Sicherstellung der entsprechenden Lieferqualität können Kosten für die Abwicklung von Reklamationen eingespart oder zusätzliche Kosten bei Unter- oder Überschreitung der Liefermengen vermieden werden, welche beispielsweise durch zusätzliche Lagerkosten verursacht werden (Schulte, 2016).

Informationsfähigkeit

Die Beantwortung von Kundenanfragen im Vorfeld sowie im Nachgang der Auftragserteilung sind integraler Bestandteil der Informationsfähigkeit (Schulte, 2016). Die Logistik lässt sich insgesamt in die Bereiche Beschaffungs-, Produktions-, Distributions- und Entsorgungslogistik unterteilen (Domschke & Scholl, 2008).

Beschaffungslogistik

Die Beschaffung und das Beschaffungsmanagement umfasst sowohl den Einkauf als auch die Beschaffungslogistik. Die einzelnen Aufgaben und die Abgrenzung der Beschaffungslogistik und des Einkaufs sind in Abbildung 14 veranschaulicht (Schulte, 2016).

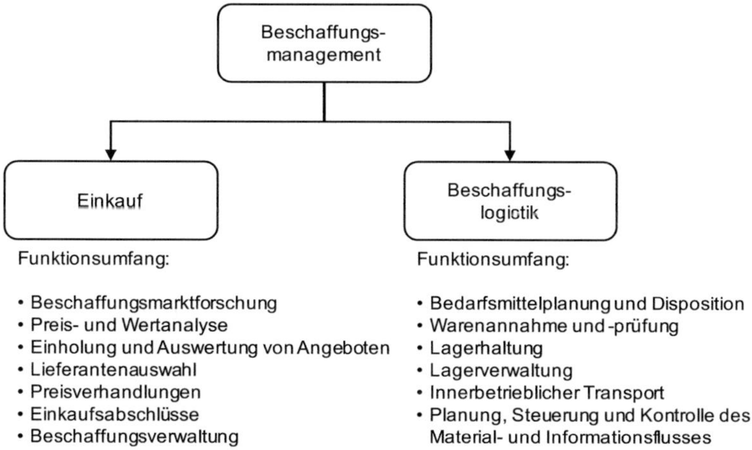

Abbildung 14: Aufgaben der Beschaffung (Schulte, 2016)

Die Beschaffungslogistik verfolgt das Ziel, den Fluss von Waren, Material und Informationen vom Lieferanten bis zum eigentlichen Unternehmen zu optimieren sowie zu kontrollieren. Dazu gehört die Zuständigkeit für eine bedarfsgerechte Versorgung ab dem Lieferanten über den Wareneingang und das Beschaffungslager bis zur Bereitstellung in der Produktion (Martin, 2014). *„Die Aufgabe der Beschaffungslogistik besteht in der Planung, Steuerung und Implementierung aller notwendigen Strukturen und Prozesse zur bedarfsgerechten Versorgung des Unternehmens mit Gütern und Dienstleistungen (...), Ziel der Beschaffungslogistik ist die Sicher-*

stellung der Versorgung des Unternehmens mit den von den nachgelagerten Wertschöpfungsstufen benötigten Einsatzgütern und Informationen" (Hommers, 2007, S. 3).

Produktionslogistik

Die Produktionslogistik *„umfasst den operativen Material- und Warenfluss mit dem begleitenden Informationsfluss und den dazugehörenden dispositiven und administrativen Funktionen, die für die Erfüllung der Produktionsaufgaben erforderlich sind"* (Martin, 2014, S. 6). Dabei wird als Ziel eine termingerechte sowie kostengünstige Bereitstellung am richtigen Ort, zur richtigen Zeit und in der richtigen Menge verfolgt. Zu den Aufgaben der Produktionslogistik gehören u. a. die nachfolgend aufgelisteten Punkte:

- Bereitstellung der Materialien an den Produktionsstellen
- Transport zu und zwischen den Betriebsmitteln und Arbeitsplätzen
- Gewährleistung und Optimierung des innerbetrieblichen Materialflusses

Darüber hinaus ist die Planung, Steuerung und Kontrolle des Material- und Informationsflusses in der Produktion ein wesentlicher Aufgabenbereich. Dabei wird der Materialfluss vom Rohmateriallager über die im Fertigungsprozess enthaltenen unterschiedlichen Fertigungs- und Montagestufen mit dem dazugehörenden Fertigungslager betrachtet (Martin, 2014).

Distributionslogistik

Die Distributionslogistik kann komplementär zur Beschaffungslogistik gesehen werden, da diese den Waren-, Material- und Informationsfluss am Ende der Produktion adressiert. Darunter fallen beispielsweise die

Bildung von Ladeeinheiten, die Distributionslager oder die Bereitstellung beim Kunden. *„Die Distributionslogistik stellt das Bindeglied zwischen der Produktion und der Absatzseite des Unternehmens dar. Sie umfasst alle Lager- und Transportvorgänge von Waren zum Abnehmer sowie die damit verbundenen Informations-, Steuerungs- und Kontrolltätigkeiten"* (Schulte, 2016, S. 467).

Die Logistikplanung spielt nicht nur in Bezug auf die Modularisierung einer Fabrik, wie sie beispielsweise bei wandlungsfähigen Fabriken notwendig ist, eine zentrale Rolle (Wiendahl, Nofen, Klußmann, & Breitenbach, 2005), sondern ist auch sonst ein wesentlicher Kostentreiber in der Produktion. *„Wandlungsfähigkeit beschreibt das Vermögen einer Fabrik, ausgehend von internen und externen Auslösern, aktiv ihren Aufbau auf allen Ebenen bei geringem Aufwand verändern zu können"* (Wiendahl, Nofen, Klußmann, & Breitenbach, 2005, S. 13). *„Logistikplanung umfasst die Entwicklung, Bewertung und Auswahl von Handlungsalternativen zur zukünftigen Gestaltung und Optimierung von Logistiksystemen und logistischen Prozessen"* (Weidt, 2004, S. 12).

Die Logistikplanung kann in verschiedene Bereiche unterteilt werden. (Klein, 2009) differenziert dabei zwischen operativer und strategischer Logistikplanung. (Weidt, 2004) ergänzt diese Bereiche um die taktische Logistikplanung. (Schneider, 2008) ordnet die Bereiche sequenziell in verschiedene Phasen ein und fügt die operative Logistikplanung vor dem SOP hinzu (siehe Abbildung 15).

Insbesondere in der Planungsphase vor Produktionsstart (SOP) ist die Logistikplanung von großer Bedeutung. Genau in dieser Phase hat die Qualität der Planungsergebnisse von Produktion und Logistik wesentlichen Einfluss auf die Herstellungskosten der Fahrzeuge. Nach Aussage von (Bracht & Bierwirth, 2003) sind die Kosten von Produktion und Logistik bei gleichbleibender Produktqualität entscheidend für die Höhe des Deckungsbeitrages (Schulte, 2016).

Abbildung 15: Phasen und Aufgaben der Logistikplanung von der Entwicklungsphase bis End of Production (EOP) nach (Schneider, 2008)

Strategische Logistikplanung vor SOP

Die strategische Logistikplanung ist nach (Weidt, 2004) integrativer Bestandteil der Unternehmensplanung und fokussiert langfristige Aktivitäten. Das Planen der logistischen Systeme sowie der logistischen Prozesse nimmt ca. 3-5 Jahre in Anspruch. Wesentlicher Bestandteil der strategischen Logistikplanung ist die Entscheidung über den Standort und ein kostenoptimales Ergebnis.

Auf Grundlage von Referenzstücklisten, beispielsweise der Vorgängerbaureihe, erfolgt eine Grobplanung – meist Top-Down. Eine Stückliste *„ist ein für den jeweiligen Zweck vollständiges, formal aufgebautes Verzeichnis für einen Gegenstand, das alle zugehörigen Gegenstände unter Angabe von Bezeichnung, Sachnummer, Menge und Einheit enthält“* (REFA 1993, S. 45). Ermittelt werden somit mögliche Logistikkosten, wie beispielsweise Betriebskosten, Frachtkosten, Transportkosten, Zölle etc. (Schneider, 2008).

Taktische Logistikplanung vor SOP

Die taktische Logistikplanung nimmt ca. 6 - 18 Monate in Anspruch und beinhaltet Aktivitäten mit mittelfristigem Planungshorizont (Weidt, 2004). *„Sie umfasst die Ausgestaltung des Logistiksystems einschließlich der grundsätzlichen Dispositionsregeln (z. B. Routen- oder Lagerbestandsplanung) sowie die Planung der Bereitstellung der dafür erforderlichen Produktionsfaktoren. Schließlich legt die taktische Logistikplanung die Aufgaben, Kompetenz- und Verantwortungszuständigkeiten für den Logistikbereich in der Organisationsstruktur fest“* (Weidt, 2004, S. 13).

Nach (Bierwirth, 2004) wird eine Unterteilung in Konzept- und Feinplanung vorgenommen. Der Konzeptplanung sind Planungsaufgaben, wie beispielsweise Logistik- und Verpackungskonzepte, zugeteilt. Hier wird ein Grobkonzept der logistischen Planung entworfen. Die Feinplanung umfasst Komplexitäts- und Änderungsmanagement sowie den Vergabeprozess.

Die relevanten Planungsinformationen werden mit Fortschritt des Planungsprozesses immer detaillierter und aussagekräftiger. Darauf aufbauend werden Behälter, Verpackungen, Flurförderfahrzeuge, Flächen, Personal sowie der Materialfluss in Verbindung mit dem Line-Back-Prinzip von der Montagelinie bis hin zum Lieferanten geplant (Bierwirth, 2004).

Operative Logistikplanung vor SOP

Die operative Logistikplanung umfasst in erster Linie kurzfristige Entscheidungen mit einem Planungshorizont von einem Tag bis zu drei Monaten (Weidt, 2004). In dieser Phase findet auch das Anlaufmanagement statt. Im Rahmen des Anlaufmanagements werden die Phasen Vorserie, Nullserie und Produktionshochlauf durchlaufen.

Besonders typisch für die Automobilindustrie sind definierte Planungsergebnisse für die Phasenübergänge sowie Wechsel von Werkzeugen (Fitzek, 2006). Generell gilt es im Rahmen der Operativen Logistikplanung vor SOP eine termin- und qualitätsgerechte Versorgung der Produktion in der Anlaufphase zu gewährleisten (Schneider, 2008). *„Zu den wesentlichen Entscheidungen gehören die Festlegung einzelner Maßnahmen zur Umsetzung der Servicepolitik und zum Einsatz der bereitgestellten Produktionsfaktoren. Außerdem obliegen der operativen Planung die Aufgaben, Transport-, Lager- und allgemeine Handlingprozesse im Rahmen der physischen Logistik abzuwickeln sowie dispositive logistische Aufgaben auf der operativen Ebene umzusetzen"* (Weidt, 2004, S. 13).

Logistikplanung nach SOP

Als Bestandteil des Produktentstehungsprozesses hat die Logistikplanung nach SOP oder auch Serienlogistikplanung die Abwicklung von konkreten Kundenaufträgen zum Gegenstand. Dabei werden die notwendigen Ressourcen eingesetzt sowie Anlieferkonzepte definiert (Schneider, 2008). Bei der operativen Logistikplanung werden alltägliche Aktivitäten, wie beispielsweise die Distributionsplanung, adressiert. Neben den spezifischen Aufgaben in den verschiedenen Phasen der Logistikplanung zählen die nachfolgenden Themen zu deren generellen Aufgaben:

- Layoutplanung
- Materialflussplanung
- Ladungsträgerplanung
- Einsatzfaktorplanung

Layoutplanung

„Mit dem Layout eines Materialflusssystems ist die räumliche Anordnung von Betriebsmitteln und Funktionsflächen gemeint, die in quantifizierbaren Beziehungen zueinanderstehen“ (Arnold & Furmans, 2009, S. 289). Die Layoutplanung hat zur Aufgabe, *„räumliche Anordnungen mit günstigen Materialflussbeziehungen, im Extremfall die kostenminimale Anordnung, zu finden“* (Arnold & Furmans, 2009, S. 289).

Die Planung des Stationslayouts hingegen adressiert die *„Anordnung und Beschaffenheit einer manuellen oder automatisierten Montagestation unter ergonomischen, technischen und wirtschaftlichen Gesichtspunkten“* (CIRP, 2014, S. 340). Die Layoutplanung gilt als komplexer Entscheidungsprozess. Daher wird zur Sicherstellung eines wirtschaftlichen Planungsverlaufs eine stufenweise Verarbeitung der gewonnenen Daten empfohlen (Frey, 1975).

Ausgehend von einem optimalen Layout ohne eine Berücksichtigung von Restriktionen werden beim Vergleich mit einer realen Lösung Unzulänglichkeiten und Abweichungen ersichtlich. Dieses Vorgehen wird u. a. als Ideallayoutplanung bezeichnet. Der daraus gewonnene Planungsstand wird dann, unter Zuordnung der Betriebsmittel, an reale Gegebenheiten zu einem ausführungsreifen Layout weiterentwickelt. Dieses Vorgehen wird als Reallayoutplanung bezeichnet (Schulte, 2016).

In der Praxis wird die Layoutplanung schrittweise detailliert und ausgehend von einer ersten Planung mittels Paper Mock-Ups in das finale Computer Aided Design (CAD)-Modell übertragen. Die nachfolgenden Abbildungen veranschaulichen Paper Mock-Ups sowie eine zweidimensionale (2D)-CAD-Zeichnung einer Layoutplanung.

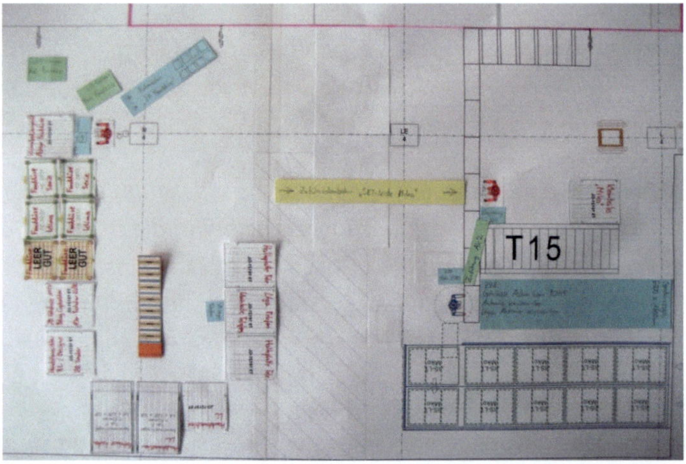

Abbildung 16: Paper-Mock-Up einer Layoutplanung

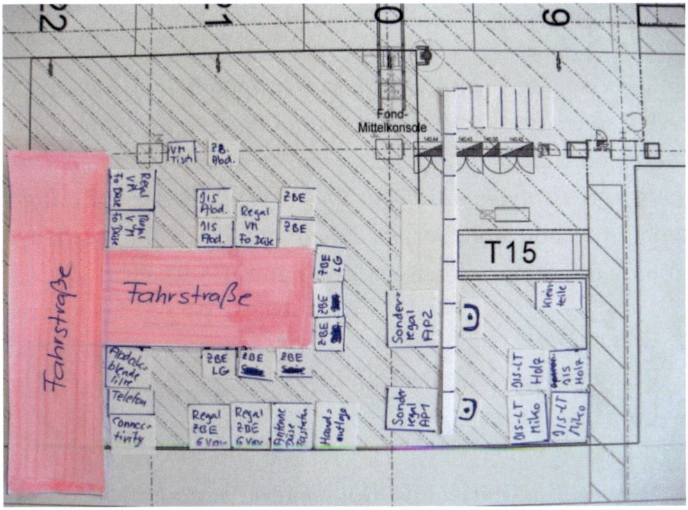

Abbildung 17: Paper-Mock-Up einer Layoutplanung

Abbildung 18: 2D-CAD-Zeichnung eines Fabriklayouts

Materialflussplanung

Materialfluss ist *„die Verkettung aller Vorgänge beim Gewinnen, Be- und Verarbeiten sowie der Verteilung von stofflichen Gütern innerhalb festgelegter Bereiche. Zum Materialfluss gehören alle Formen des Durchlaufs von Arbeitsgegenständen durch ein System"* (VDI 2689, S. 2). Hierzu zählen sowohl innerbetriebliche als auch globale Transportvorgänge sowie Gegenstände des Materialflusses (Jünemann, 1989):

- Güter (Materialien, Stoffe)
- Personen (biologische Objekte)
- Informationen
- Energie
- Materialflussmittel inkl. Güter- und Personentransportmittel
- Produktionsmittel inkl. energieerzeugender Anlagen
- Informationsflussmittel (Arbeitsmittel des Informationsflusses)
- Infrastruktur (Gebäude, Flächen, Wege)

„Gegenstand der Materialflussplanung und -steuerung ist die operative Erfüllung der mengen- und zeitpunktbezogenen Materialbedarfe im Bereich des Transports und Lagerung zwischen den betroffenen Lieferstufen" (Gehr & Hellingrath, 2007, S. 73). Zu den Aufgaben der Materialflussplanung gehören demnach *„alle Materialbewegungen innerhalb oder zwischen umgrenzten Betriebseinheiten in ihrer räumlichen, zeitlichen und organisatorischen Verknüpfung mit den betrieblichen Aufgaben"* (Fortmann & Kallweit, 2007, S. 105).

Ladungsträgerplanung

In der Automobilindustrie werden die in der Literatur als Logistikhilfsmittel betitelten Behälter als Ladungsträger bezeichnet. *„Ladungsträger* *sind Transporthilfsmittel mit denen Transportverpackungen oder Ladegut gelagert und transportiert werden. Ladungsträger dienen als zentrale Elemente einer durchgängigen logistischen Kette vom Zulieferer bis zum Verbraucher. Ladungsträger nehmen ungleichförmige Güter auf, bilden gleichartige Ladeeinheiten und bündeln Mengen"* (Bichler, Krohn, Philippi, & Schneidereit, 2017, S. 104). Gestelle, Paletten, Gitterboxen oder Kunststoffkisten sichern die Güter während des Transportes, vereinfachen diesen, den Umschlag und die Lagerung. In der Praxis finden sich hinsichtlich Form, Abmessungen und Werkstoffen sehr heterogene Behältertypen. Dies ist in den unterschiedlichen Anforderungen bzw. Einsatzbereichen begründet (Klug, 2010).

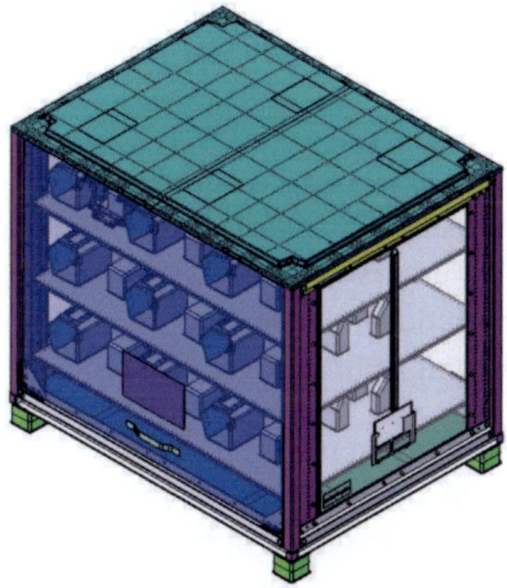

Abbildung 19: Beispiel für ein CAD-Modell eines Sonderladungsträgers

Abbildung 20: Beispiel eines Sonderladungsträgers

Eine für die Automobilindustrie typische Klassifizierung verschiedener Ladungsträger, dargestellt als digitale Modelle, finden sich in Abbildung 21.

Dabei wird zwischen den vier Kategorien Kleinladungsträger (KLT), Großladungsträger (GLT), Standardladungsträger, Spezial- und Sonderladungsträger (SLT), unterschieden. Standardladungsträger sind durch nationale und internationale Verbände, Zusammenschlüsse oder Vereine durch Normen und Richtlinien standardisiert.

Eine dieser Richtlinien ist vom Verband der Automobilindustrie (VDA) veröffentlicht und in der VDA-Empfehlung 4500 niedergeschrieben (Klug, 2010). Pro Baureihe werden in der Automobilindustrie derzeit ca. 300 Sonderladungsträger eingesetzt.

Die Ladungsträgerplanung definiert das *„Ladungsträgerkonzept aufgrund der ganzheitlichen Betrachtung der Supply Chain. Gegenstand der Ladungsträgerplanung sind die Erfassung und Analyse der Teile, des Materialflusses, der Fertigungs- und Montageabläufe sowie der Distributions-*

logistik. Ziel ist die Optimierung der Ladungsträgerkosten, der Volumennutzungsgrade sowie der Kapitalkosten“ (Bichler, Krohn, Philippi, & Schneidereit, 2017, S. 104).

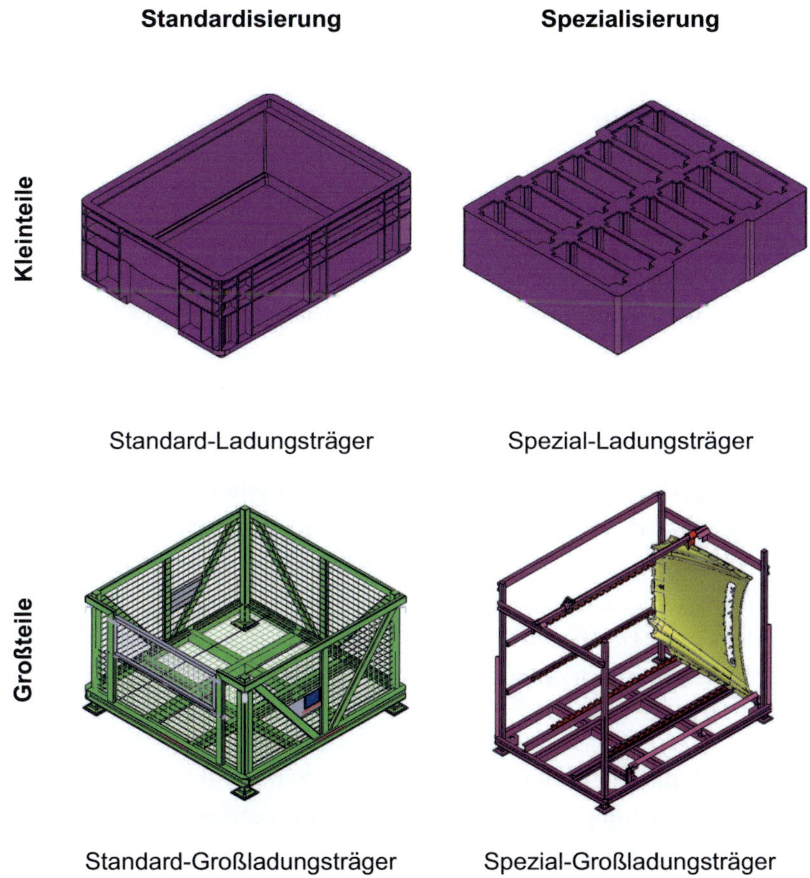

Abbildung 21: Klassifikation von Ladungsträgern. Eigene Darstellung in Anlehnung an (Klug, 2010)

Somit ist die Ladungsträgerplanung für die Festlegung der technischen Ausprägung des Ladungsträgers für das zu transportierende Bauteil zuständig.

Zu den Anforderungen zählen nach (Bichler, Krohn, Philippi, & Schneidereit, 2017) folgende Aspekte:

- Belastbarkeit
- Stapelbarkeit
- Einsatzfähigkeit für automatische Lager
- Qualität im Hinblick auf den Schutz vor Beschädigungen des Teils
- Wirtschaftlichkeit (Mehrfachverwendung, Packungsdichte, etc.)
- Sicherheit und Gesundheit (ergonomische Bauteilentnahme)
- Ökologie (Mehrwegverpackung, recyclingfähiges Material)

Die Ladungsträger werden nicht nur nach Bauteilen und Standardisierung klassifiziert. Im Rahmen der Ladungsträgerplanung werden auch Daten wie beispielsweise Hersteller, Gewicht etc. erfasst. Oftmals gibt es Datenmanagementsysteme, in denen die entsprechenden Informationen hinterlegt sind. Aus diesen Daten lassen sich so genannte Ladungsträger-Stammdatenblätter erzeugen, die einen Ladungsträger beschreiben (vgl. Abbildung 22).

Bei der Ladungsträgerplanung ist eine richtige Auswahl, Zuordnung und Befüllung der Ladungsträger ein wesentlicher Stellhebel für eine Logistikkette (Bierwirth, 2004). Dadurch werden u. a. *„die Dimension der Materialbestände, Auswahl und Menge der Transportmittel sowie deren Auslastung und damit letztlich die Kosten für die Materialbereitstellung und den -transport über die gesamte Belieferungskette“* bestimmt (Rooks, 2009, S. 26).

Ladungsträger-Stammdatenblatt der Daimler AG

10224
Gestell Klimakasten

LT-Klasse	Packmittel
LT-Kategorie	Gestell
Mehrweg / Einweg	Mehrweg-LT
Eigentumskennung	Daimler
Planungsbereich	MB Cars

Werkstoff	Stahl
Oberfläche / Farbe	verzinkt
Gefahrgut	☐
ESD	☐
Rollbar	☐
Teilaufnehmend	☑
Entnahmeseite	
Inhalt	25

Abmessungen	innen	außen
Länge		1.200 mm
Breite		800 mm
Höhe		1.500 mm
Volumen		1,440 m³
Abmessungen zusammengelegt		
Höhe		1.500 mm
Volumen		1,440 m³
Abrechnungsklasse		2
Eintauchtiefe		25 mm
Freie Unterfahrhöhe		100 mm

Taragewicht	178,000 kg
Zulässige Nutzlast	1.322,000 kg
Zulässiges Gesamtgewicht	1.500,000 kg
Zulässige Auflast	4.500,000 kg

Letzte Änderung: 22.04.2010 Druckdatum: 13.02.2012

Abbildung 22: Beispiel für ein Ladungsträger-Stammdatenblatt

Die Zuordnung von Bauteil zu Ladungsträgern wird möglichst frühzeitig durch den Ladungsträgerplaner vorgenommen, um eine Basis für die darauffolgenden Planungsschritte herzustellen. Nachgelagerte Planungsprozesse, wie beispielsweise Planungsaufgaben der Montage oder der Beschaffung durch den Einkauf, bauen ihre jeweilige Planung und Kalkulation darauf auf.

In der Montageplanung bildet beispielsweise eine Teilezuordnung die Grundlage für eine Bandaustaktung. Im Bereich der Beschaffung werden darauf aufbauend die Ausschreibungsunterlagen erstellt. Da Ladungsträger bezüglich Wiederverwendung einen maßgeblichen Anteil an einer möglichen Kostenreduktion ausmachen, werden diese im Hinblick auf die Teileanzahl pro Ladungsträger optimiert.

Dies erfolgt jedoch unter Berücksichtigung diverser Restriktionen[12] (Rooks, 2009):

- Vorzugsweise Verwendung eines Standardladungsträgers
- Vermeiden von dynamischen Kollisionen bei Be- und Entladevorgang sowie während des Transports, falls nötig
- Gewährleisten der Zugänglichkeit von Einzelteilen beim Be- und Entladen
- Berücksichtigung von Einsatzrahmen, Halter, usw.
- Ergonomische Gestaltung des Behälters beim manuellen Be- und Entladen
- Stapelbarkeit von Ladungsträgern

---

12 Basierend auf einer internen Dokumentation der Daimler AG, Leemhuis, K.-U.: „Handbuch für Materialfluss, PPA-Standards". Untertürkheim: Daimler AG 2006. Übernommen von (Rooks, 2009).

Unter Verwendung von CAD-Daten der Bauteile und Ladungsträger wird durch den Einsatz von speziellen Softwarelösungen eine optimale Behälterfüllung und gleichzeitig eine hohe Packdichte berechnet. Als Beispiel sei die u. a. bei vielen Automobilherstellern im Einsatz befindliche Software PackAssistant genannt (siehe Abbildung 23, Abbildung 24, Abbildung 25).

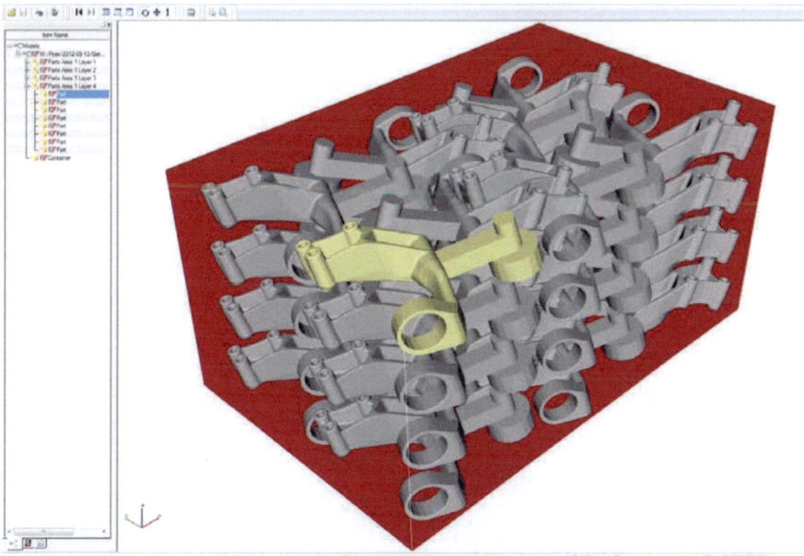

Abbildung 23: Berechnung einer optimalen Behälterfüllung durch PackAssistant[13]

---

[13] PackAssistent ist ein Produkt des Fraunhofer-Instituts für Algorithmen und Wissenschaftliches Rechnen SCAI, http://www.packassistant.de. Aufruf am 22.01.19.

Mercedes-Benz

Zusatz zum Verpackungs-Datenblatt
Verpackungsanweisung für Einzelteil zur Optimierung des Behälterfüllgrads

Sachnummer

Sach-Nr. : **A2975001400**	Werk:
Benennung: **LU LUFTREGELUNGSSYSTEM_LI_EC**	Typ:

Optimierungsdaten

Planer : **Wack** Tel:	Abt. : Fax:	Befüllungsart : **Feste Lage**	Behälter (ID): **Gitterpalette (2072)** Tragkraft: **1292,00** Leergewicht: **104,00** Innenmaße (Länge, Breite, Höhe): **1108x944x520** Außenmaße (Länge, Breite, Höhe): **1200x1000x700** Extraabstände: Länge: links **x** rechts: **0,00 x 0,00** Breite: vorn **x** hinten: **0,00 x 0,00** Höhe: unten **x** oben: **0,00 x 0,00**
Datum: **30.03.2017**		Bauteile pro Einheit : **62** Bauteile pro m³ : **113,993** Bauteilgewicht : **0,6500** Bauteil Länge: **247,99** Bauteil Breite: **411,63** Bauteil Höhe: **197,83** Bauteil Volumen: **3,086** Volumennutzungsgrad: **0,228** Füllgewicht : **40,300** Gesamtgewicht: **144,30**	Anzahl Bereiche: **1** Bereichsabstand: **0,00** Anzahl Lagen je Bereich: **1** Anzahl Lagentypen: **1** Lagentrennung: **Fest** Dicke: **3,00**

PACKAssistant 3.5.6D_PLM

Gesamtansicht

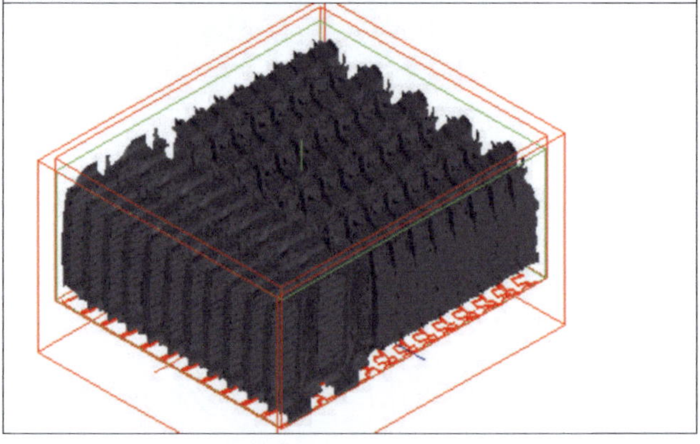

Erzeugt von PACK Assistant www.packassistant.de

Abbildung 24: Verpackungsreport von PackAssistant Seite 1/2

Mercedes-Benz

Lagentyp 1 von 1

Bauteile pro Lage : **62**	Anzahl Lagen pro Bereich : **1**	Bauteile gesamt für Lagentyp je Bereich : **62**
Gefacheform : - Gefachedicke : -	Gefachegeometrie : **127,46x199,00** Lagendicke : **471,356**	Gefacheabstand : -

Ansicht Vorn

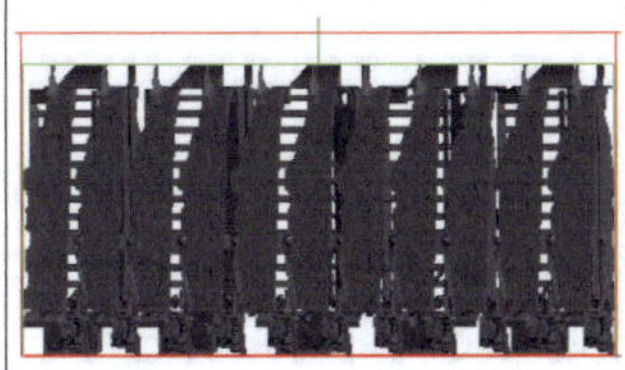

Ansicht Oben

Ansicht Seite

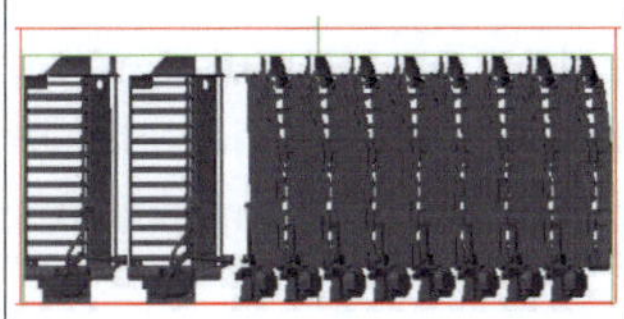

Ansicht Detail

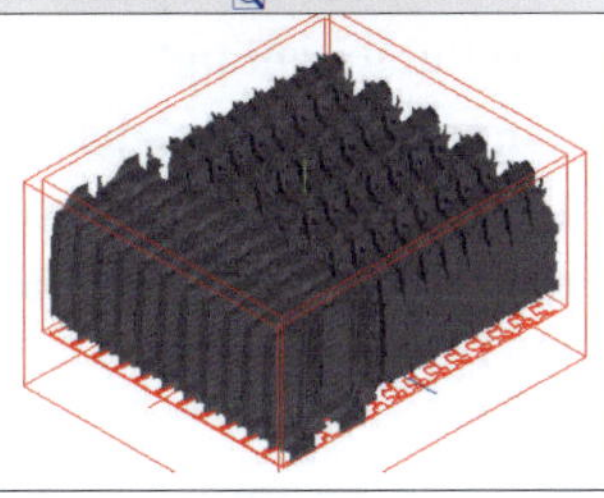

Abbildung 25: Verpackungsreport von PackAssistant Seite 2/2

Einsatzfaktorplanung

Ein Einsatzfaktor ist ein „*Faktor zur Berücksichtigung des Mengengefälles und des daraus sich ergebenden Ausschusses zwischen aufeinander folgenden Produktionsstufen bzw. Kostenstellen (v. a. bei Großserien- und Massenproduktion). Der Einsatzfaktor gibt das Verhältnis von Einsatzmenge einer Kostenstelle zu ihrer Ausbringungsmenge an*" (Winter, Mosena, & Roberts, 2010).

In der Logistik werden Objekte als Einsatzfaktoren verstanden, durch die eine Bewegung von Ladungsträgern erfolgt. Hierzu zählen beispielsweise Stapler, Ladungsträger und Flurförderzeuge (FFZ).

Aufgabe der Einsatzfaktorplanung und -beschaffung ist die Planung der zur Bereitstellung benötigten Fördermittel. Dabei werden die verschiedenen Planungsprämissen, die Vorgaben des Layouts sowie die Produktionsmethoden, welche beispielsweise durch die jeweiligen Produktionssysteme bedingt sind, zu einem Gesamtoptimum zusammengeführt (Walz, 2003).

2.3.3 Fabrikplanung

In der Literatur wird der Begriff Fabrikplanung in verschiedenen Kontexten verwendet. Werksplanung, Werkstrukturplanung oder auch Strukturplanung sind als Synonyme zu finden (Schmigalla, 1995).

Die Fabrikplanung beschreibt das Planungsgebiet, in dem „*die verschiedenen Tätigkeiten durch eine einheitliche Zielsetzung zu einem geschlossenen Ganzen zusammengefasst werden. Es besteht aus einem hierarchisch aufgebauten System von Ermittlungen, Untersuchungen und Entscheidungen, bei dem die Ergebnisse der Teiluntersuchungen weitgehend die Auf-*

gabenstellung der nachfolgenden Teilarbeiten bestimmen, die benachbarten Gebiete sich gegenseitig beträchtlich beeinflussen können und eine genaue Koordinierung erfordern" (Aggteleky, 1982, S. 26).

Zu den Aufgaben der Fabrikplanung gehören *„die Analyse, Zielfestlegung, Funktionsbestimmung, Dimensionierung, Strukturierung, Integration und Gestaltung von Fabriken als System, wie auch ihrer Teilsysteme, Elemente, Substrukturen und Prozesse"* (Bracht, Geckler, & Wenzel, 2011, S. 384).

Die Fabrikplanung hat die optimale Ausgestaltung von Anlagen sowie Bauten zum Ziel. Dabei kommt es zu kurz-, mittel- und langfristigen Planungsaufgaben. Kurzfristige Planungsaufgaben beinhalten die Anpassung bestehender Anlagen an aktuelle betriebliche Forderungen. Beispiele für derartige Forderungen sind Rationalisierung, Steigerung der Produktivität, Anpassung an den technologischen Fortschritt oder auch die mengenmäßige Regulierung des Produktionsprogrammes.

Die mittelfristige Fabrikplanung umfasst die Ausarbeitung der Detailpläne. Berücksichtigt werden dabei die Planung von Neuanlagen wie auch die Umgestaltung bestehender Anlagen. Bei der langfristigen Fabrikplanung werden Aspekte wie beispielsweise die Standortwahl oder die Stufenpläne der Werkplanung adressiert (Aggteleky, 1982).

Der Umfang der Fabrikplanung umfasst dabei verschiedene Planungsfälle und reicht von einer Umplanung bis hin zur Planung eines neuen Werks (Eversheim & Schuh, 1996). Insbesondere weil Unternehmen zur Sicherstellung und Steigerung der Wettbewerbsfähigkeit auf Veränderungen am Markt reagieren müssen, ergeben sich unterschiedliche Planungsfälle, bei denen die Bestimmungsgrößen jeweils teilweise, vollständig oder gar nicht differieren. Weiterhin unterliegen einzelne Bereiche kontinuierlichen Rationalisierungs- sowie Investitionsmaßnahmen, wohingegen Fabrikplanungsmaßnahmen meist diskontinuierlich nur im Bedarfsfall vollzogen werden (Eversheim & Schuh, 1996).

Insgesamt unterscheiden (Eversheim & Schuh, 1996) zwischen sechs Planungsfällen in Abhängigkeit von Neuheit bzw. Grad der Veränderung fabrikbestimmender Faktoren, welche in Tabelle 1 aufgeführt sind.

Fabrikplanungsfall	Produktionsprogramm		Produktionspotenzial						
	Produkte	Mengen	Standort	Produktionsmittel	Flächen Gebäude	Struktur	Personal	Technologie	Organisation
Neuplanung	●	●	●	●	●	●	●	●	●
Erweiterung	◐	●	○	●	◐	●	●	◐	●
Strukturerneuerung	○	○	○	○	◐	●	○	◐	●
Reduzierung	◐	●	○	●	●	●	●	◐	●
Verlagerung	○	○	●	◐	●	●	◐	○	●
Ausgliederung	○	○	◐	◐	◐	●	◐	○	●

● Bestimmungsgröße neu oder verändert
◐ Bestimmungsgröße nicht zwangsläufig neu oder verändert
○ Bestimmungsgröße nicht neu oder verändert

Tabelle 1: Fabrikplanungsfälle nach (Eversheim & Schuh, 1996)

Übereinstimmend sind der Fabrikplanung die nachfolgenden Aufgaben zugehörig (Schmigalla, 1995):

- Standortplanung und -analyse
- Generalstrukturplanung
- Materialflussplanung und -technik
- Fabrikgestaltung
- Bauplanung
- Büroraumplanung
- Anlagen und Einrichtungen
- Pflege der Gewerke

Fabrikplanungsprojekte durchlaufen typischerweise verschiedene Phasen (Aggteleky, 1982). Im Allgemeinen lassen sich diese Phasen in Vorbereitung, Strukturplanung, Detailplanung, Ausführungsplanung und Ausführung unterteilen (vgl. Abbildung 26). Als Grundlage für die Einteilung der einzelnen Phasen werden unterschiedliche Kriterien herangezogen. Hierzu zählen beispielsweise Aktivität, Inhalt, Ergebnis oder auch die zeitliche Einordnung (Schlange, 2010). Die in Abbildung 26 dargestellte Trennung der Struktur- und Detailplanung findet sich in der Praxis nur bedingt wieder, da die Planung dort eher iterativ durch einen simultanen Prozess stattfindet. Begründet ist dies durch eine Vielzahl von Wechselwirkungen, die im Rahmen der Planung Berücksichtigung finden müssen (Schlange, 2010).

In der Literatur finden sich diverse Fabrikplanungsgrundsätze, welche jeweils unterschiedliche Vorgehensweisen bezüglich der Fabrikplanung beschreiben:

- Top-Down
- Bottom-Up
- Ideal zu Real

Diese sind insbesondere für die Struktur- und Layoutplanung von Relevanz. Nachfolgend wird auf die Top-Down Vorgehensweise eingegangen.

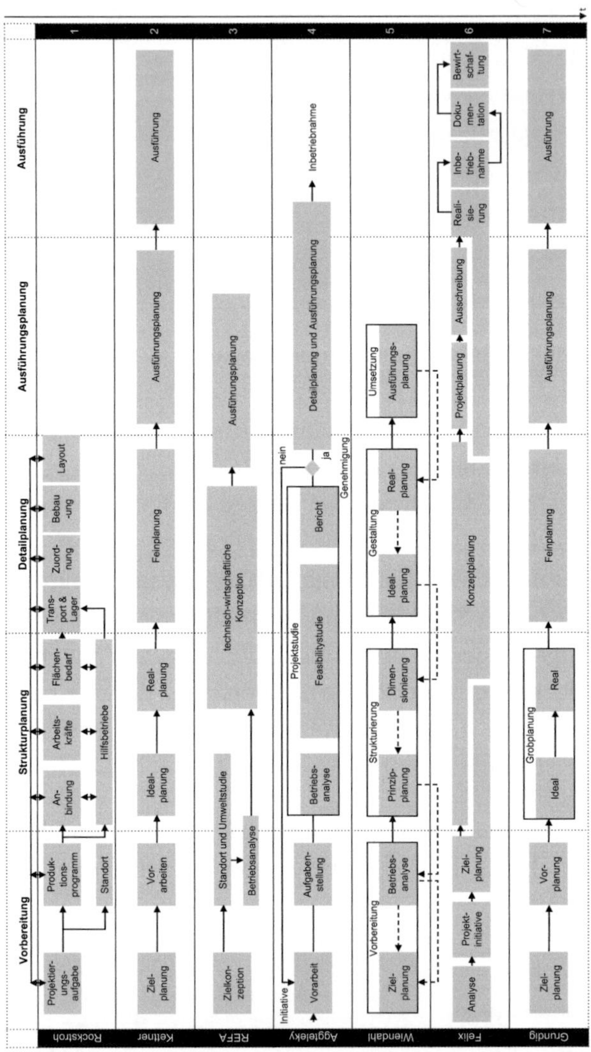

Abbildung 26: Phasen der Fabrikplanung (Schuh, Gottschalk, Lösch, & Wesch, 2007)

Das Vorgehen bei Top-Down beschreibt ausgehend von einem abstrakten Sachverhalt eine schrittweise Detaillierung. Das System wird im ersten Schritt, sofern möglich, in hierarchische Subsysteme untergliedert. Im nächsten Schritt wird das System näher betrachtet und ausgehend vom obersten Hierarchieelement wird eine rekursive Betrachtung der Subsysteme angewandt. Man spricht bei diesem Vorgehen auch von einer analytischen Vorgehensweise.

Der Top-Down Ansatz ermöglicht, bereits in frühen Phasen des Planungsprojektes Aussagen über das Gesamtsystem zu treffen, welche in den nachfolgenden Schritten als Zielvorgaben für die Planung von Subsystemen verwendet werden und der weiteren Detaillierung dienen. Neben der Detaillierung der Planung eignet sich der Top-Down Ansatz unter anderem dazu, im Rahmen des Projektmanagements die Planungsaufgaben innerhalb des Projektteams in sinnvoller Art und Weise zu verteilen sowie die einzelnen Analysen der Subsysteme zur Gesamtplanung zu aggregieren (Dangelmaier, 2003).

In der Fabrikplanung nach (Aggteleky, 1982) findet die Phasenbildung im Fabrikplanungsprozess nach dem Top-Down Ansatz statt. Hierbei werden die einzelnen Teilsysteme schrittweise Top-Down ausgestaltet (vgl. Abbildung 27).

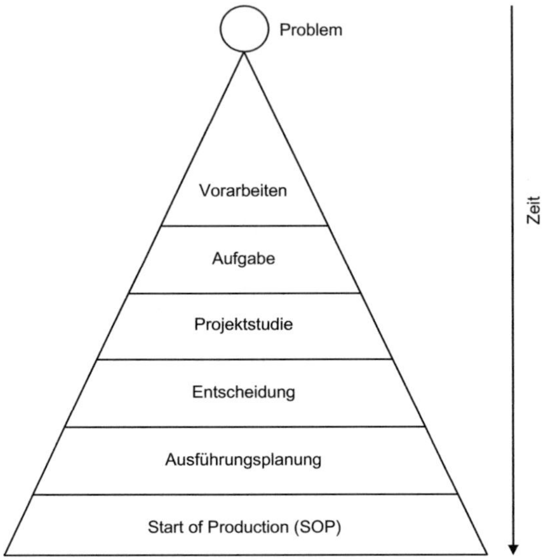

Abbildung 27: Planungspyramide nach (Aggteleky, 1982)

2.3.4 Montageplanung

"Pioneers of the automobile industry practiced what is now called Simultaneous Engineering. Men like Henry Ford, Ransom Olds, Karl Benz, and Adam Opel did not limit themselves simply to designing products; they were product and process engineers who designed both cars and the factories that built them" (Evans, 1990, S. 3f.).

Dieses Zitat steht sinnbildlich für den Einfluss der Produktentwicklung auf die Produktionsplanung und die Bedeutung von deren Zusammenspiel. Insbesondere in der Montageplanung ist die Einwirkung aus anderen Bereichen von großer Relevanz, da aufgrund der chronologischen Einordnung am Ende des Produktionsprozesses in der Montage alle Planungsergebnisse und auch Fehler aus früheren Planungsphasen bzw. Produktionsschritten münden.

In Montage und Montageplanung wirken die unterschiedlichen Anforderungen aus den verschiedenen Unternehmensfeldern besonders stark und treffen dort sowohl direkt als auch indirekt aufeinander.

Daher bilden eine sorgfältige Planung, eine frühzeitige Berücksichtigung von Aspekten der montagegerechten oder produktionsgerechten Produktgestaltung (PPG) oder auch eine fehlertolerante Montagesystemgestaltung die Grundlage für eine im Hinblick auf Qualität und Wirtschaftlichkeit optimale Produktion (Egermeier, 2008). *„Grundsätzlich müssen bei der Planung des Montagesystems alle die Montageplanung tangierenden Bereiche integriert werden"* (Roscher, 2007, S. 20). *„Eine effiziente Montageplanung bedarf einer engen Kooperation mit der Produktentwicklung und zahlreichen anderen Unternehmensbereichen"* (Patron, 2005, S. 6).

Die Montage ist der *„Zusammenbau von Teilen und/oder Gruppen zu Erzeugnissen oder zu Gruppen höherer Erzeugnisebenen in der Fertigung"* (VDI 2815, Blatt 1, S. 3)[14] und beansprucht in Summe je nach Produkt zwischen 15 bis 70 % der gesamten Fertigungszeit. Im Bereich der Automobilproduktion liegt der Faktor bei 30 bis 50 % und variiert je nach Fertigungstiefe (Lotter & Wiendahl, 2012).

Das eigentliche Montieren umfasst neben dem Fügen weitere Operationen, wie beispielsweise Handhabungs- und Hilfsvorgänge, Prüfen und Messen (DIN 8593). Eine Übersicht der dem Montieren zugehörigen Aktivitäten liefert Abbildung 28.

---

[14] Die VDI-Richtlinie 2815 wurde 2001 ersatzlos zurückgezogen. Eine Überarbeitung steht bislang noch aus.

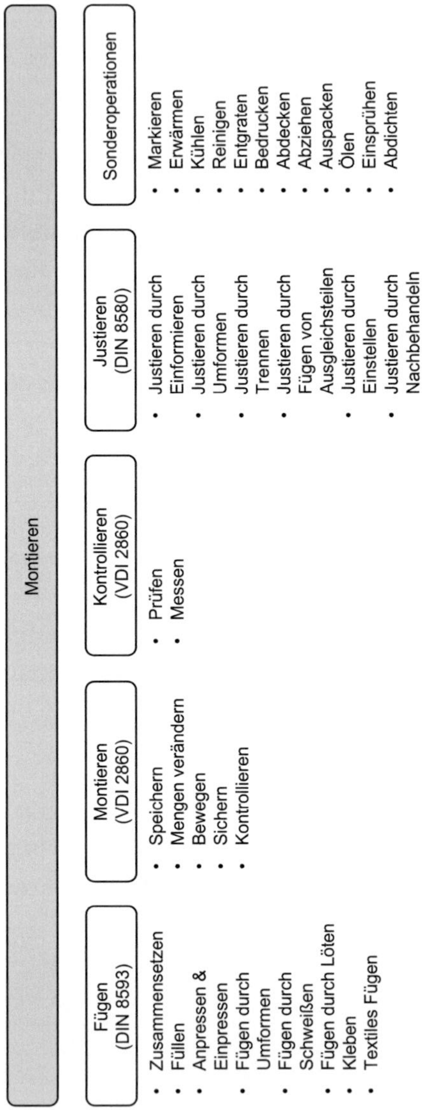

Abbildung 28: Funktionen der Montage (Lotter & Wiendahl, 2012)

Man differenziert im Allgemeinen zwischen wertschöpfenden und nicht wertschöpfenden Montagevorgängen (vgl. Effizienz von Montagevorgängen). Abbildung 29 zeigt eine Einteilung der Grundbewegungen während der manuellen Montage nach Methods-Time Measurement (MTM).

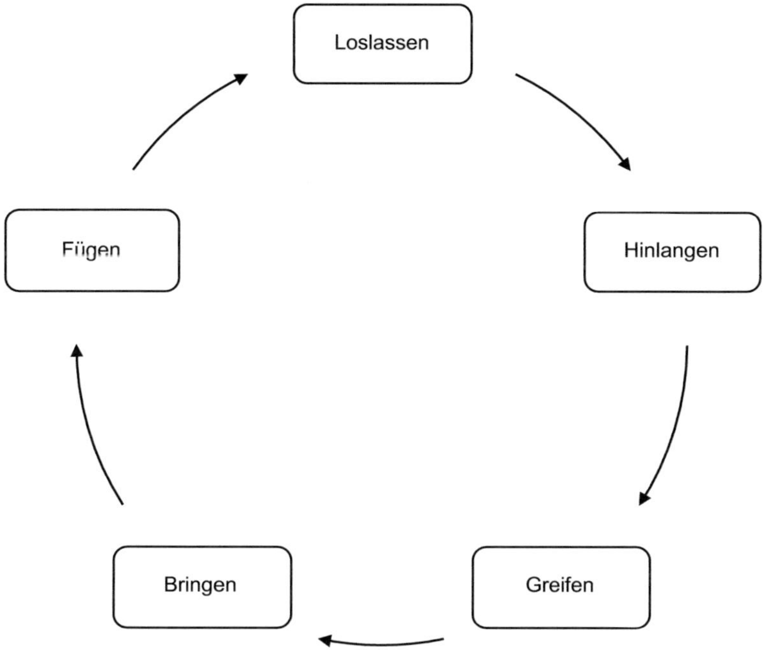

Abbildung 29: Einteilung der Grundbewegungen während der manuellen Montage nach MTM (Lotter & Wiendahl, 2012)

Generell wird zwischen automatisierter, manueller und halbautomatisierter Montage unterschieden. Die automatisierte Montage erzielt hohe Stückzahlen, bedarf jedoch hoher Investitionen und ist in ihrer Flexibilität stark eingeschränkt. Im Gegensatz dazu ist die manuelle Montage äußerst flexibel und bedarf keiner großen Investitionen. Die manuelle Montage ist jedoch bei großen Stückzahlen oftmals nicht wirtschaftlich.

Die halbautomatisierte Montage ist zwischen den beiden vorherigen Arten einzuordnen. Es werden dabei ausschließlich qualitätsbestimmende Vorgänge automatisiert (Lotter & Wiendahl, 2012). Die Montage in der Automobilindustrie ist bis zum heutigen Zeitpunkt von manuellen Tätigkeiten geprägt. Der Automatisierungsgrad liegt im Allgemeinen unter 5 % und nur wenige Stationen sind vollständig automatisiert (Holweg & Pil, 2005).

Die Montageplanung ist zusammen mit der Fertigungs- und Materialplanung Teil der Arbeitsplanung (Eversheim, 2002). Aufgabe der Montageplanung ist es, *„die organisatorischen, personellen und technischen Voraussetzungen zu schaffen, um Teile und Baugruppen unter Berücksichtigung wirtschaftlicher und humaner Gesichtspunkte zu übergeordneten Baugruppen oder Erzeugnissen zusammenzusetzen. Die Spannweite der Planungsaufgaben reicht dabei von der Konzeption einer geeigneten Ablauf- und Aufbaustruktur des Montagesystems, der darin befindlichen Montagearbeitsplätze bis hin zur Festlegung des Montageablaufs und der materialflusstechnischen Verkettung“* (Schiller & Müller, 1997, S. 19).

Die Komplexität der Planungsaufgabe bedingt die vielfältigen Aufgaben der Montageplanung. In der Literatur sind unterschiedliche Methoden zu finden, welche die Planungsaufgaben beschreiben (Patron, 2005). Als Beispiele seien hierzu u. a. (Bullinger, 1986) oder (REFA 1990) genannt. Beide Methoden unterteilen die Montageplanung in sechs Phasen, welche chronologisch aufeinander folgen.

Im Allgemeinen lassen sich diese Teilaufgaben funktional in die folgenden vier Bereiche zusammenfassen (Grunwald, 2002):

- Analyse von Produkt und Randbedingungen,
- Grob- und Feinplanung des Montageablaufs,
- Anordnung, Konfiguration, Auswahl und Detaillierung von Betriebsmitteln,
- sowie kontinuierliche Lösungsbewertung und -auswahl.

Abbildung 30 zeigt ein von (Grunwald, 2002) zusammengefasstes, sehr detailliertes Vorgehen bei der Montageplanung.

Konzeption und Produktanalyse

Die eigentliche Aufgabe gilt als Auslöser für die Konzeption. Sie umfasst eine detaillierte Analyse des Ausgangszustandes, des herzustellenden Produktes sowie der gegebenen Randbedingungen und gilt als Ausgangspunkt für die eigentliche Planung (Meißner, 2010).

Montageablaufplanung

Die Montageablaufplanung legt, unter Berücksichtigung der ermittelten Planungsprämissen, fest, welche Notwendigkeiten sich ergeben, um das Produkt entsprechend montieren zu können. Hierbei sollen insbesondere Fragen nach dem

- Was?
- Wie?
- Womit?
- Wo?
- Wann?

beantwortet werden.

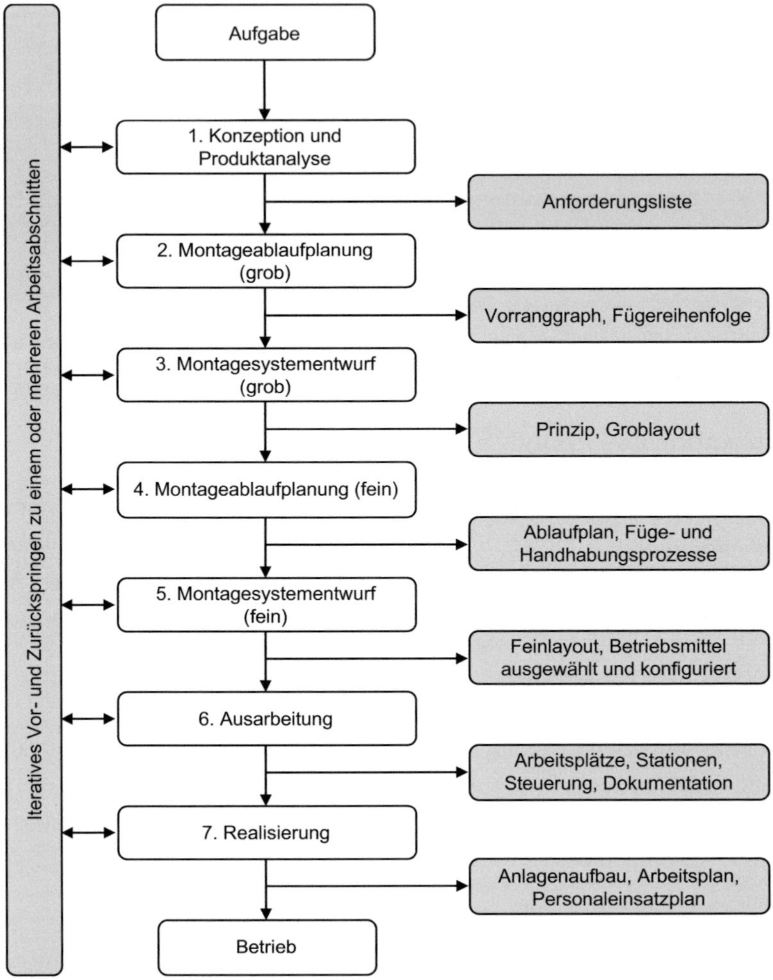

Abbildung 30: Prinzipielles Vorgehen bei der Montageplanung, zusammengefasst von (Grunwald, 2002)

Es wird eine montageorientierte Gliederung des Erzeugnisses sowie eine Montageablaufstruktur erstellt. Die Montageablaufstruktur untergliedert die Montageaufgaben in einzelne Teilschritte und definiert deren Abfolge.

„Im Arbeitsplan ist die Vorgangsfolge zur Fertigung eines Teils, einer Gruppe oder eines Erzeugnisses beschrieben; dabei sind mindestens das verwendete Material sowie für jeden Arbeitsvorgang der Arbeitsplatz, die Betriebsmittel, die Vorgabezeit und gegebenenfalls die Lohngruppe angegeben" (REFA). Anschließend erfolgt eine Leistungsabstimmung und Austaktung der Montagelinie. Daraus resultiert eine Zuordnung von Montagetätigkeiten zu Montagestationen und Werkern (Meißner, 2010).

Montagesystementwurf

Die Definition des Layouts der Montageanlage erfolgt in der Phase des Montagesystementwurfs. Unter Verwendung von diversen Hilfsmitteln, wie beispielsweise dynamischen Ablaufsimulationen, werden verschiedene Lösungsansätze mit unterschiedlichen Variationen von Organisationsformen oder der Art der Materialbereitstellung analysiert (Meißner, 2010).

Ausarbeitung

Die Ausgestaltung der ausgearbeiteten Lösungsansätze für das Montagesystem sowie dessen Detaillierung sind Gegenstand dieser Phase (Meißner, 2010).

Realisierung

Während der Realisierung werden benötigte Betriebsmittel konstruiert und beschafft, die Montagelinie aufgebaut und es erfolgt der Anlauf. Weiterhin werden in dieser Phase Mitarbeiter geschult (Meißner, 2010).

Betrieb

In der Betriebsphase werden Optimierungen der Montageanlage vorgenommen sowie Rationalisierungspotenziale aufgenommen und umgesetzt (Meißner, 2010). Die Montageplanung erfolgt unter klar definierten Randbedingungen, jedoch ist diese in keinem Fall als eine triviale, leicht durchzuführende Aufgabe zu sehen. Einzuhaltende, übergreifende Restriktionen, *„die Vielzahl an in Wechselwirkung stehenden Faktoren sowie die sich teilweise ändernden Daten und Randbedingungen und deren Ungenauigkeit"* (Weyand, 2010, S. 11) führen dazu, dass die Montageplanung zu einer Herausforderung für die Planungsbereiche wird. Die Montageplanung ist ein zeitintensiver Prozess, *„der zuerst mit einer Grobplanung beginnt und erst allmählich in eine Detailplanung übergeht"* (Weyand, 2010, S. 11).

Effizienz von Montageprozessen

An anderer Stelle ist Differenzierung zwischen wertschöpfender und nicht wertschöpfender Arbeitsvorgänge bereits erläutert worden. Diese bildet die Grundlage für eine Bewertung der Effizienz von Montageprozessen. Nach (Lotter & Wiendahl, 2012) werden wertschöpfende Montagevorgänge als Primärvorgänge und nicht-wertschöpfende Montagevorgänge als Sekundärvorgänge bezeichnet.

„Primärvorgänge (PV) sind alle Aufwendungen an Zeit, Energie, Informationen und Teilen zur Vervollständigung eines Produktes, die der Wertschöpfung während der Montage dienen. Beispiele sind Greifen, Einlegen oder Einschrauben von Teilen zur Vervollständigung des Produktes" (Lotter & Wiendahl, 2012). Hierzu zählen beispielsweise Prozesse, die den Wert des Produktes nach deren Ausführung unmittelbar steigern. Neben klassischen Fügevorgängen, wie Schrauben, Clipsen oder Kleben zählen dazu auch Justage- oder unvermeidbare Prüfvorgänge.

„Sekundärvorgänge (SV) sind alle auf Grund des gewählten Montageprinzips notwendigen Aufwendungen an Zeit, Energie und Informationen, ohne eine Wertschöpfung des Produktes zu bewirken. Beispiele sind Weitertransportieren, Wenden, Ablegen oder Neugreifen von Teilen, ohne dass sich das Produkt dem Endzustand nähert“ (Lotter & Wiendahl, 2012).

Durch die Ausführung von nicht wertschöpfenden Montagevorgängen wird der Wert des Produktes nicht gesteigert. Ihre vollständige Vermeidung ist aus unterschiedlichen Gründen nicht möglich, jedoch sollte eine Reduzierung auf das Wesentliche angestrebt werden. Als Beispiele hierzu seien u. a. Laufwege im Arbeitsbereich, Nacharbeit, Reinigungsvorgänge, Materialbedarfsmeldungen oder auch Wartezeiten genannt. Die Primär-Sekundär-Analyse nach (Lotter & Wiendahl, 2012) ermöglicht das Bewerten der Effizienz einer Montage. Dabei werden alle Montagevorgänge in Primär- und Sekundärvorgänge eingeteilt und ihre Zeitdauer wird ermittelt. Die sich daraus ergebenden Summen der Zeitdauer aller Primärvorgänge und Sekundärvorgänge dienen als Berechnungsgrundlage, um den wirtschaftlichen Wirkungsgrad (W_M) der Montage zu ermitteln (vgl. Abbildung 31).

$$W_M = \frac{\Sigma\, PV}{\Sigma\, PV + \Sigma\, SV} * 100[\%]$$

Abbildung 31: Wirtschaftlicher Wirkungsgrad (Lotter & Wiendahl, 2012)

In der Automobilindustrie haben sich die beiden Kennzahlen Engineering Hours per Vehicle (EHPV) und Hour per Vehicle (HPV) etabliert, welche in Kapitel 3.3 genauer erläutern werden.

2.3.5 Digitale Fabrik

Die allgemeine Rechnerunterstützung hat in den letzten Jahrzehnten immer mehr an Bedeutung gewonnen und ist auch in Planungsbereichen der Unternehmen ein bewährtes Mittel zur Bewältigung der vorhandenen Komplexität oder auch zur automatisierten Bearbeitung von Routinetätigkeiten.

In der Entwicklung erfolgt heutzutage die Konstruktion der Produkte unter Verwendung von CAD-Werkzeugen mittels Rechnerunterstützung nahezu vollständig digital (Bracht, Geckler, & Wenzel, 2011). In der Produktionsplanung war die Einführung der Rechnerunterstützung im Vergleich zur Entwicklung deutlich langsamer zu beobachten, doch mündete sie letztlich in der Digitalen Fabrik. Die Terminologie Digitale Fabrik wird seit über einer Dekade durch die Automobilindustrie geprägt und hat sich seither über die Jahre entwickelt. Die Digitale Fabrik bildet die bestehende oder zukünftige Fabrikstruktur in digitaler Form ab und unterstützt dabei die Kommunikation zwischen den einzelnen Planungsbereichen. Weiterhin werden unterschiedliche Planungsvarianten visuell dargestellt, wodurch bereits in der Frühphase Planungsfehler vermieden werden können (Westkämper, 2006).

Die in der Literatur teilweise unterschiedlichen Ansichten hinsichtlich der Digitalen Fabrik mündeten in einer allgemein gehaltenen Definition der Terminologie in der VDI-Richtlinie 4499: *„Die Digitale Fabrik ist der Oberbegriff für ein umfassendes Netzwerk von digitalen Modellen, Methoden und Werkzeugen – u. a. der Simulation und 3D-Visualisierung –, die durch ein durchgängiges Datenmanagement integriert werden. Ihr Ziel ist die ganzheitliche Planung, Evaluierung und laufende Verbesserung aller wesentlichen Strukturen, Prozesse und Ressourcen der realen Fabrik in Verbindung mit dem Produkt"* (VDI 4499, S. 3). Bei dieser Definition finden sich jeweils Teilaspekte der zuvor genannten Definitionen wieder. Weiterhin lassen die Definitionen erkennen, dass es sich bei der Digitalen Fabrik neben einem organisatorischen um ein durch den Einsatz von IT geprägtes Thema handelt.

Wesentliche Bestandteile sind digitale Modelle, Methoden, Werkzeuge sowie ein durchgängiges Datenmanagement. Unter Methode wird ein *„planmäßiges Vorgehen zum Erreichen eines bestimmten Ziels"* (VDI 2223, S. 88) verstanden. Ein Modell *„ist eine vereinfachte Nachbildung eines geplanten oder existierenden Systems mit seinen Prozessen in einem anderen begrifflichen oder gegenständlichen System. Es unterscheidet sich hinsichtlich der untersuchungsrelevanten Eigenschaften nur innerhalb eines vom Untersuchungsziel abhängigen Toleranzrahmens vom Vorbild"* (VDI 3633, Blatt 1, S. 3).

Unter Nachbildung wird damit die grundlegende Repräsentation der Eigenschaften eines Systems, folglich Struktur, Verhalten und Funktionsweisen, durch ein Modell verstanden. Verkürzung beschreibt die nicht vollumfängliche Abbildung aller Eigenschaften eines Systems. Lediglich diejenigen Eigenschaften, welche für den Einsatz eines Modells von Relevanz sind, werden in dem Modell abgebildet.

Unter Pragmatik versteht man die Orientierung und Ausrichtung eines Modells an dessen Nutzung. Dies bedeutet, dass diejenigen Eigenschaften, die sich auf den konkreten Nutzen beziehen, richtig abgebildet sein müssen.

Anwendungsfelder der Digitalen Fabrik

Die Anwendungsfelder der Digitalen Fabrik erstrecken sich mittlerweile über den gesamten Produktlebenszyklus und sind in Abbildung 32 dargestellt.

Der Hauptfokus der Digitalen Fabrik liegt jedoch auf der Produktionsplanung, auch wenn weitere wesentliche Anwendungsfelder beispielsweise die Produktentwicklung, der Produktionsanlauf, der Produktionsbetrieb oder auch die Auftragsabwicklung sind.

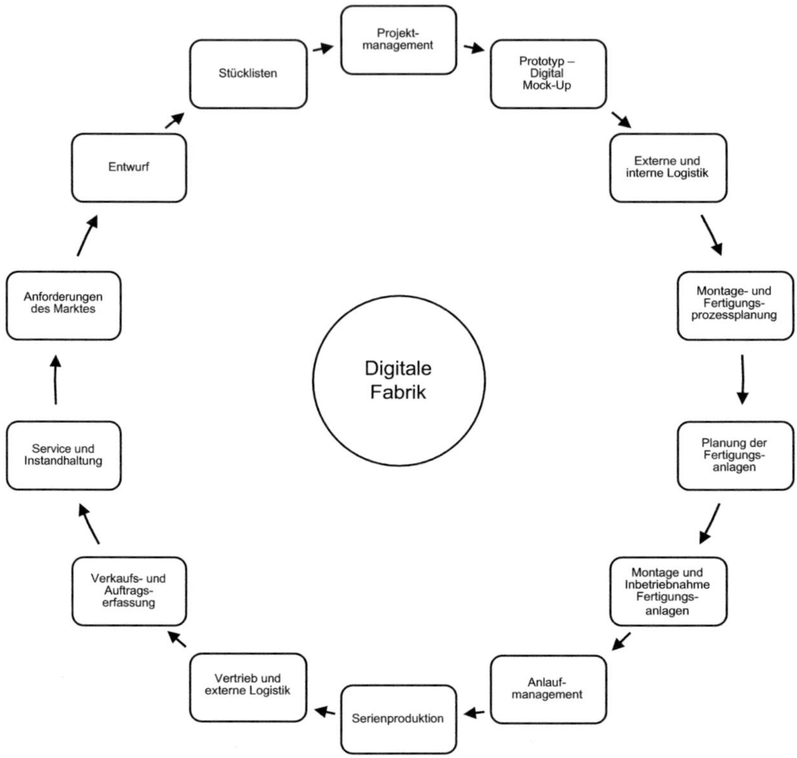

Abbildung 32: Anwendungsgebiete der Digitalen Fabrik. Eigene Darstellung in Anlehnung an (VDI 4499)

Ziele der Digitalen Fabrik

Die VDI-Richtlinie 4499 definiert als Ziel der Digitalen Fabrik „*die ganzheitliche Planung, Evaluierung und laufende Verbesserung aller wesentlichen Strukturen, Prozesse und Ressourcen der realen Fabrik in Verbindung mit dem Produkt*“ (VDI 4499, S. 3). Diesem übergeordneten Ziel ordnen sich betriebswirtschaftliche, organisatorische sowie technische Ziele unter (VDI 4499).

„Der Fokus der Digitalen Fabrik liegt auf einer mit allen Unternehmensprozessen frühzeitig und sorgfältig abgestimmten Produktionsplanung und Gestaltung der Fabrik" (VDI 4499, S. 3). Generell gilt es, die Produktionsplanung zu beschleunigen sowie die Produktionsplanung mit der Produktentwicklung zeitlich zu überlappen (Sauer, 2004). *„Wesentliche Vorteile der Digitalen Fabrik ergeben sich aus der frühzeitigen Entwicklung, Simulation und Absicherung der Produktionsprozesse anhand des virtuellen Produktmodells. Dies ermöglicht es, das Produkt zu einem frühen Zeitpunkt aus zu bewerten und unter Gesichtspunkten der Prozessoptimierung zu beeinflussen"* (Stark, Kim, & Rothenburg, 2010, S. 90-91).

Neben der reinen Wirtschaftlichkeit werden zudem die nachfolgenden Punkte angestrebt:

- Qualität
- Kommunikation
- Standardisierung
- Wissenserwerb und -erhalt

In der VDI-Richtlinie 4499 wird neben einer ausführlichen Erläuterung der Ziele der Digitalen Fabrik nach den drei folgenden Zielen klassifiziert:

- Betriebswirtschaftliche Ziele
- Organisatorische Ziele
- Technische Ziele

Betriebswirtschaftliche Ziele

Unter den betriebswirtschaftlichen Zielen wird im Allgemeinen die Planung einer Fabrik und der dazugehörigen Montagelinien unter dem Aspekt der Optimierung des Dreiecks von Kosten, Zeit und Qualität verstanden. Im Rahmen der Produktionsplanung wird dabei eine schnelle

Planung und Realisierung unter möglichst geringen Gesamtkosten mit einem hohen Qualitätsanspruch an die Produktion und das Produkt verfolgt.

Organisatorische Ziele

Die heutige Planung von Produkt und Produktion erfolgt unter Verwendung von IT-Systemen und digitalen Modellen. Diese Modelle sind vielseitig und müssen Anforderungen aus den einzelnen Planungsdisziplinen abbilden. Neben der Zusammenführung der einzelnen Bereiche in der Organisation hat die Digitale Fabrik das Ziel, die heterogenen Modelle zu integrieren.

Dabei gilt es, diese *„so zu vernetzen, dass in Abhängigkeit von der jeweils durchzuführenden Aufgabe ein teamübergreifendes, durchgängig IT-gestütztes, redundanzfreies Arbeiten über den gesamten Anlagenlebenszyklus in einem homogenen Arbeitsumfeld möglich wird“* (Bracht, Geckler, & Wenzel, 2011, S. 151).

Wissens- und Informationsaustausch sowie die Förderung der Kommunikation sollen effizient und intuitiv – nicht nur im Rahmen der Projektbeteiligten, sondern unternehmensweit –möglich sein.

Nicht zu vernachlässigen ist auch die Integration der Zulieferer in den Produktionsplanungsprozess.

Besonders in der Automobilindustrie ist eine frühzeitige Einbindung der Zulieferer aufgrund des ausgedehnten Lieferantennetzwerks von besonderer Bedeutung. Darüber hinaus bieten standardisierte Prozesse, wie beispielsweise ein übergreifendes Änderungsmanagement, weitere Potenziale (VDI 4499).

Technische Ziele

Standardisierung birgt nicht nur bei organisatorischen Prozessen Einsparpotenzial, sondern auch bei technischen Belangen, wie beispielsweise Bauteilen und Ressourcen. Hierzu bieten Bibliotheken für Standardteile und Standardressourcen Möglichkeiten, die Erstellung von Modellen zu beschleunigen und die Qualität der Modelle entsprechend zu steigern. Der Re-Use von Ressourcen verringert Risiken während des Produktionsanlaufs und wirkt kostenreduzierend (Wack, Bär, & Straßburger, 2010).

Weitere Potenziale bietet die Verwendung von geeigneten Datenformaten sowie Schnittstellen. Dies ist ein wesentlicher Aspekt, der aufgrund diverser Ursachen für die Unternehmen kontinuierlich mit hohen Aufwänden und Kosten verbunden ist. Die Anforderungen an die Datenformate und Schnittstellen zu IT-Systemen sind u. a. weitreichende Kompatibilität, möglichst vollständige Verlustfreiheit sowie Durchgängigkeit. Die im Rahmen des Produktionsplanungsprozesses eingesetzten Werkzeuge, Planungsdisziplinen und Zulieferer fordern Daten in unterschiedlicher Detaillierungstiefe.

Es gibt zahlreiche Bestrebungen von Unternehmen, einheitliche und neutrale Datenformate in diversen Konstellationen und Konsortien zu definieren und als Standard zu etablieren. Als Beispiele seien hierbei Datenformate wie STEP, IGES, VRML oder auch AutomationML[15] genannt,

[15] https://www.automationml.org. IEC 62714-1 "Engineering data exchange format for use in industrial automation systems engineering - Part 1: Architecture and General Requirements". Aufruf am 01.12.18

wobei letzteres zunehmend an Bedeutung gewonnen hat. Hierbei werden beispielsweise Geometriedaten mit relevanten Meta-Daten angereichert.

Aufgaben der Digitalen Fabrik

Durch die Digitale Fabrik sollte ursprünglich eine durchgängige IT-Unterstützung zwischen der Produktentwicklung, der Produktionsplanung und Produktion erreicht werden (Linner, Geyer, & Wunsch, 1999). Es ist jedoch zu beobachten, dass die Anwendungen in zunehmendem Maße auch bei der Unterstützung des Produktionsanlaufs oder der produktionsbegleitenden Serienbetreuung zum Einsatz kommen (Zäh, Vogel, Wünsch, & Munzert, 2004). Die nachfolgenden Aufzählungen zeigen Aufgaben, welche durch die Digitale Fabrik unterstützt werden (Meißner, 2010):

Produktentwicklung

- Aufgabenstellung klären und präzisieren
- Produktfunktionen und deren Struktur ermitteln
- Lösungsprinzipien und deren Strukturen suchen
- Prinzipielle Lösungen in realisierbare Module gliedern
- Maßgebende Module gestalten
- Gesamtes Produkt gestalten
- Ausführungs- und Nutzungsangaben ausarbeiten.

Produktionsplanung

- Produktionsplanungsprozess gestalten
- Fertigungs- und Montageprozesse definieren (Arbeitspläne erstellen)
- Linien austakten
- Fabriklayout inkl. Infrastruktur planen

- Materialfluss planen
- Fertigungs- und Montageprozesse analysieren
- Arbeitsplätze gestalten
- Toleranzen analysieren
- Produktionskosten bewerten
- Betriebsmittel konstruieren
- Betriebsmittel in Betrieb nehmen

Produktion

- Fertigung kontrollieren und steuern
- Montage kontrollieren und steuern
- Materialbereitstellung planen, kontrollieren und steuern
- Qualität sichern
- Termine planen, kontrollieren und steuern
- Kapazitäten planen, kontrollieren und steuern

Die Digitale Fabrik unterstützt die Aufgaben nicht nur durch eine Visualisierung, sondern auch durch eine Simulation. Dabei wird eine Simulation produktionstechnischer Anlagen und Prozesse ermöglicht. Darüber hinaus können verschiedene Szenarien durch Simulationen erprobt werden (Kühn, 2006).

Eine Visualisierung und Simulation von Montageprozessen unterstützt die Planung und dient einer Verbesserung des Zusammenspiels zwischen Produktentwicklung und Montageplanung. Derzeitige IT-Systeme bieten u. a. die Möglichkeit 3D-Visualisierungen und Simulationen von Montageprozessen zu erzeugen und als Kommunikationsgrundlage zu nutzen (Kühn, 2006). Durch die Digitale Fabrik kann eine Vielzahl von virtuellen Absicherungen erfolgen. Das nachfolgende Kapitel geht auf die

Thematik Absicherung von Produkt und Produktion in der Automobilindustrie gesondert ein erläutert und die verschiedenen Arten virtueller Absicherungen.

3 Absicherungen von Produkt und Produktion in der Automobilindustrie

„You always pass failure on the way to success."

- Mickey Rooney

In der Automobilindustrie hat sich über die Jahre die Terminologie Absicherung etabliert, jedoch steht eine detaillierte Definition aus. Um diese sinngemäß herleiten zu können, wird zunächst auf die beiden Begriffe Verifikation und Validierung eingegangen. Beide Terminologien werden oftmals als Synonym verwendet.

In der Literatur sind dazu allerdings unterschiedliche Definitionen zu finden (vgl. Tabelle 2). Balci vertieft in seinen Arbeiten Verifikation und Validierung im Zusammenhang mit Modellierung und Simulation (Balci, 1998), (Balci, 2003), (Balci, 2004), (Balci, 2010). Dabei wird stets in Verbindung mit den beiden Terminologien ein „x" verwendet, welches als Äquivalent für Modell, Simulation oder Software steht (Balci, 2010). (Rabe, Wenzel, & Spieckermann, 2007) ziehen zur Definition neben den Publikationen von (Balci, 1998), (Balci, 2003), (Balci, 2004), (Balci, 2010) zusätzlich (VDI 3633) hinzu.

Neben den oben genannten Publikationen wurde die Definition u. a. durch die beiden Organisationen für Standardisierung, die Internationale Organisation für Normung (ISO) und das Joint Committee for Guides in Metrology (JCGM), vorangetrieben (ISO2005), (Joint 2008).

Definition Verifikation	Definition Validierung	Quelle
„x verification deals with the assessment of transformational accuracy of the x and addresses the question of are we creating the x right?"	*„x validation deals with the assessment of behavioral or representational accuracy of the x and addresses the question of are we creating the right x?"*	(Balci, 2003)
„Verifikation ist die Überprüfung, ob ein Modell von einer Beschreibungsart in eine andere Beschreibungsart korrekt transformiert wurde."	*„Validierung ist die kontinuierliche Überprüfung, ob die Modelle das Verhalten des abgebildeten Systems hinreichend genau wiedergeben."*	(Rabe, Wenzel, & Spieckermann, 2007)
„Verification is the confirmation, through the provision of objective evidence, that specified requirements have been fulfilled."	*„Validation is the confirmation, through the provision of objective evidence, that the requirements for a specific intended use or application have been fulfilled."*	(ISO 9000, 2005)
„Verification is the provision of objective evidence that a given item fulfils specified requirements."	*„Validation is verification, where the specified requirements are adequate for an intended use."*	(Joint, 2008)

Tabelle 2: Definitionen der Terminologien Verifikation und Validierung (Otto, 2011)

Die beiden daraus resultierenden Definitionen ähneln sich grundlegend und grenzen sich durch den Bezug der Validierung auf konkrete Verwendungszwecke ab.

Die JCGM betrachtet Validierung als eine Art von Verifikation, wohingegen nach der ISO Verifikation und Validierung jeweils unabhängig voneinander sind (vgl. Abbildung 33).

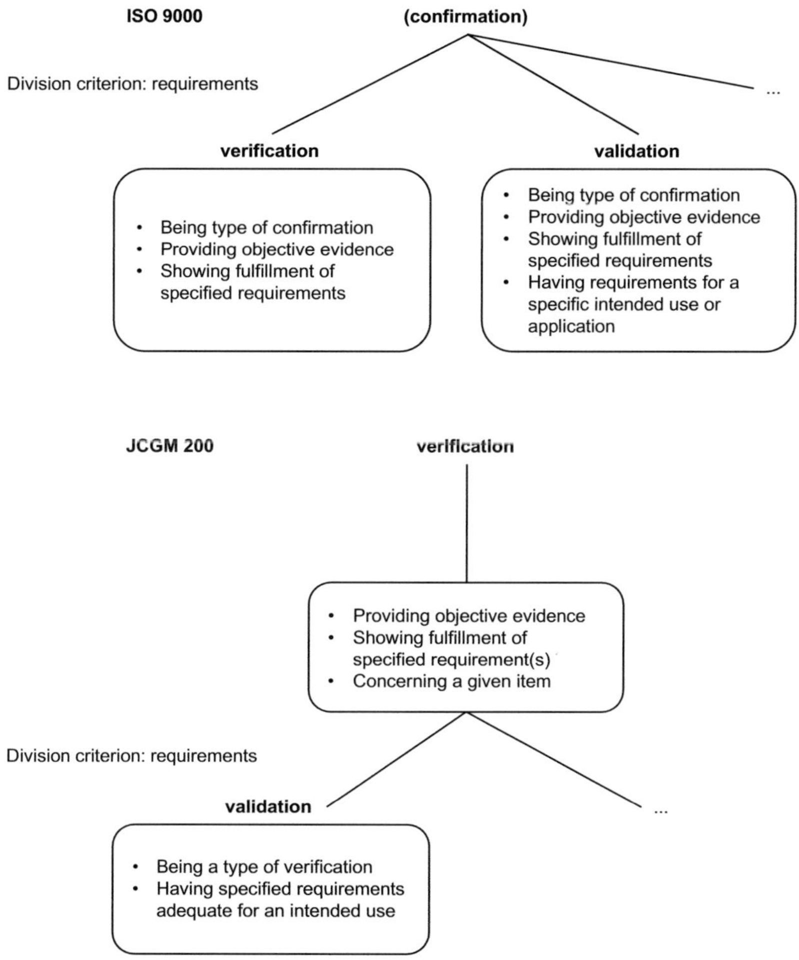

Abbildung 33: Definition von Verifikation und Validierung nach ISO 9000 und JCGM (Dybkaer, 2010)

Die genannten Definitionen widersprechen sich inhaltlich unwesentlich, wenn auch in ihrem Abstraktionsgrad und der eigentlichen Terminologie. Diese Arbeit beschäftigt sich im Wesentlichen mit virtuellen Absicherungen unter Verwendung von virtuellen Modellen und dem Einsatz von Simulation. Daher werden stets Antworten auf die beiden nachfolgenden Fragen gesucht und die von Balci veröffentlichte Definition zu Grunde gelegt:

- Wird x richtig erschaffen? (Verifikation)
- Wird das richtige x erschaffen? (Validierung)

Verifikation und Validierung verfolgen als Ziel die Bestätigung der subjektiven Eignung, Gültigkeit und Glaubwürdigkeit des Modells für den entsprechenden Zweck, d. h. *„wirksam zu verhindern, dass aus einer Simulationsstudie fehlerhafte Aussagen gewonnen werden, die zu Fehlentscheidungen führen"* (Rabe, Wenzel, & Spieckermann, 2007, S. 2).

Absicherungen in der Automobilindustrie dienen der kontinuierlichen Kontrolle von Planungsständen von Produktentwicklung und Produktion. Dabei wird das Ziel verfolgt, Mängel in der Planung möglichst frühzeitig zu entdecken, bevor kostenintensive Änderungsmaßnahmen eingeleitet werden müssen.

Diese sind insbesondere in den chronologisch nachgelagerten Phasen mit hohen Aufwänden und letztlich immensen Kosten verbunden, da dort beispielsweise nachgelagerte Prozesse auf den Ergebnissen der vorherigen Phasen aufbauen oder bereits Werkzeuge gefertigt werden.

Absicherungen finden also kontinuierlich statt und beziehen sowohl Verifikation als auch Validierung mit ein. (Müller, 2007) und (Meißner, 2010) definieren Absicherung anhand des in der VDI-Richtlinie 2221 definierten Problemlösungszyklus.

Dabei werden die nachfolgenden Phasen definiert:

- Analyse des Entwicklungs- und Planungsstandes
- Beurteilung der Ergebnisse der Analyse
- Entscheidung über das weitere Vorgehen

Diese drei Phasen sind äquivalent zu den letzten drei Phasen des Problemlösungszyklus (VDI 2221):

- Systemanalyse
- Beurteilung
- Entscheidung

Die *„Absicherung eines Entwicklungsstandes umfasst die Analyse des Entwicklungsstandes, die Beurteilung und die Entscheidung bezüglich des weiteren Vorgehens. Dies kann die Fortführung der Entwicklungsaufgabe oder das Einleiten einer Korrektur des Entwicklungsstandes umfassen. Sie ist damit ein Teilprozess des Entwicklungsprozesses, der je nach Absicherungsaufgabe, auch iterativ durchgeführt werden muss"* (Müller, 2007, S. 32).

Darüber hinaus sind jedoch nicht nur der Entwicklungsstand, sondern auch die Systemeigenschaften zu betrachten.

„Eigenschaftsabsicherung subsumiert die beiden Begriffe Verifikation und Validierung, die verschiedene Stufen zur Sicherung der geforderten Systemeigenschaften beschreiben" (VDI 2206, S. 38). Weiterhin ist die Eigenschaftsabsicherung *„ein Bestandteil der Qualitätssicherung und umfasst die beiden Aspekte Verifikation und Validierung. Die Qualitätssicherung dient allgemein dem Nachweis der Erfüllung vorgegebener Anforderun-*

gen, der präventiven Vermeidung von Mängeln und der Sicherstellung einer Prozessqualität, wobei sowohl die Methoden wie die begleitenden Prozesse berücksichtigt werden“ (VDI 2206, S. 113).

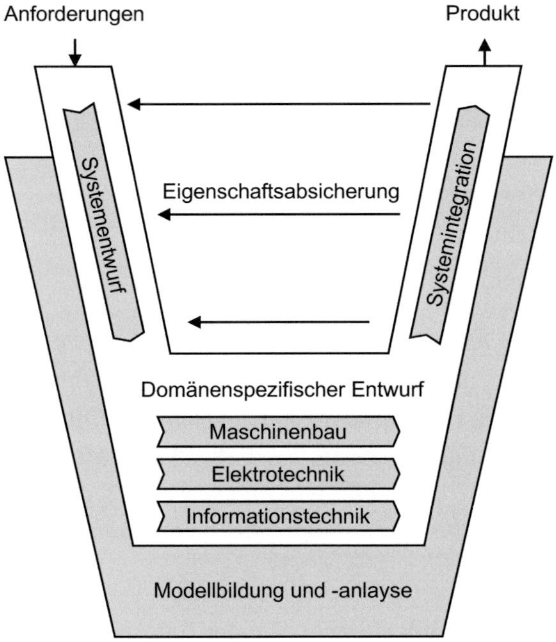

Abbildung 34: Eigenschaftsabsicherung beim Entwurf mechatronischer Systeme (VDI 2206)

Die heutigen Produkte bestehen größtenteils aus Kombinationen von Komponenten, wie beispielsweise Mechanik, Hydraulik, Elektrik, Elektronik oder auch Informationsverarbeitung. Das in Abbildung 35 dargestellte V-Modell beschreibt ein generisches Vorgehen beim Entwurf mechatronischer Systeme, womit auch eine Eigenschaftsabsicherung unterstützt wird. Das wesentliche Differenzierungsmerkmal bei der Definition von Absicherung von (Müller, 2007) und (Meißner, 2010) besteht darin, dass in ihrem Verständnis eine Entscheidung über das weitere Vorgehen mit einbezogen wird.

Im Rahmen der Arbeit wird eine Absicherung als iterativer Prozess verstanden, der eine Analyse und Bewertung eines Entwicklungsstandes umfasst sowie die Aspekte von Verifikation und Validierung berücksichtigt. Darüber hinaus wird eine Entscheidung über das weitere Vorgehen mit einbezogen. Abbildung 35 veranschaulicht die vorgenommene Definition und den damit verbundenen iterativen Ablauf.

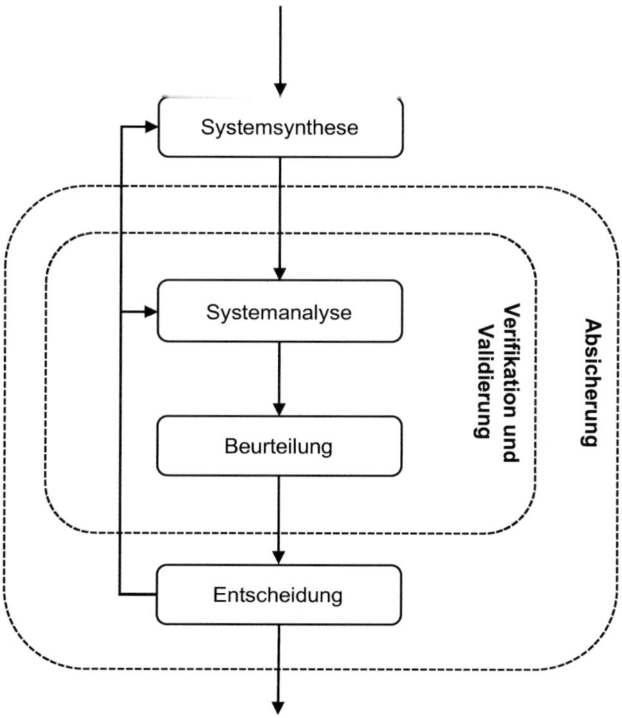

Abbildung 35: Phasen der Absicherung (Otto, 2011)

3.1 Ausprägungen von Absicherungen

Die Absicherung von Produkt und Produktion ist in der Automobilindustrie sehr gut etabliert und wird frühzeitig angewandt. Man differenziert typischerweise zwischen drei Arten von Absicherungen (siehe Abbildung 36).

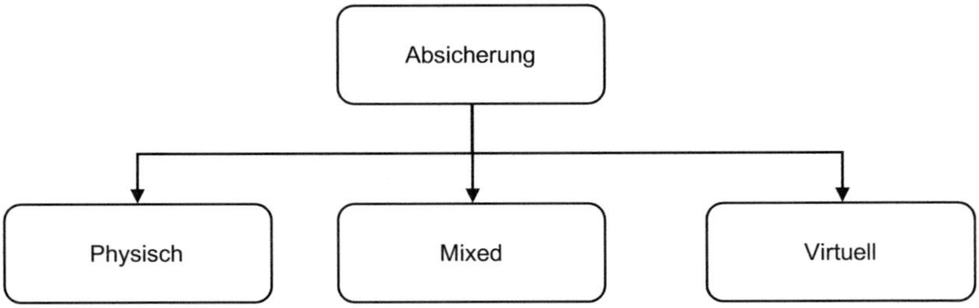

Abbildung 36: Verschiedene Ausprägungen von Absicherungen

Physische Absicherungen

Physische Absicherungen werden unter realen Bedingungen durchgeführt. Hier findet sowohl in der Entwicklung als auch in der Produktionsplanung der so genannte Physical Mock-Up (PMU) Verwendung. Ein Mock-Up beschreibt im Allgemeinen ein maßstäblich zusammengesetztes Strukturmodell und dient im Wesentlichen der Erprobung sowie der Produktdarstellung.

Der PMU hingegen umfasst reale Aufbauten und dient der Auslegung von Konzept, Komponenten und letztlich des Gesamtfahrzeugs. Weiterhin werden durch den PMU zahlreiche Absicherungen mit Relevanz sowohl für die Produktentwicklung als auch für die Produktionsplanung durchgeführt. Abbildung 37 veranschaulicht die Umfänge eines PMU.

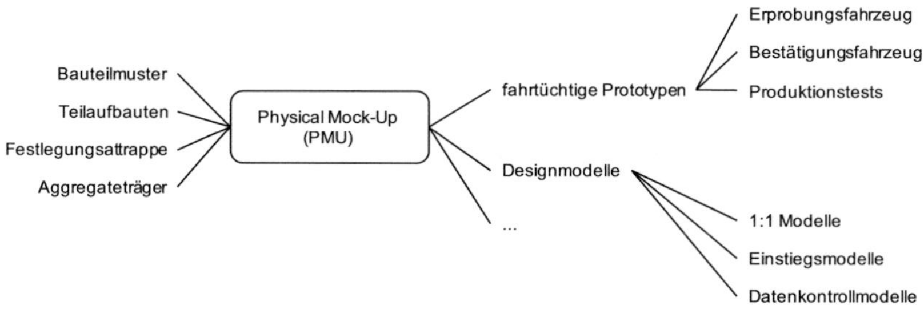

Abbildung 37: Umfang des Physical Mock-Up bei Mercedes-Benz Cars (Geißel, 2012)

Zu typischen physischen Absicherungen auf Produktebene zählen beispielsweise die Absicherung von Gesamtfahrzeugeigenschaften, Funktionsabsicherungen oder auch die Beurteilung des Crash-Verhaltens. In der Produktionsplanung erfolgen physische Absicherungen meist bei einem realen Aufbau von Fahrzeugprototypen zur Absicherung des gesamten Produktionskonzeptes.

Dabei werden beispielsweise Montageprozesse, Logistikprozesse wie auch Aspekte der Ergonomie abgesichert. Die nachfolgende Abbildung veranschaulicht eine physische Absicherung im Rahmen eines Produktionsvorbereitungsworkshops. Hierbei werden u. a. die Prozesse der manuellen Montage bei der Produktion von Aggregaten im Nutzfahrzeugbereich abgesichert.

Abbildung 38: Physische Absicherung der manuellen Montage im Rahmen eines Produktionsvorbereitungsworkshops

Virtuelle Absicherungen

In der Literatur finden sich sowohl die Begriffe der virtuellen Absicherung (Dietrich & Schirra, 2006), (Bracht, Geckler, & Wenzel, 2011), (Harms, 2009) als auch der digitalen Absicherung (Vajna, Weber, Bley, Zeman, & Hehenberger, 2009), (Weyand, 2010). Beide Begriffe sind im weitesten Sinne als synonym zu betrachten. In dieser Arbeit wird die Terminologie virtuelle Absicherung verwendet.

Die parallele Planung von Produkt und Produktionssystem, die Umsetzung des Frontloading und die zunehmende Virtualisierung des Prototypenbaus bewirken eine zeitliche Verkürzung des Produktentstehungsprozesses.

Dieser zeitlichen Verkürzung steht allerdings eine Vielzahl von neuen Herausforderungen und Konflikten gegenüber. Eine *„frühzeitige und kontinuierliche Absicherung der Herstellprozesse mittels der Werkzeuge der Digitalen Fabrik [ermöglicht] eine höhere und genauere Aussagefähigkeit anhand der digitalen Produktmodelle einerseits, sowie eine Produktbeeinflussung aus Sicht der Produktionsplanung andererseits. Dies jedoch hat in der Praxis dazu geführt, dass zwischen Produktentwicklung und Produktionsplanung hochfrequente, digitale workflow-basierte Iterationen – Digitales »Ping Pong« – stattfinden [...], da bisher die Möglichkeiten fehlen, der Produktentwicklung die Randbedingungen des Produktionsstandorts (oder mehrerer Produktionsstandorte bei Gleichteilen) effizient und transparent aufzeigen zu können"* (Stark, Kim, & Rothenburg, 2010, S. 92).

Virtuelle Absicherungen erfolgen rein rechnergestützt oder durch die Anwendung von IT-Systemen. Hierzu zählen beispielsweise Berechnungsalgorithmen oder Simulationen. Diese sind oftmals auch mit einer Visualisierung oder Animation des Absicherungsprozesses oder deren Resultaten verbunden.

„Die Visualisierung umfasst die Erzeugung der grafischen Veranschaulichung von Daten und Sachverhalten durch Transformation ermittelter Rohdaten in symbolische und geometrische Information" (VDI 3633, Blatt 11, S. 2). Animation hingegen *„bezeichnet die Erzeugung und Präsentation von Bildfolgen, in denen Änderungen (z. B. Zustandsänderungen und Bewegungen von Modellelementen) einen visuellen Effekt bedingen. Unter visuellen Effekten kann eine über die Zeit variierende Position, die Änderung*

von Form, Farbe, Transparenz, Struktur und Musterung eines Objektes, die Änderung der Beleuchtung sowie der Position, Orientierung und Brennweite der Kamera verstanden werden" (VDI 3633, Blatt 11, S. 2).

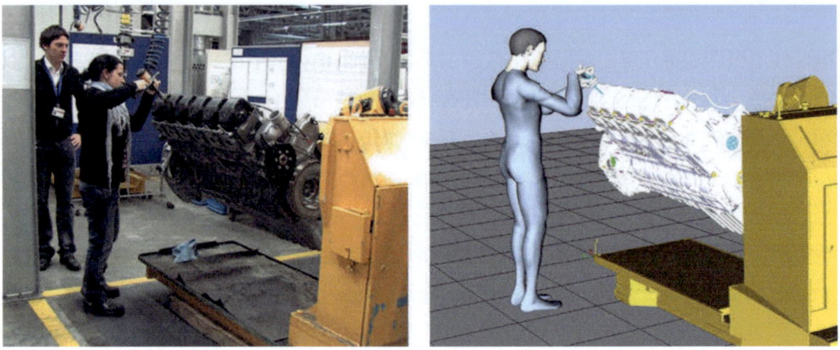

Abbildung 39: Physische vs. virtuelle Absicherung

Die Visualisierung kann neben einer klassischen Darstellung an einem Monitor auch durch Virtual Reality (VR)-Technologie erfolgen. *„Virtual reality is a high-end user-computer interface that involves real time simulation and interactions through multiple sensorial channels. These sensorial modalities are visual, auditory, tactile, smell and taste"* (Burdea & Coiffet, 2003, S. 3).

Als Beispiele für virtuelle Absicherungen seien aus Sicht der Produktentwicklung die Berechnung von Festigkeiten durch die Finite-Elemente-Methode (FEM) oder auch die Strömungssimulation genannt. Im Umfeld der Produktionsplanung zählen hierzu Materialflusssimulation, Untersuchungen von Ein- und Ausbaupfaden, Zugänglichkeitsuntersuchungen (siehe Abbildung 40) oder auch die vollständige Simulation von Montageprozessen.

Abbildung 40: Virtuelle Absicherung der Werkzeugzugänglichkeit (Wack, Bär, & Straßburger, 2010)

Mixed Absicherungen

VR besteht im Gegensatz zur Augmented Reality (AR) aus einer ausschließlich computergenerierten Welt. AR ist *„die Anreicherung der realen Welt mit zusätzlichen virtuellen Informationen, die situationsgerecht im Kontext zur betrachteten Realität direkt in das Sichtfeld des Betrachters eingeblendet werden"* (Oehme, 2004, S. 10).

Der wesentliche Unterschied zwischen VR und AR besteht demnach darin, dass bei VR lediglich mit virtuellen, digitalen Informationen interagiert wird. Die Existenz dieser Informationen muss jedoch in der Realität nicht zwingend gegeben sein. VR ermöglicht also das Kreieren einer imaginären Umgebung sowie eine exakte Simulation der Realität. Das „Reality-Virtuality-Kontinuum" (Milgram, Tagemuram, Utsumi, & Kishio, 1994) trägt zum Verständnis der Begrifflichkeiten bei und grenzt diese voneinander ab. Absicherungen der Ausprägung Mixed Reality verbinden demnach die reale mit der virtuellen Welt.

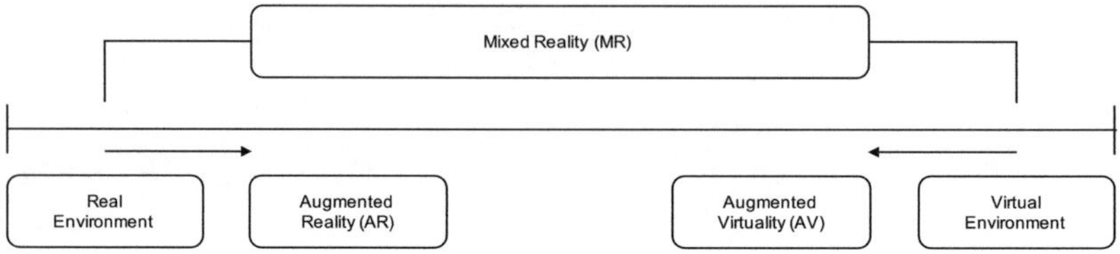

Abbildung 41: Reality-Virtuality-Kontinuum (Milgram, Tagemuram, Utsumi, & Kishio, 1994)

Durch den Einsatz von Mixed Reality (MR) können somit beispielsweise in der Fahrzeugentwicklung reale Entwicklungsumgebungen, z. B. ein PMU, mit virtuellen Entwicklungsumgebungen, wie dem Digital Mock-Up (DMU), kombiniert werden (Geißel, 2012). Ein DMU ist ein *„virtueller Zusammenbau von Baugruppen mit Hilfe eines CAD-Systems"* (DIN 199-1, S. 4).

MR *„ermöglicht dabei theoretisch im Sinne der Augmented Reality (AR) die Überlagerung von Inhalten des DMU unmittelbar am PMU und im Sinne der Augmented Virtuality (AV) die Einbettung von einzelnen PMU-Umfängen in den DMU"* (Geißel, 2012, S. 40). Abbildung 42 veranschaulicht dies beispielhaft in der praktischen Anwendung im Rahmen der Fahrzeugentwicklung.

Auch in der Fabrik- und Produktionsplanung gibt es für MR hinreichende Einsatzszenarien (Scheer & Keutel, 2010). Ein Anwendungsbereich ist der Soll-Ist-Abgleich des Planungsstandes (vgl. Abbildung 43). In der Automobilindustrie wird nach (Eversheim & Schuh, 1996) idealtypisch zwischen den Planungsfällen Neuplanung, Erweiterung, Strukturerneuerung, Reduzierung und Verlagerung unterschieden.

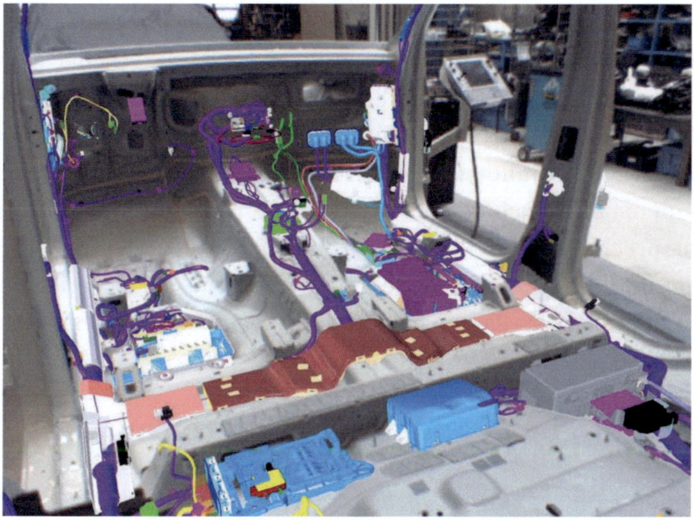

Abbildung 42: Automotive Mixed Mock-Up (Geißel, 2012)

Abbildung 43: Mixed Reality in der Fabrikplanung (Scheer, Wack, Brau, & Schönfelder, 2010)

Mit Ausnahme der Neuplanung repräsentieren die vorhandenen digitalen Modelle einer Fabrik oftmals – aufgrund kontinuierlicher Verbesserungsprozesse (KVP) während der laufenden Produktion – nur bedingt den aktuellen virtuellen Stand der realen Fabrik. Fabrikhallen, Gebäude und die damit verbundene Infrastruktur können über einen gewissen Zeitraum in den verschiedenen Anlagenlebensphasen Abweichungen zu den entsprechenden Plandaten aufweisen. Aus diesem Grund ist für eine Planung im Bestand sowie für eine Bauabnahme ein Abgleich der Planungsdaten mit der real vorhandenen Umgebung von hoher Relevanz. Durch den Einsatz von AR wird dies ermöglicht.

3.2 Physische Produktionsvorbereitung

„Wer aufhört, besser zu werden, hat aufgehört, gut zu sein!"

- Robert Bosch

Die Produktionsvorbereitung dient der Absicherung des Produktionsanlaufs in Bezug auf manuelle Montageumfänge. Chronologisch ist die Phase der Produktionsvorbereitung dem Produktionsanlauf zuzuordnen, was in Abbildung 44 veranschaulicht wird.

Im Rahmen der Produktionsvorbereitung bei Mercedes-Benz Cars wie auch bei Daimler Trucks werden die Absicherungen physisch, d. h. mit einem realen, stationsweisen Aufbau von physischen Fahrzeugprototypen, durchgeführt. Damit wird nicht nur das Produkt verifiziert, sondern auch ein effizienter Produktionsanlauf sichergestellt.

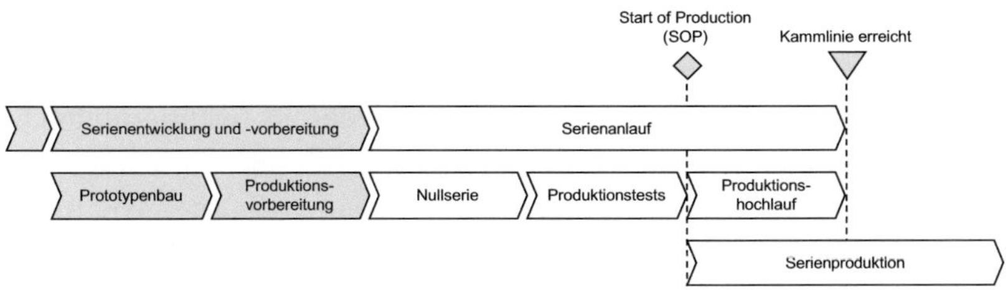

Abbildung 44: Einordnung und Phasen des Produktionsanlaufs in der Automobilindustrie (Wack, Riegmann, Straßburger, & Günther, 2011)

Durch so genannte Produktionsvorbereitungsworkshops werden neben der physischen Baubarkeit die Montageprozesse sowie weitere produktionsrelevante Kriterien überprüft und gegebenenfalls optimiert. Auch Aspekte der Logistik, wie beispielsweise der Materialabgriff, die Art der Materialbereitstellung oder die Belieferungsform, werden überprüft. Nachfolgend sind Kriterien aufgelistet, die für die spätere Serienfertigung von Relevanz sind und abgesichert werden müssen (Wack, Bär, & Straßburger, 2010):

- Zugänglichkeit von Ressourcen
- Identifikation Schrauber und Schraubeneigenschaften
- Identifikation Sonderwerkzeuge
- Optimierung Werkzeugauswahl
- Ergonomie von Montagevorgängen
- Montagereihenfolge
- Materialbereitstellung
- Ladungsträger
- Logistikkonzept
- Wege
- Flächenbedarf

Den zentralen Aspekt der Betrachtung bilden manuelle Montageumfänge. Als Entscheidungsgrundlage dienen physische Prototypen, Prototypenbauteile, deren Zusammenbau sowie die daraus resultierenden Erkenntnisse. Im Rahmen der Produktionsvorbereitungsworkshops wird das Produkt schrittweise gemäß der im Vorfeld geplanten Arbeitsvorgänge montiert. Parallel dazu werden das Produkt und die dazugehörigen Prozesse analysiert und bewertet.

Die Produktionsvorbereitungsworkshops sind interdisziplinär und erfolgen stets unter Beteiligung von Vertretern aus den verschiedenen Planungsbereichen sowie der Produktentwicklung. Diese vertreten im Allgemeinen die Interessen der jeweiligen Planungsdisziplin und lassen diese in die Bewertung der Prozesse mit einfließen. Der Austausch unter den Beteiligten gestaltet sich typischerweise sehr interaktiv.

Abbildung 45: Produktionsvorbereitungsworkshop bei Mercedes-Benz Cars

Auffälligkeiten und Optimierungspotenziale werden unmittelbar diskutiert sowie anhand von Alternativen umgesetzt und bewertet. Durch die

Berücksichtigung der aufgeführten Kriterien und das interdisziplinäre Vorgehen wird erreicht, dass der geplante Produktionsablauf realitätsnah bewertet werden kann.

Das übergeordnete Ziel der Produktionsvorbereitung besteht demnach darin, das generelle Optimum über alle Planungsbereiche – im Hinblick auf die prozessuale Gestaltung, deren Ausführung sowie die Wirtschaftlichkeit – zu erreichen und somit einen effizienten Produktionsanlauf sicherzustellen.

Der Prozess der physischen Produktionsvorbereitung ist aufgrund der Verwendung von physischen Fahrzeugprototypen mit einem sehr hohen Kostenaufwand verbunden. Daraus resultiert das Bestreben, die Anzahl der physischen Fahrzeugprototypen möglichst gering zu halten.

Dies wird durch unterschiedliche Ansätze verfolgt. Hierbei sind beispielsweise Methoden, welche zur Optimierung der Auslastung physischer Fahrzeugprototypen beitragen (Clausen & Weber, 2006), aber auch die Verlagerung von Absicherungsumfängen in eine frühzeitige, virtuelle Phase des Produktentstehungsprozesses von wesentlicher Bedeutung.

3.3 Relevante Absicherungen in der Produktionsvorbereitung

Die vorausgehende Beschreibung der Produktionsvorbereitung verdeutlicht das hohe Maß an Interdisziplinarität, mit dem die verschiedenen Sichtweisen auf das Produkt, den Prozess und die Ressourcen in ihrer Kombination zusammengeführt werden.

Im Rahmen dieser Arbeit wurden mehrere physische Produktionsvorbereitungsworkshops von unterschiedlichen Fertigungsbereichen analysiert und begleitet. Die nachfolgenden Erkenntnissen sind Ergebnisse dieser Analyse und in (Wack, Bär, & Straßburger, 2010) publiziert.

Wie in Kapitel 2.3.4 beschrieben, wird die Effizienz von Montageprozessen durch die Unterteilung und Analyse anhand von wertschöpfenden und nicht-wertschöpfenden Prozessen vorgenommen. In der Automobilindustrie haben sich zur Ermittlung der Produktivität einer Produktion die beiden wesentlichen Kennzahlen, Engineering Hours per Vehicle (EHPV) und Hours per Vehicle (HPV), etabliert.

EHPV sowie HPV wurden von der Harbour Consulting Group geprägt und übergreifend für eine Vielzahl von Automobilherstellern ermittelt sowie gegenübergestellt (Harbour Consulting, 2006). Zur Ermittlung der beiden Kennzahlen werden Arbeitszeiten erhoben. EHPV umfasst den rein konstruktiv bedingten Arbeitsinhalt eines Fahrzeuges. Dazu zählen direkte Aufwände, welche zur Fertigung des Produktes zwingend notwendig sind. HPV hingegen gilt als Indikator für die Produktivität des Personals. Zur Ermittlung werden die gesamten Arbeitsstunden vom direkten und indirekten Personal je Produkt herangezogen.

Im Rahmen der Produktionsvorbereitung erfolgt eine interne Ermittlung dieser Werte. Die daraus resultierende Trennung von wertschöpfenden Prozessen und nicht-wertschöpfenden Prozessen eignet sich ebenfalls, um eine Kategorisierung von Absicherungsthemen vorzunehmen. Aus den Erkenntnissen der Analyse lassen sich die folgenden vier wesentlichen Kategorien identifizieren, welche u. a. im Schalenmodell für virtuelle Absicherungen dargestellt sind (vgl. Abbildung 46) (Wack, Bär, & Straßburger, 2010):

- **Produktionsbezogene Produktabsicherung**
  Absicherung von Produktaspekten im Hinblick auf die Produktion, wie beispielsweise die Baubarkeit des Produktes.
- **Produktbezogene Prozessabsicherung**
  Absicherung aller wertschöpfenden Prozesse, welche zur Montage des Produktes verwendet werden. Hierzu zählen insbesondere Themen mit EHPV-Relevanz.
- **Produktionsbezogene Prozessabsicherung**
  Absicherung aller Produktionsprozesse, auch nicht-wertschöpfender Montageprozesse, wie beispielsweise Wege des Werkers am Band. Nicht wertschöpfende Themen sind besonders zur Ermittlung des HPV von Relevanz.
- **Ressourcenabsicherung**
  Absicherung der verwendeten Ressourcen, wie beispielsweise Ladungsträger, Handlingsgeräte oder Montagewagen.

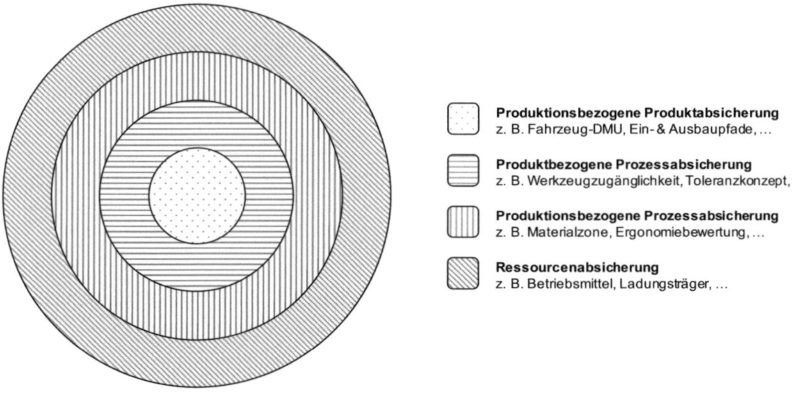

Abbildung 46: Schalenmodell für virtuelle Absicherungen (Wack, Bär, & Straßburger, 2010)

Die Klassifizierung der Absicherungsthemen liefert jedoch nur einen übergeordneten Gesamtüberblick. Absicherungen lassen sich generell in eine der vier definierten Kategorien eingliedern. Dennoch haben die einzelnen Planungsbereiche in der Produktionsvorbereitung ihre eigene Sichtweise sowie einen eigenen Schwerpunkt hinsichtlich ihrer Absicherungsziele. Um die Vielfältigkeit und die damit verbundene Divergenz zu verdeutlichen, werden in der nachfolgenden Tabelle relevante Absicherungskriterien aus Sicht der einzelnen Gewerke aufgeführt und jeweils mit einem Beispiel verdeutlicht.

Gewerk	Kriterium	Beispiel
Montage	Zugänglichkeit von Ressourcen	*Zugänglichkeit von Verbindungselementen durch entsprechende Werkzeuge sichergestellt*
	Identifikation Schrauber- und Schraubeneigenschaften (z. B. Drehmoment)	*Korrekte Werkzeuge beim Montagevorgang zur Verfügung gestellt, insbesondere bei Sicherheitsrelevanz*
	Identifikation Sonderwerkzeuge	*Zusätzlich zu Standardressourcen benötigte Werkzeuge*
	Optimierung Werkzeugauswahl	*Bereitstellung von Standardressourcen und Reduktion von Sonderwerkzeugen*
	Ergonomie von Montagevorgängen	*Bewertung von Zugänglichkeit, Körperhaltung und Belastung, Ermittlung der Bearbeitungszeiten, Zeiten korrekt erfasst*
	Montagereihenfolge	*Überprüfung und Optimierung der festgelegten Montagereihenfolge*
Logistik	Materialbereitstellung	*Vermeidung langer Wege für den Werker*
	Ladungsträger	*Optimaler Ladungsträgerinhalt ermittelt*
	Logistikkonzept	*Bereitstellung am Band entsprechend sichergestellt (JIT, JIS, ...)*
Fabrik	Wege	*Wege für Montage und Belieferung geprüft und optimiert*
	Flächenbedarf	*Flächen für Bandabschnitte und Materialbereitstellung sowie Lagerorte sind ausreichend*

Tabelle 3: Kriterien zur Absicherung des Produktionsanlaufs (Wack, Bär, & Straßburger, 2010)

4 Analyse und Handlungsfelder

In diesem Kapitel wird das beschriebene Vorgehen zur Absicherung der Produktion mit speziellem Fokus auf die Produktionsvorbereitung (vgl. Kapitel 3.2) analysiert. Basierend auf den Ergebnissen der durchgeführten Analyse werden Handlungsfelder identifiziert, die zu einer Verbesserung einer virtuellen Absicherung der Produktionsvorbereitung beitragen können und die in dieser Arbeit adressiert werden sollen.

4.1 Analyse der Produktionsvorbereitung

Die Phase der Produktionsvorbereitung wird, wie im vorausgehenden Kapitel beschrieben, physisch durchgeführt. Die Verwendung von Hardware im Sinne von physischen Bauteilen zur Absicherung ist daher fester Bestandteil der Produktionsvorbereitungsworkshops. Wie bereits erwähnt sind mit physischen Fahrzeugprototypen hohe Kostenaufwände verbunden. Daraus resultiert ein Bestreben, möglichst weitreichend physische Absicherungen durch virtuelle Absicherungen zu ersetzen.

Virtuelle Absicherungen sind in der Automobilindustrie bereits gut etabliert. Die eigentliche Produktentwicklung erfolgt nahezu vollständig unter Verwendung von CAD-Softwarewerkzeugen, die Produktionsplanung mit Hilfe von digitalen Planungssystemen (Wack, Riegmann, Straßburger, & Günther, 2011). Virtuelle Absicherungen, wie beispielsweise der Einsatz von DMU, werden in der Produktentwicklung frühzeitig angewandt. Eine Produktentwicklung ohne die Verwendung von digitalen Methoden ist daher nicht mehr denkbar. Auch in der Produktionsplanung werden unterschiedliche Absicherungsmethoden angewandt. Virtuelle Absicherungen kommen dort unter anderem mit der Verwendung von unterschiedlichen Simulationsmethoden, wie beispielsweise der Simulation von Materialfluss, Ein- und Ausbaupfaden oder der Ergonomie, zum Einsatz. Die Bestätigung und die finale Freigabe der Produktion finden aber weiterhin auf Basis von physischen Absicherungen statt (Wack, Bär, & Straßburger, 2010).

Die Analyse der Phase der Produktionsvorbereitung erfolgt daher vor dem Hintergrund, diese virtuell zu unterstützen und physische Absicherungsumfänge durch virtuelle Absicherungsumfänge zu ersetzen. Zur Analyse werden die Planungsprozesse, die eingesetzte Software und Tools, die Datenbasis, die Dokumentation wie auch die Kollaboration der Planungsbereiche betrachtet.

Während der Analyse wurden verschiedene Planungsprozesse und Absicherungsworkshops begleitet. Im Zuge dessen wurde eine Ist-Analyse anhand von Experteninterviews vorgenommen.

4.1.1 Planungsprozess

Die Parallelisierung des Produktentstehungsprozesses im Sinne von Simultaneous Engineering (SE) bzw. Concurrent Engineering (CE) führt zu einer zeitlichen wie inhaltlichen Überschneidung der einzelnen Phasen und somit auch der damit verbundenen Planungsprozesse. Unter SE wird grundsätzlich die Parallelisierung von Produktentwicklung und Produktionsplanung verstanden, wohingegen *„CE im Schwerpunkt eine optimale Produkterstellung durch interdisziplinäre Zusammenarbeit im Team anstrebt“* (Ehrlenspiel, 2009, S. 275).

Beide Begrifflichkeiten werden in Deutschland meist unter SE zusammengefasst. Da sich bei SE und CE Planungsprozesse überschneiden und somit auch unmittelbar beeinflussen, ist die Qualität der Umsetzung ein wesentlicher Faktor:

„The experience of many companies indicates, that the quality of the Concurrent Engineering implementation plan is more important than any other factor“ (Parsaei & Sullivan, 1993, S. 45).

Auch Frontloading hat unmittelbare Auswirkungen auf die Planungsprozesse. Unter Frontloading wird das zeitliche Vorziehen von Planungsaktivitäten in eine frühere, möglichst virtuelle Phase des Produktentstehungsprozesses verstanden. Dies wird durch die Werkzeuge und Methoden der Digitalen Fabrik erreicht.

In der Abbildung 47 werden die Auswirkungen von Frontloading auf den Produktentstehungsprozess verdeutlicht.

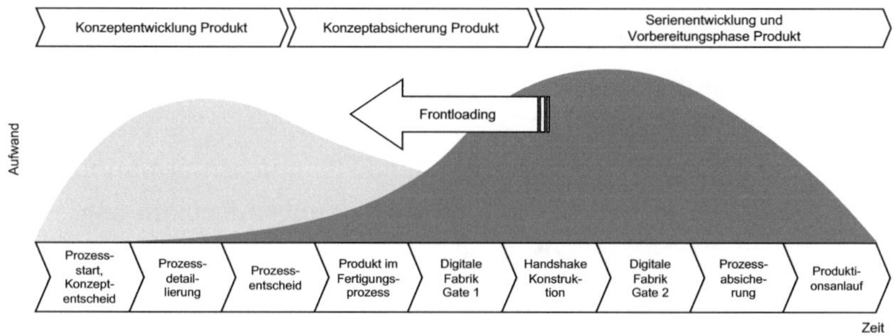

Abbildung 47: Frontloading durch Methoden und Werkzeuge der Digitalen Fabrik (Bracht, Geckler, & Wenzel, 2011)

Es ist zu erkennen, dass bei Frontloading der Aufwand in der frühen Phase deutlich ansteigt, sich jedoch der Gesamtaufwand im Verhältnis verringert. Gleichzeitig wird eine Verkürzung der Gesamtprozesszeit erreicht.

Im Rahmen der Produktionsvorbereitung treffen die verschiedenen Planungsbereiche mit ihren jeweiligen, zu diesem Zeitpunkt gültigen Planungsergebnissen aufeinander. Die einzelnen Planungsprozesse laufen in der vorherigen Planungsphase in einem hohen Maße parallel.

Da Planungsergebnisse von verschiedenen Planungsbereichen für andere Planungsbereiche von Relevanz sein können, sind zum Austausch erhöhte Abstimmungsaufwände erforderlich, welche in der Praxis nur schwer zu realisieren sind. Als Ursache hierfür sind u. a. eine zeitliche Diskrepanz und die fehlende Abstimmung von Teilprozessen der Planung auf den Gesamtplanungsprozess zu nennen. Diese Situation wird beispielsweise durch folgende Punkte begünstigt:

- konträre Ziele der Einzeldisziplinen,
- zum Betrachtungszeitpunkt physisch noch nicht existierende Bauteile,
- auf falschen Annahmen beruhende Planungsinformationen,
- sonstige noch nicht vorhandene Planungsinformationen.

Als Beispiel hierfür sei die Planung der Materialzone genannt. Die Interessen der Planungsbereiche Logistik und Montage sind dabei unterschiedlich. Während die Montage bei dem Zusammenbau des Produktes möglichst kurze Wege, eine Anlieferung sortenrein und in Sequenz oder beispielsweise ein 1-Punkt-Abgriff erwartet, um den Anteil der wertschöpfenden Tätigkeiten nach Möglichkeit zu optimieren, verfolgt die Logistik das Ziel, mit wenig Fahrten und möglichst vielen Teilen ohne Kommissionierung eine Station zu beliefern.

Handlungsbedarfe hinsichtlich Planungsergebnissen – im Sinne des zu erreichenden generellen Optimums – können oftmals erst beim Aufeinandertreffen im Rahmen der physischen Produktionsvorbereitung identifiziert werden.

4.1.2 Basis, Durchgängigkeit und Aktualität von Daten

Der grundlegende Gedanke, dass alle Daten und Informationen zur Erledigung der jeweiligen Planungsaufgaben vollständig und zum richtigen Zeitpunkt vorliegen, ist in der Theorie weitreichend behandelt. Es existieren in der Informationstechnik zahlreiche Lösungsansätze, die eine notwenige Durchgängigkeit von Daten ermöglichen. Gerade bei der rechnergestützten Produktentwicklung und Produktionsplanung ist dies einer der wesentlichen Aspekte, um virtuelle Planung durchführen zu können.

Die Auswahl von Softwarelösungen zur Unterstützung und Bewältigung von Planungsaufgaben hat direkte Auswirkungen auf die Durchgängigkeit und Verfügbarkeit von Daten und Informationen in nachgelagerten Prozessschritten sowie für nachfolgend eingesetzte Systeme. Daher ist die Entscheidung zur Auswahl einer Software längst eine Frage der IT- und Unternehmensstrategie geworden.

Mögliche Integrationsansätze von Softwareanwendungen sind nach (Rooks, 2009):

- **Ein-System-Strategie**
  Bündelung aller relevanten Planungsumfänge in einer Softwarelösung eines Herstellers.
- **Best-in-Class-Lösung**
  Bestmögliche Softwarelösung für jeden Planungsfall.
- **Ein-System-Lösung mit Mehrwertbausteinen**
  Kombination der Ein-System-Strategie mit Best-in-Class. Dabei werden nicht vorhandene Funktionen in der generellen Planungssoftware durch Software anderer Hersteller realisiert.

- **SOA Integrationsplattform**
  Die Abkürzung SOA steht für Service Oriented Architecture und beschreibt einen offenen, Tool-unabhängigen Ansatz, bei dem Services zum Datenaustausch verwendet werden. Dies kann typischerweise über so genannte Web-Services mit neutralen Datenaustauschformaten erfolgen.

Betrachtet man die aufgeführten Ansätze aus technischer Sicht, so existieren in der Theorie prinzipiell für jeden Ansatz Konzepte und Lösungsmöglichkeiten, um eine übergreifende Durchgängigkeit der Daten zu gewährleisten. In der Praxis sind jedoch insbesondere bei der Verfolgung einer Best-in-Class Strategie proprietäre Systeme, komplexe Planungssysteme und unzureichende Schnittstellen vorzufinden.

Dies führt zu hohen Kosten für die Anpassung und notwendige Individualisierung der Systeme oder zu Lücken in der Datendurchgängigkeit, da eine lose Kopplung der Systeme untereinander nicht ohne Weiteres möglich ist.

4.1.3 Virtuelle Absicherungen und Absicherungswerkzeuge

Virtuelle Absicherungen erfolgen rein rechnergestützt. Es werden virtuelle Modelle erstellt, welche zur Absicherung verwendet werden. Dieser Prozess wird als Modellierung bezeichnet und kann aus unterschiedlichen Gründen mit erheblichem Aufwand verbunden sein. Nach (Stachowiak, 1973) sind Modelle durch die drei wesentlichen Merkmale Abbildung, Verkürzung und Pragmatik gekennzeichnet. Bei der Modellierung kommt es nach (Dangelmaier, 2003) zu einem Zielkonflikt, welcher sich in der Praxis häufig bestätigt. Demnach gilt es einen *„Kompromiss zu finden zwischen Richtigkeit einerseits und Genauigkeit, Verständlichkeit und Handhabbarkeit eines Modells andererseits“* (Dangelmaier, 2003, S. 41). Abbildung 48 veranschaulicht diese Problematik. Die Herausforderung an eine Modellierung besteht also darin, mit dem richtigen Maß aus Abstraktion, Genauigkeit und Korrektheit ein Modell zu erstellen, welches für die weitere Planung zur Verifikation und Validierung herangezogen werden kann.

Die Modellierung kann je nach Anforderung an das Modell in einem CAD-Tool oder in einem speziellen Absicherungswerkzeug erfolgen. Dies ist stark einzelfallabhängig und korreliert ebenfalls mit den technischen Möglichkeiten und dem Funktionsumfang der jeweiligen Werkzeuge. Auch die eigentliche Absicherung erfolgt in verschiedenen Werkzeugen. Hier wird teilweise auf den virtuellen Modellen aufgebaut bzw. sie werden mit zusätzlichen Informationen angereichert, bevor dann die eigentlichen Berechnungen oder Simulationen erfolgen. Die notwendigen Daten finden sich oftmals in so genannten Engineering Data Management (EDM) Systemen und Product Data Management (PDM) Systemen. Diese bezeichnen laut VDI-Richtlinie 2219 technische Datenbank- und Kommunikationssysteme. Ihre Aufgabe ist, *„Informationen über Produkte und deren Entstehungsprozesse bzw. Lebenszyklen konsistent zu speichern, zu verwalten und transparent für alle relevanten Bereiche eines Unternehmens bereitzustellen“* (VDI 2219, S. 4).

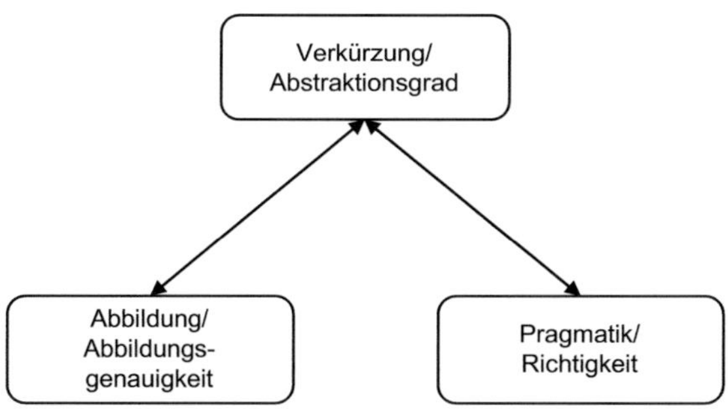

Abbildung 48: Zielkonflikt der Modellierung (Dangelmaier, 2003)

Eine Simulation ist das *„Nachbilden eines Systems mit seinen dynamischen Prozessen in einem experimentierbaren Modell, um zu Erkenntnissen zu gelangen, die auf die Wirklichkeit übertragbar sind"* (VDI 3633, S. 14). Die Planungsdaten, welche die Grundlage zur Aufbereitung und Erstellung der Simulationsmodelle bilden, sind durch die Planer bereitzustellen und zu verifizieren.

Im gesamten Prozess einer virtuellen Absicherung, von der Erstellung der Modelle bis hin zur Durchführung, wird eine Vielzahl an Informationen aus verschiedenen Planungsbereichen benötigt. Diese Daten finden sich in unterschiedlichen Planungssystemen und Expertenanwendungen wieder. Die Aufbereitung und die Beschaffung der Daten sind daher wesentliche Aspekte im Rahmen einer virtuellen Absicherung und neben dem Modellierungsaufwand wesentliche Faktoren, welche sich als sehr zeitintensiv erweisen.

Die nachfolgende Auflistung zeigt Beispiele für virtuelle Absicherungen im Kontext der Produktentwicklung sowie der Produktionsplanung (Otto, 2011):

Produktentwicklung

- Berechnung der Festigkeit von Fügeverbindungen (z. B. Schraubverbindungen, Schweißverbindungen, Klebeverbindungen) mittels der Finite-Elemente-Methode (FEM) sowie
- Strömungssimulation der Luft um das Fahrzeug (Abtrieb, Fahrsicherheit).

Produktionsplanung

- Ein- und Ausbauuntersuchungen (Baubarkeit, Kollisionsfreiheit),
- Materialflusssimulationen (Logistik innerhalb und außerhalb der Montagehallen) und
- Simulation der Montageprozesse mittels virtueller Menschmodelle.

Durch eine Simulation der Montage mittels virtueller Menschmodelle werden z. B. die Erreichbarkeiten und die Verdeckungsfreiheit überprüft oder auch ergonomische Aspekte betrachtet.

4.1.4 Usability und User Experience

„Does it better will always beat did it first."

- Aaron Levie

Die Thematik Usability[16] und User Experience (UX) hat in den letzten Jahren deutlich an Bedeutung gewonnen. Insbesondere wegen der zunehmend durch IT-Systeme gestützten Planung kommt die Wichtigkeit der Thematik immer mehr zum Vorschein. Usability fokussiert sowohl die komfortable Benutzung eines Systems im Sinne der so genannten Benutzerfreundlichkeit als auch eine geeignete Unterstützung des Nutzers zum Erreichen seiner Ziele im jeweiligen Einsatzfeld.

Usability ist keine eigenständige Disziplin, sondern gilt als Qualität eines technischen Systems (Sardonick & Brau, 2015). Das internationale Komitee für Normung definiert Usability als *„Ausmaß, in dem ein System, ein*

[16] deutsch: Gebrauchstauglichkeit

Produkt oder eine Dienstleistung durch bestimmte Benutzer in einem bestimmten Nutzungskontext genutzt werden kann, um festgelegte Ziele effektiv, effizient und zufriedenstellend zu erreichen" (DIN 9241-11, S. 2). Als Nutzungskontext werden *„die Benutzer, Arbeitsaufgaben, Arbeitsmittel (Hardware, Software und Materialien) sowie physische und soziale Umgebung, in der das Produkt genutzt wird"* (DIN EN ISO 9241-110, S. 6), verstanden. In der Norm werden Grundsätze der Dialoggestaltung erläutert.

Ein Dialog ist die *„Interaktion zwischen einem Benutzer und einem interaktiven System als Folge von Handlungen des Benutzers (Eingaben) und Antworten des interaktiven Systems (Ausgaben), um ein Ziel zu erreichen, wobei Benutzer-Handlungen nicht nur Dateneingaben umfassen, sondern auch navigierende und andere steuernde Handlungen des Benutzers"* (DIN EN ISO 9241, S. 4).

Ein interaktives System beschreibt eine *„Kombination von Hardware- und Softwarekomponenten, die Eingaben von einem Benutzer empfangen und Ausgaben zu einem Benutzer übermitteln, um ihn bei der Ausführung einer Arbeitsaufgabe zu unterstützen"* (DIN EN ISO 9241-110, S. 6). Zu Usability gehören weitere Aspekte, welche in der Norm aufgeführt sind. Diese beruhen auf den Heuristiken von Jakob Nielsen (Nielsen, 1993) und umfassen im Wesentlichen folgende Punkte:

- Aufgabenangemessenheit
- Selbstbeschreibungsfähigkeit
- Erwartungskonformität
- Lernförderlichkeit
- Steuerbarkeit
- Fehlertoleranz
- Individualisierbarkeit

UX ist definiert als *„Wahrnehmungen und Reaktionen einer Person, die aus der tatsächlichen und/oder der erwarteten Benutzung eines Produkts, eines Systems oder einer Dienstleistung resultieren"* (DIN EN ISO 9241-210, S. 7). Im Rahmen von UX Design werden demnach gezielt Erlebnisse bei der Nutzung des Systems geschaffen. Dies erfolgt meist über eine entsprechende Gestaltung der Benutzerschnittstelle. Zur Benutzerschnittstelle zählen *„alle Bestandteile eines interaktiven Systems (Software oder Hardware), die Informationen und Steuerelemente zur Verfügung stellen, die für den Benutzer notwendig sind, um eine bestimmte Arbeitsaufgabe mit dem interaktiven System zu erledigen"*, bezeichnet (DIN EN ISO 9241-110, S. 7).

Die Interaktion mit den Systemen der virtuellen Produktionsplanung ist in den meisten Fällen hinsichtlich Benutzerfreundlichkeit nicht optimiert. Vielmehr liegt der Schwerpunkt der Systeme auf einer Abbildung der technischen Funktionalität. Dies führt in der Praxis zu hochkomplexen Systemen, deren Benutzung mit einem hohen Schulungsaufwand und einer langen Einarbeitungsphase verbunden ist. Weiterhin führen Schwächen in der Systemgestaltung sowie nicht nutzerzentriert gestaltete Abläufe zu deutlichen Einbußen in der Effizienz wie auch in der kollaborativen Zusammenarbeit.

4.1.5 Kollaboration

„Das Geheimnis des Erfolges ist, den Standpunkt des anderen zu verstehen"

- Henry Ford

Kollaboration ist definiert als die *„Zusammenarbeit eines Unternehmens mit seinen Kunden und Lieferanten unter Einsatz von modernen Informationstechnologien zur Integration von unternehmensinternen und unternehmensübergreifenden Geschäftsprozessen"* (Springer Fachmedien

Wiesbaden, 2018). Es wird also konkret die Zusammenarbeit sowohl innerhalb des Unternehmens als auch mit externen Partnern angesprochen.

Im Rahmen der vorliegenden Arbeit zielt Kollaboration insbesondere auf die Zusammenarbeit zwischen den beteiligten Bereichen und Abteilungen. Diese kann sowohl unternehmensinterne als auch unternehmensübergreifende Prozesse betreffen, wobei in erster Linie Planungsprozesse adressiert werden.

In der Automobilindustrie sind im Planungsprozess mehrere Planungsbereiche involviert. Jeder Planungsbereich ist eine eigene Disziplin und baut teilweise auf Ergebnissen und der Vorarbeit der vorgelagerten Bereiche im Planungsprozess auf.

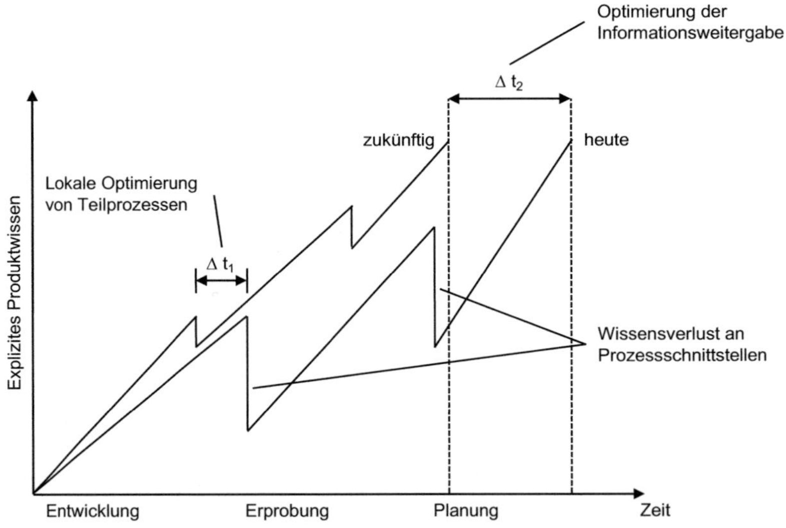

Abbildung 49: Wissensverluste an Prozessschnittstellen (Burr, Deubel, Vielhaber, Haasis, & Weber, 2003)

Diese Abhängigkeit findet sich auch in den Planungssystemen. Jede Disziplin verfügt über spezielle Anwendungen, welche auf die zu bedienenden Anforderungen zugeschnitten sind. Fehlende Schnittstellen führen u. a. zu Medienbrüchen sowie Informationsverlusten an den Prozessschnittstellen (vgl. Abbildung 49).

Dieses Informationsdefizit gepaart mit den konträren Sichtweisen auf die domänenspezifischen Planungsergebnisse erschwert den Abstimmungsprozess in einem hohen Maße.

4.1.6 Dokumentationsprozess

Die Dokumentation und Weiterverarbeitung von Absicherungsergebnissen im nachfolgenden Planungsprozess sind von hoher Relevanz. Absicherungserbnisse haben einen direkten Einfluss auf die Qualität der Planung und das Zusammenspiel der beteiligten Disziplinen. Die Dokumentation von durchgeführten Absicherungen und deren Ergebnissen ist in der Produktentwicklung sehr gut verankert und wird durch spezielle IT-Systeme unterstützt.

Hierbei werden insbesondere Negativfälle dokumentiert und mit Maßnahmen zur Fehlerbehebung versehen. Weiterhin erfolgt ein detailliertes Tracking von der Ursache über die Definition der Maßnahmen bis hin zur Behebung des Fehlerfalles. Die Dokumentation von Absicherungen mit positiven Resultaten erfolgt nur rudimentär. Bestrebungen, den Absicherungsprozess zu steuern und zu koordinieren sowie gleichzeitig Abhängigkeiten und Wechselwirkungen zu anderen Absicherungen transparent zu machen, erfolgten z. B. im Rahmen einer prototypischen Realisierung eines Absicherungsportals (Müller, 2007), (Wack, 2007).

In der Produktionsplanung existiert derzeit keine übergreifende Lösung, Absicherungsergebnisse zentralisiert zu dokumentieren und den Beteiligten transparent zur Verfügung zu stellen. Im Rahmen der Produktionsvorbereitungsworkshops werden aus verschiedenen Gründen die Planungsergebnisse in Papierform dokumentiert. Als Grundlage zur Dokumentation dienen dabei Ausdrucke der Planungsstände zum jeweiligen Zeitpunkt des Druckes.

Da im Rahmen der Produktionsvorbereitung typischerweise mehrere Stationen abgesichert und dabei alle damit verbundenen Arbeitsschritte durchlaufen werden, ergibt sich ein umfangreiches Volumen an Planungsunterlagen in Papierform. Zugleich findet an dieser Stelle ein Medienbruch statt, wodurch im Nachgang die Aktualisierung der Planungsstände in den jeweiligen Planungssystemen wieder manuell erfolgen muss.

Dies verursacht gerade in der Prozessplanung in der Vor- und Nachbereitung der Absicherungsworkshops einen hohen Aufwand und gleichzeitig eine hohe Fehleranfälligkeit hinsichtlich lückenloser Dokumentation, Aktualität der Planungsstände sowie Korrektheit.

4.1.7 Spannungsfeld Montage und Logistik

Im der Materialzone treffen extreme Interessenslagen der Montage- und Logistikplanung aufeinander, deshalb gilt ihr im Rahmen der Produktionsvorbereitungsworkshops besondere Aufmerksamkeit. Ursachen hierfür sind insbesondere die Effizienz in der manuellen Montage und die damit verbundenen wirtschaftlichen Auswirkungen. Im Sinne einer Schlanken Produktion werden von der Montageplanung die nachfolgenden Ziele verfolgt:

- Orientierter Abgriff durch Bereitstellung des Bauteils in Einbaulage
- 1-Punkt-Abgriff des Bauteils immer an derselben Stelle
- Ergonomischer Abgriff

- Vermeidung von Zwischenhandling, indem ein Ladungsträgertausch durch einen Montagemitarbeiter unterbleibt
- Bereitstellung des Materials ohne Verpackung
- Bauteilentnahme ohne ein Betätigen von Klappen o. Ä. an Ladungsträgern
- Null-Laufwege durch direkte Bereitstellung am Verbauort

Im Gegensatz zu den aus Sicht der Montageplanung zu erfüllenden Kriterien für eine optimierte Montage verfolgt die Logistikplanung konträre Ziele, um ein für ihre Belange optimiertes Planungsergebnis zu erreichen. Dabei spielt die Materialbereitstellung eine wesentliche Rolle.

„Die Materialbereitstellung hat die Aufgabe, das im Betrieb verfügbare Material für die Verwendung bei der Aufgabendurchführung in der benötigten Art und Menge termingerecht am Bereitstellungsplatz zur Verfügung zu stellen" (REFA, 1979). Vergleichbar mit den bekannten Montageprinzipien existieren auch für die Bereitstellung des Materials verschiedene Strategien, welche in Abbildung 50 zusammenfassend dargestellt sind.

Je nach gewählter Strategie der Materialbereitstellung variieren die Ziele aus Sicht der Logistikplanung. Übergreifend zählen hierzu beispielsweise die folgenden Ziele:

- Transportoptimierte Routen
- Sonderfahrten nur in Ausnahmefällen
- Möglichst wenig Fahrten zur Belieferung
- Bevorzugte Anlieferung von Großladungsträgern
- Vermeidung von Vereinzelung
- Verringerung des Bereitstellungsaufwands
- Unabhängige Festlegung des Transportsystems
- Ausreichend dimensionierte Lagerflächen

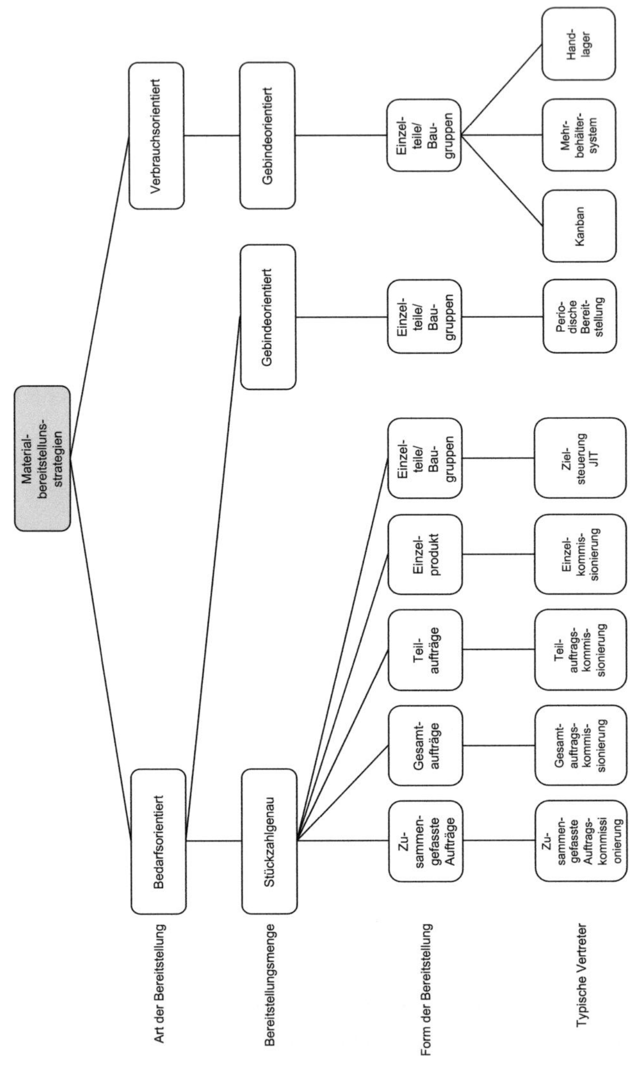

Abbildung 50: Strategien der Materialbereitstellung (Bullinger & Lung, 1994)

Die konträren Ziele von Montage und Logistik münden in einer Interdependenz der Planungsbereiche und führen zu einem Spannungsfeld. Dieses Extrem wird in Abbildung 51 nochmals veranschaulicht.

Abbildung 51: Spannungsfeld zwischen Montage und Logistik

4.2 Handlungsfelder

In Kapitel 4.1 wurden die Produktionsvorbereitung und die damit verbundenen Bereiche und Disziplinen analysiert. Die Bereiche aus der Analyse bilden die Grundlage für die Ausarbeitung der nachfolgenden Handlungsfelder. Die identifizierten Handlungsfelder nehmen Bezug auf die ermittelten Kategorien sowie die Anforderungen aus der virtuellen Produktionsvorbereitung.

4.2.1 Planungsprozess

Die einzelnen Planungsprozesse in der Produktionsplanung unterliegen einer ständigen Verkürzung und Überschneidung. Gleichzeitig werden durch Frontloading Umfänge in eine frühere Phase verlegt. Das ist auch in der Produktionsvorbereitung der Fall. Die Planung erfolgt somit zu einem früheren Zeitpunkt unter erschwerten Umständen. Eine Herausforderung, die sich hierbei ergibt, ist die gewerkeübergreifende Synchronisierung der Planungsprozesse.

Hinzu kommen die speziellen Anforderungen der virtuellen Produktionsplanung. Der Verzicht auf Hardware-Prototypen hat u. a. zur Folge, dass weniger Bauteile physisch vorliegen. Beispielsweise sind die Planungen von Ladungsträgern oftmals schon sehr weit fortgeschritten, bevor die Anforderungen der Montage und der Entwicklung vollständig bekannt und ausgearbeitet sind. Die Prozesse zwischen Entwicklung, Montage und Logistik müssen demnach so aufeinander abgestimmt werden, dass die Planungsergebnisse weiterhin verlässlich und belastbar sind. Um dies zu erreichen, ist die Qualität der Eingangsparameter für eine Planung ein wesentlicher Erfolgsfaktor, welcher in der Frühphase sichergestellt werden muss.

Da in der Frühphase jedoch oftmals Annahmen getroffen werden müssen, ist es notwendig den Planungsprozess in kleinere Teilschritte zu zerlegen sowie iterativ und agiler zu gestalten. Hierzu sind Abstimmungen zwischen den einzelnen Planungsbereichen in einer höheren Frequenz notwendig.

Gleichzeitig ist die Wahl des Planungswerkzeuges und der Methode an die Planungsphase anzupassen. So bietet sich in Frühphasen beispielsweise Paper Prototyping an, um Planungsergebnisse zu erarbeiten, wenn digitale und virtuelle Daten zu diesem Zeitpunkt noch nicht in ausreichender Qualität vorhanden sind.

An dieser Stelle ist eine Optimierung der einzelnen Prozesse erforderlich, so dass die bestehende Diskrepanz zwischen den Planungsdisziplinen und -prozessen aufgelöst werden kann.

4.2.2 Basis, Durchgängigkeit und Aktualität von Daten

Um virtuelle Absicherungen durchführen zu können, ist eine entsprechende Datenbasis grundlegende Voraussetzung. Eingangs- und Ausgangsdaten der Planungssysteme sind die Grundlage für die Ausarbeitung von Planungsergebnissen. Mit der Datenqualität geht die Qualität der Planungsergebnisse einher.

Im Verlauf eines Planungsprozesses werden verschiedene Phasen durchlaufen, bei denen die Qualität der Planungsdaten stark variiert. Dies entspricht einem klassischen Projektverlauf, bei dem in einer Frühphase auf Know-How aus vorangegangenen Planungsprojekten zurückgegriffen wird und Annahmen getroffen werden. Auf diesen Eingangsdaten bauen dann die Planungsergebnisse auf und werden im Laufe des weiteren Planungsprozesses sukzessive verfeinert.

Zu beobachten ist, dass die einzelnen Planungsbereiche vorranging die Ziele ihrer Planungsdisziplin verfolgen, welche durch spezielle softwaretechnische Lösungen unterstützt werden. Hierbei handelt es sich meist um proprietäre Systeme, welche nur bedingte Möglichkeiten zum Datenaustausch bieten. Ein vollständig verlustfreier Datenaustausch ist in den meisten Fällen nicht oder nur durch aufwändig zu realisierende, individuelle Schnittstellen möglich.

Ein wesentlicher Aspekt bei dem Datenaustausch ist, dass die nachgelagerten Planungsbereiche und -prozesse exakt die Informationen in den

Daten vorfinden, welche sie benötigen, um ihre Planungsaufgaben erfolgreich durchführen zu können. Eine Durchgängigkeit von Daten muss also über alle Prozessschritte und Planungsdisziplinen hinweg insbesondere im Hinblick auf eine virtuelle Produktionsvorbereitung gegeben sein.

Die Produktionsvorbereitung ist eine interaktive Planungsphase, bei der die Planungsstände der einzelnen Planungsbereiche zusammengeführt und optimiert werden. Hierbei gilt es sicherzustellen, dass die Planungsstände nicht unterschiedlich sind und die Planungsdaten an Aktualität nicht verloren haben. Dies wird durch Medienbrüche erschwert, welche für einen reibungslosen und durchgängigen Datenaustausch eliminiert werden müssen.

4.2.3 Virtuelle Absicherungen und Absicherungswerkzeuge

In der Produktionsvorbereitung werden die Planungsergebnisse der einzelnen Planungsbereiche zusammengeführt und unter Mitwirkung aller Planungsbereiche aufeinander abgestimmt. Der Workshop verläuft in einem hohen Maße interaktiv und es werden diverse Konzepte gegeneinander evaluiert, um möglichst ein globales Optimum zu erzielen. Dies gilt es auch durch virtuelle Absicherungen zu erreichen. Eine Vielzahl von virtuellen Absicherungen lassen sich automatisiert durchführen. Teilweise erfolgt eine Ausführung der Absicherungen in täglichen Zyklen durch Batch-Verarbeitungen.

Der zuständige Planer oder Entwickler bewertet das daraus resultierende Absicherungsergebnis anhand von generierten Reports. Die Mehrzahl von virtuellen Absicherungen kann jedoch bislang nicht vollständig automatisiert ausgeführt werden. Beispielsweise müssen manuelle Montageprozesse weiterhin aufwändig modelliert werden.

Aufgrund der mit den dafür vorgesehenen Absicherungswerkzeugen verbundenen Komplexität werden diese oftmals durch Toolexperten erstellt und das Resultat durch Planungsexperten anhand einer Visualisierung bewertet. Zur Visualisierung gibt es verschiedene Möglichkeiten mit unterschiedlichen Ausprägungen. Diese sind der Tabelle 4 zu entnehmen. Ein wesentlicher Nachteil, der bei virtuellen Absicherungen zu beobachten ist, besteht in der benötigten Zeit zur Erstellung der Simulationen und in der damit verbundenen, fehlenden Interaktivität sowie Echtzeitfähigkeit. So sind beispielsweise Änderungen, welche sich aus der Diskussion mit Planungsexperten ergeben, nur im Nachgang von Absicherungsworkshops durch Anpassung der Modelle möglich.

Weiterhin erfordert die Bewertung der Simulation mittels Visualisierung ein sehr gutes Vorstellungsvermögen, da die Entscheidung über ein Absicherungsergebnis auf einer rein virtuellen Grundlage erfolgt.

Zusammenfassend lassen sich die folgenden Handlungsfelder im Hinblick auf virtuelle Absicherungen und Absicherungswerkzeuge ableiten:

- Heterogene und komplexe IT-Systeme
- Hoher Modellierungsaufwand
- Steigerungsfähiger Automatisierungsgrad von virtuellen Absicherungen
- Vollständig digitale Entscheidungsgrundlage
- Fehlende Interaktivität
- Keine Echtzeitfähigkeit

Kriterien	Ausprägungen						
Darstellungsdimension	1D	2D	2½D	3D			
Repräsentation	symbolisch/ Zeichen	symbolisch/abstraktes Symbol	ikonisch/ stilisierte Abbildung	ikonisch/ realitätsnahe Abbildung	fotorealistisch		
Darstellungsform	Schrift	Tabelle	Diagramm	Zeichnung	Bild	Virtuelle Welt	erweiterte Realität
Bezug zum Simulationslauf	offline	online					
Zeitrepräsentation im grafischen Modell	keine	diskret	kontinuierlich				
Präsentationszeitverhalten	Standbild	nicht proportionales Bewegtbild	proportionales Bewegtbild/ Zeitlupe	proportionales Bewegtbild/ Echtzeit	proportionales Bewegtbild/ Zeitraffer		
Interaktion	keine	als Navigation der Präsentation	mit dem grafischen Modell	mit dem Simulationsmodell	in und mit dem Modell (Immersion)		

Tabelle 4: Klassifikationsschema für Visualisierungsverfahren (VDI 3633)

4.2.4 Usability und User Experience

Die in der Produktionsplanung und -absicherung eingesetzten IT-Systeme sind auf die zu unterstützende Planungsdisziplin spezialisiert. Der Fokus liegt in erster Linie auf den abzubildenden Funktionen. Die Anwendungen sind in den wenigsten Fällen im Hinblick auf Benutzerfreundlichkeit optimiert und weisen meist keine positive UX auf.

Die Bedienung erfolgt nahezu ausschließlich durch Toolexperten. Darüber hinaus wird der Nutzungskontext nur selten berücksichtigt. Eine nutzerzentriert gestaltete Anwendung kann jedoch deutlich zu einer Steigerung der Effizienz und Effektivität beitragen. Die Anwender können die Ziele mit Hilfe von nutzerzentriert gestalteten IT-Systemen deutlich schneller erreichen. Auch im Hinblick auf Kollaboration zwischen den Planungsbereichen ist eine Optimierung der IT-Systeme unter Berücksichtigung des Nutzungskontextes förderlich.

4.2.5 Kollaboration

In der physischen Produktionsvorbereitung erfolgt die Kollaboration mit klassischen Mitteln. Zu einem definierten Zeitpunkt werden die aktuellen Planungsstände aus den Planungssystemen abgezogen und für den Absicherungsworkshop aufbereitet. Dort werden diese dann eingehend besprochen und optimiert.

Eine Herausforderung besteht darin, dass der Datenabzug zum Zeitpunkt des Workshops den aktuellen Planungsstand widerspiegelt, um eine gemeinsame und valide Diskussionsgrundlage zu erzielen. Ein Informationsdefizit erschwert den Abstimmungsprozess ungemein. Auf einer gemeinsamen Grundlage können die konträren Sichtweisen, Interdependenzen und Planungsziele zu einem Konsens zusammengeführt werden.

Klasse	Darstellungsdimension	Präsentationszeitverhalten	Repräsentation	Interaktion	Beispiele
Tabellenkalkulation mit Business-Grafik	2D/2½D/3D	Standbild	symbolisch/ikonisch	keine	Säulendiagramm, Histogramm
Zeichenprogramme	2D/2½D/3D	Standbild	symbolisch/ikonisch	keine	Prozesskette
3D-Animationswerkzeuge	3D	Standbild/nicht proportionales Bewegtbild/proportionales Bewegtbild	ikonisch realitätsnahe Abbildung/fotorealistisch	mit dem grafischen Modell/Navigation in der Präsentation	3D-Animationssequenz zu einem Simulationsablauf
VR-Systeme	3D	Proportionales Bewegtbild Echtzeit	Ikonisch realitätsnahe Abbildung/fotorealistisch	in und mit dem grafischen Modell (Immersion)	Vollständiges Interagieren im 3D-Modell

Tabelle 5: Werkzeugklassen und Visualisierungsverfahren (VDI 3633)

Im Rahmen einer Produktionsvorbereitung gilt es, die Abstimmung durch geeignete technologische Mittel so zu unterstützen, dass das gemeinsame Planungsziel effizient erreicht werden kann. Die derzeit verwendeten Planungssysteme bieten keine Möglichkeit der Nutzerinteraktion und einer bereichsübergreifenden Visualisierung, um eine kollaborative Abstimmung zu gewährleisten. Vielmehr stehen hier die Planungsziele der einzelnen Planungsdisziplinen im Vordergrund.

Tabelle 5 verdeutlicht die Werkzeugklassen mit den Möglichkeiten der Visualisierung. Eine Abstimmung in der virtuellen Produktionsvorbereitung kann nur dann schnell und effizient erfolgen, wenn die Teilnehmer des Workshops in der Lage sind, gemeinsam mit den Systemen zu interagieren, eine interaktive Absicherung möglichst in Echtzeit durchzuführen, und wenn die benötigen Planungsparameter vorliegen. Dies muss durch die Planungssoftware abgebildet werden können.

4.2.6 Dokumentationsprozess

In der physischen Produktionsvorbereitung werden Checklisten abgearbeitet und getroffene Entscheidungen sowie Ergebnisse in Papierform dokumentiert. Diese müssen im Nachgang wieder manuell in die Planungssysteme überführt werden, um dort die getroffenen Anpassungen für die nachfolgenden Planungsschritte zu dokumentieren.

Dieser manuelle Aufwand kann durch eine entsprechende technische Lösung, wie beispielsweise durch den Einsatz einer geeigneten, auf den Nutzungskontext abgestimmten Anwendung, minimiert werden. Ein weiterer Punkt, der dadurch ermöglicht wird, ist eine „on-thy-fly“-Synchronisation. Dies bedeutet, dass getroffene Änderungen nahezu in Echtzeit in die Planungssysteme synchronisiert werden. Neben dem Dokumentations- und Nachbereitungsaufwand kann auch Vorbereitungszeit für die Workshops eingespart werden, indem eine Synchronisation der Planungsstände bidirektional umgesetzt wird.

4.2.7 Spannungsfeld Montage und Logistik

Das Spannungsfeld zwischen Montage- und Logistikplanung beruht primär auf den konträren Zielen, die sich aus den unterschiedlichen Planungsdisziplinen ergeben. In der Montageplanung gilt es, keine Verschwendung zuzulassen, was in einem kleinstmöglichen Ladungsträger mündet. Die Logistikplanung hingegen bevorzugt eine wirtschaftliche Bereitstellung möglichst in Anlieferungsform.

Hinzu kommt, dass eine Vielzahl der Planungsprojekte in einem bestehenden Umfeld stattfindet. Das bedeutet, dass Restriktionen bestehen, woraus Einschränkungen in der Planung für beide Bereiche resultieren.

Dies ist insbesondere bei Planungsprojekten in Bestandsgebäuden zu beobachten, in denen das Layout nur bedingt adaptierbar ist. Weiterhin ergeben sich Einschränkungen im Vergleich von Neutypplanung zu Modellpflege. Während bei einer Neutypplanung bereits im Vergabeprozess mit dem Lieferanten auf die Gestaltung der Ladungsträger eingewirkt werden kann, sind bei einer Modellpflege die Lieferantenbedingungen in den meisten Fällen nur mit entsprechenden Mehrkosten änderbar.

Aus der Erläuterung wird ersichtlich, dass der Dissens zwischen Montage und Logistik aus verschiedenen Gründen nicht einfach auszuräumen ist. Die einflussnehmenden Faktoren sind zu heterogen und resultieren aus einer Vielzahl von unterschiedlichen Interessensbereichen.

Daher müssen die Anforderungen im Rahmen der Produktionsvorbereitung durch intensive und mit geeigneten IT-Systemen ausgestatte Abstimmungsworkshops, die speziell die Aspekte der Montage- und Logistikplanung berücksichtigen, früher angegangen werden, um einen Konsens herbeizuführen.

4.3 Zusammenfassung

Die wesentlichen Erkenntnisse, die sich aus dem Kapitel Analyse und Handlungsfelder ergeben, werden in der nachfolgenden Tabelle nochmals zusammenfassend dargestellt.

Kategorie	**Handlungsfelder**
Planungsprozess	• Synchronisation der Planungsprozesse • Steigerung der Agilität • Kontinuierliche und bereichsübergreifende Abstimmung in kurzen Zyklen
Basis, Durchgängigkeit und Aktualität von Daten	• Frühzeitige Validierung von Eingangsdaten • Neutraler Datenaustausch ohne Informationsverlust • Offene Schnittstellen zu anderen IT-Systemen • Sicherstellung der Datenaktualität • Reduzierung und Vermeidung von Medienbrüchen
Virtuelle Absicherungen und Absicherungswerkzeuge	• Verringerung des Modellierungsaufwands • Steigerung der Interaktivität bei virtuellen Absicherungen • Realisierung von Echtzeitfähigkeit • Identifikation und Nutzung von Automatisierungspotenzial

Kategorie	Handlungsfelder
Usability und User Experience	• Steigerung der Effizienz und Effektivität der Nutzung von IT-Systemen durch nutzerfreundliche Gestaltung • Auf den jeweiligen Nutzungskontext zugeschnittene IT-Systeme
Kollaboration	• Steigerung der Kollaboration durch IT-Systeme • Optimierung des Abstimmungsprozesses durch Vermeidung von Informationsdefiziten • Sicherstellung der Durchgängigkeit und Aktualität von Daten in den jeweiligen Prozessschritten über die Systemgrenzen hinweg
Dokumentationsprozess	• Steigerung der Effizienz in Vor- und Nachbereitung • Reduzierung von Dokumentationsaufwand • Sicherstellung einer lückenlosen und aktuellen Dokumentation • Steigerung der Transparenz • Zentralisierung von bereichsübergreifenden Planungs- und Absicherungsergebnissen
Spannungsfeld Montage und Logistik	• Realisierung von zugeschnittenen Applikationen zur Unterstützung von Logistik- und Montageabstimmungen während des Planungsprozesses • Frühzeitige Synchronisierung der Planungsprozesse • Definition von aufeinander abgestimmten Planungsprämissen

Tabelle 6: Zusammenfassung der Handlungsfelder

4.4 Forschungsfragen

Auf Basis der bisherigen Analyse ergeben sich die nachfolgenden primären Forschungsfragen:

- Wie kann eine virtuelle Produktionsvorbereitung durch eine methodische Vorgehensweise systematisch realisiert werden?
- Wie kann die Kollaboration der Planung in der virtuellen Produktionsvorbereitung unterstützt werden?
- Welche Absicherungsumfänge sind für eine Absicherung der Produktions-vorbereitung relevant und auch virtuell realisierbar, welche Herausforderungen bestehen?

Über die primären Forschungsfragen hinaus lassen sich sekundäre Forschungsfragen ableiten, welche im Rahmen dieser Arbeit nur partiell und nicht abschließend beantwortet werden:

- Welche neuen technologischen Möglichkeiten können zu einer Optimierung der Produktionsvorbereitung beitragen?
- Wie kann ein durchgängiger Dokumentationsprozess in der physischen Produktionsvorbereitung ermöglicht werden?
- Wie können IT-Systeme zur virtuellen Planung und Absicherung optimiert werden und kann eine nutzerzentrierte Gestaltung dazu beitragen, die IT-Systeme sowie deren Effektivität und Effizienz zu verbessern?
- Welche Voraussetzungen und Prämissen werden an IT-Systeme und Planungsdaten gestellt, um die Produktionsvorbereitung virtuell absichern zu können?
- Wie können die Planungsprozesse besser synchronisiert und die Qualität der Planungsergebnisse gesteigert werden?

5 Konzept zur interdisziplinären Absicherung der Produktion

In diesem Kapitel werden Konzepte vorgestellt, die eine Beantwortung der formulierten Forschungsfragen ermöglichen. Ausgehend von der Analyse und den Handlungsfeldern ergibt sich eine Unterteilung in die folgenden Unterkapitel:

- Ansatz zur virtuellen Produktionsvorbereitung
- Unterstützung der Kollaboration und Dokumentation in der interdisziplinären Produktionsvorbereitung

Unter dem „Ansatz zur virtuellen Produktionsvorbereitung“ wird ein methodisches Vorgehen beschrieben, welches ein systematisches virtuelles Absichern ermöglicht. In dem Unterkapitel „Unterstützung der Kollaboration und Dokumentation in der interdisziplinären Produktionsvorbereitung“ werden zwei Konzepte vorgestellt, die sich mit der Unterstützung der Zusammenarbeit und der Dokumentation während der Phase der Produktionsvorbereitung beschäftigen.

5.1 Ansatz zur virtuellen Produktionsvorbereitung

Bezugnehmend auf die in Kapitel 3 ausführlich dargestellte Produktionsvorbereitung wurde ein aus insgesamt fünf Einzelschritten bestehender Workflow ausgearbeitet. Ein Workflow ist wie folgt definiert: *„The computerised facilitation or automation of a business process, in whole or part“*

(Hollingsworth, 1995, S. 6). Jeder einzelne Schritt des definierten Workflows steht in Relation mit einer Methode, welche entsprechend Anwendung findet. Die definierten Einzelschritte lauten wie folgt:

- Differenzbetrachtung
- Analyse der Arbeitsvorgänge
- Datenaufbereitung und -beschaffung
- Vorbereitung und Simulationsmodellerstellung
- Absicherungsworkshop

Ausgehend von einer Differenzbetrachtung des aktuellen Planungsstandes von Produkt und Produktion werden die daraus abgeleiteten Arbeitsvorgänge einer Analyse unterzogen.

Das Ergebnis der Analyse beschreibt Absicherungsziele, welche durch den Einsatz von Absicherungsmethoden und -werkzeugen erreicht werden müssen. Die Absicherungsziele haben direkten Einfluss auf den nachgelagerten Prozessschritt, welcher sich mit der Datenbeschaffung und -aufbereitung auseinandersetzt. Aus diesen Daten werden Simulationsmodelle erstellt, welche als Grundlage für einen Absicherungsworkshop mit Experten aus den einzelnen Planungsbereichen dienen.

Die Expertengruppe bewertet die generierten Simulationen anhand der Absicherungsergebnisse, was zu einer virtuellen Absicherung der Produktionsvorbereitung führt. Abbildung 52 verdeutlicht die Einzelschritte des Gesamtworkflows.

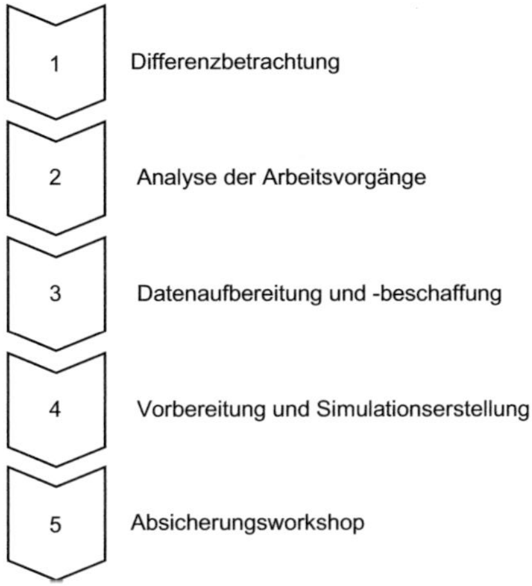

Abbildung 52: Workflow zur virtuellen Absicherung der Produktionsvorbereitung

5.1.1 Differenzbetrachtung

Die Differenzbetrachtung vergleicht die Aufbauzustände zweier Planungsstände miteinander und zeigt das daraus resultierende Delta auf. Dabei werden nicht nur die Unterschiede der Arbeitsinhalte innerhalb einer Station ersichtlich, sondern auch die Unterschiede am Produkt.

In der Praxis ist eine Differenzbetrachtung insbesondere bei Planungen sinnvoll, welche auf Erfahrungswerten von Vorgängerbaureihen beruhen, oder bei bestehenden Produkten, welche mit geänderten Planungsprämissen an einen zusätzlichen oder anderen Fertigungsstandort gebracht werden sollen. In beiden Fällen wird eine bestehende Planung für die Neuplanung übernommen und adaptiert.

Eine Differenzbetrachtung ermöglicht die Übernahme von bestehenden Arbeitsvorgängen aus der vorangegangenen Planung, sofern Gleichteile vorhanden sind. Dadurch kann auf bereits abgesicherten Umfängen aufgebaut und diese in die neue Planung integriert werden. Weiterhin wird durch eine Visualisierung der unterschiedlichen Aufbauzustände ersichtlich, bei welchen Stationen der Neuplanung sich der Arbeitsinhalt gegenüber der bestehenden Montagelinie grundlegend verändert hat.

5.1.2 Analyse der Arbeitsvorgänge

Die Analyse der Arbeitsvorgänge ist eine im Rahmen der vorliegenden Arbeit ausgearbeitete Methode, welche sich in fünf Schritte unterteilt (vgl. Abbildung 53). Durch die Methode werden Absicherungsziele der beteiligten Planungsbereiche, abhängig von der Tätigkeit des Arbeitsschrittes, abgeleitet und mit geeigneten Absicherungsmethoden verknüpft, zudem werden die Anforderungen an die Simulationsmodelle definiert.

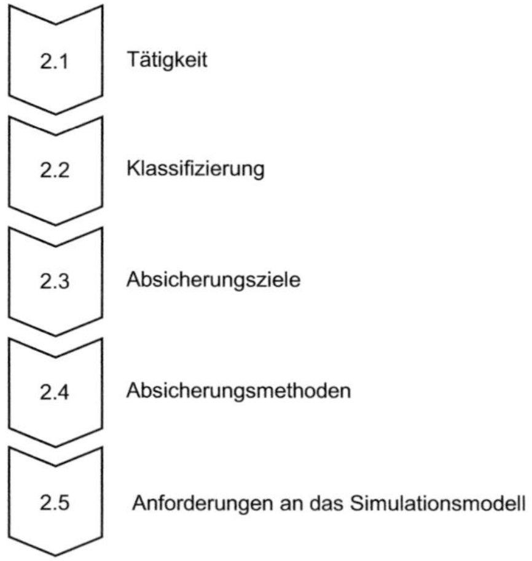

Abbildung 53: Methode zur Analyse von Arbeitsvorgängen

Als Eingangsparameter dient eine Liste von Arbeitsvorgängen (siehe Tabelle 7), welche durch die Montageplanung erstellt wird. Sie enthält die

Arbeitsinhalte, die innerhalb einer Montagelinie durchgeführt werden. Die Montagelinie wird typischerweise in Stationen unterteilt, so dass eine exakte Zuordnung von Arbeitsinhalt und Station ermöglicht wird.

Station	Nr.	Montagevorgang
5	1	Motorblock über die Rollenbahn bis zum Anschlag ziehen
5	⋮	⋮
5	5	Zylinderkopf mit dem Hebezeug über dem Führungsstift platzieren
5	⋮	⋮
5	10	Überströmventil festziehen
5	⋮	⋮
5	19	5 Schrauben am Ölabscheider anfädeln
5	20	5 Schrauben am Ölabscheider anziehen
5	⋮	⋮
5	32	Montagevorgänge der Station abstempeln
5	⋮	⋮
5	34	Bestätigen-Knopf drücken
5	⋮	⋮
5	36	Zurück zum Stationsanfang gehen

Tabelle 7: Auszug aus einer Liste von Arbeitsvorgängen (Wack, Riegmann, Straßburger, & Günther, 2011)

Im ersten Schritt gilt es, aus den Beschreibungen des Arbeitsvorgangs die Tätigkeit zu extrahieren. Diese bildet die Grundlage für den darauffolgenden Prozessschritt Klassifizierung. Zur Klassifizierung der Arbeitsvorgänge wird auf die Normen DIN 8580 ff. sowie DIN EN 1005-5 zurückgegriffen (DIN 8580), (DIN EN 1005-5). Die Normen bilden insbesondere für Fügevorgänge eine geeignete und strukturierte Grundlage zur Klassifizierung der Tätigkeiten. In den Normen werden die Hauptgruppen durch Gruppen und Untergruppen weiter detailliert. Die verfügbaren Hauptgruppen auf oberster Ebene nach DIN 8580 ff. sind in Abbildung 54 dargestellt.

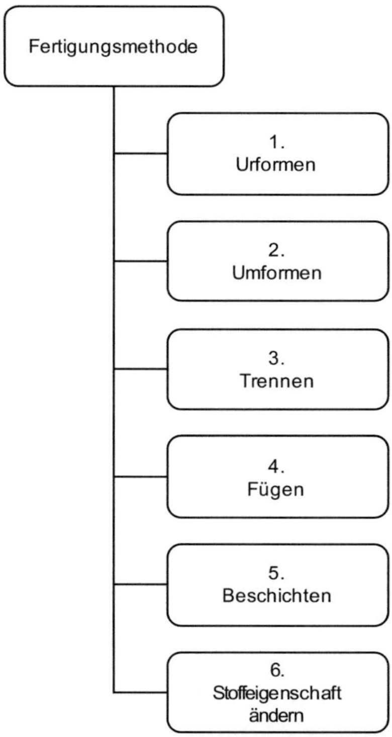

Abbildung 54: Klassifizierung von Montagevorgängen nach (DIN 8580 ff.)

Eine vollständige Darstellung bestehend aus Gruppen und Untergruppen für die Hauptgruppe „Fügen“ zeigt die nachfolgende Abbildung.

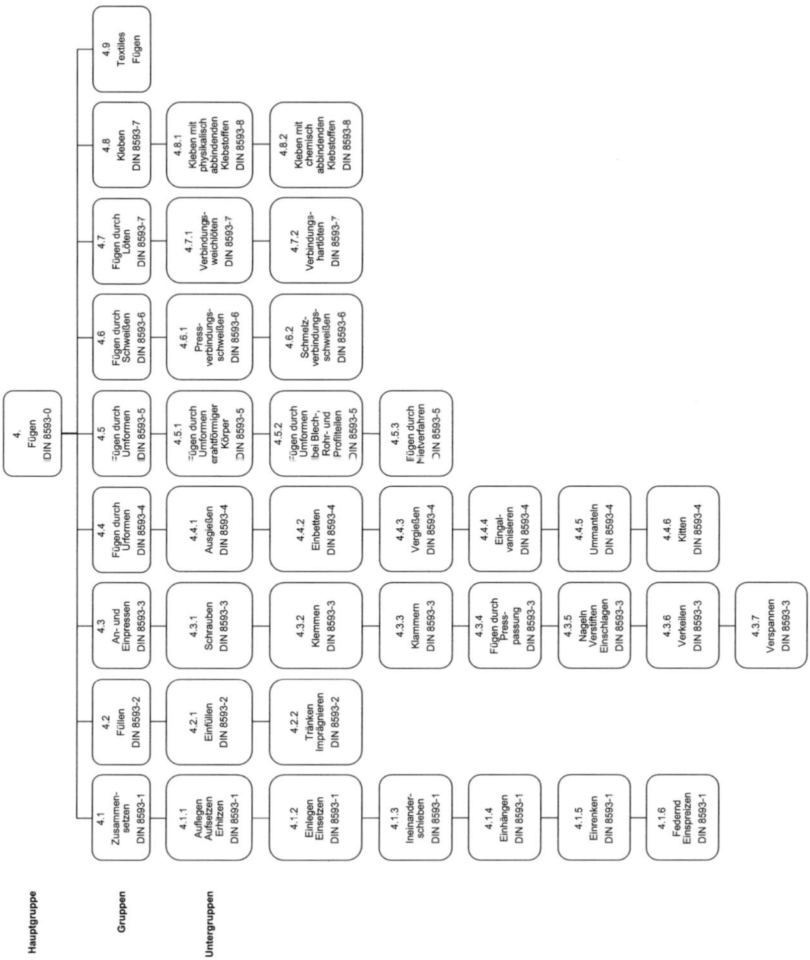

Abbildung 55: Auszug aus der DIN 8593-0 für die Gruppe Fügen

Auf dieser Basis ist es möglich, die Tätigkeiten in einem angemessenen Detaillierungsgrad zu klassifizieren. Neben der Gruppierung durch die

Norm DIN 8580 ff. zeigt (Lotter & Wiendahl, 2012) ein Klassifizierungsschema für Tätigkeiten in der Montage (siehe Abbildung 56).

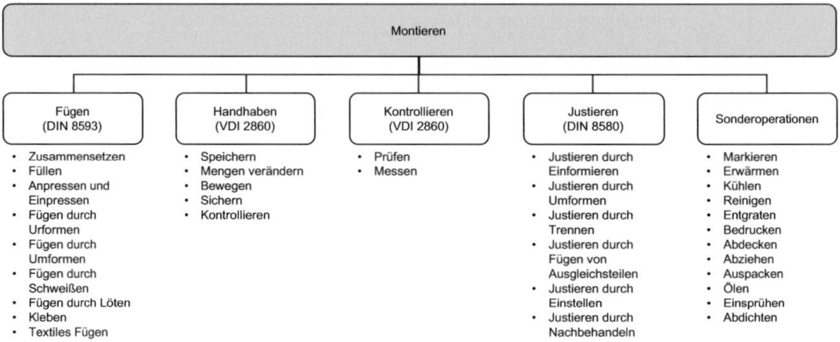

Abbildung 56: Klassifikationsschema von Montagevorgängen nach (Lotter & Wiendahl, 2012)

Das Klassifizierungsschema von (Lotter & Wiendahl, 2012) basiert auf den Normen DIN 8580, DIN 8593 und der VDI-Richtlinie 2860. Für die Anwendung der Methode kann sowohl die DIN 8580 ff. als auch (Lotter & Wiendahl, 2012) verwendet werden.

Nach der vorgenommenen Klassifizierung ist es möglich, die Absicherungsziele der Planungsbereiche abzuleiten. Hierbei werden die Interessen und Ziele aus den einzelnen Planungsbereichen herangezogen. Dies bedeutet, dass die Kriterien, die Anforderungen aus jedem der Planungsbereiche, deren Sichtweise auf das Absicherungsziel und auch der Zeitpunkt berücksichtigt werden (Abbildung 57).

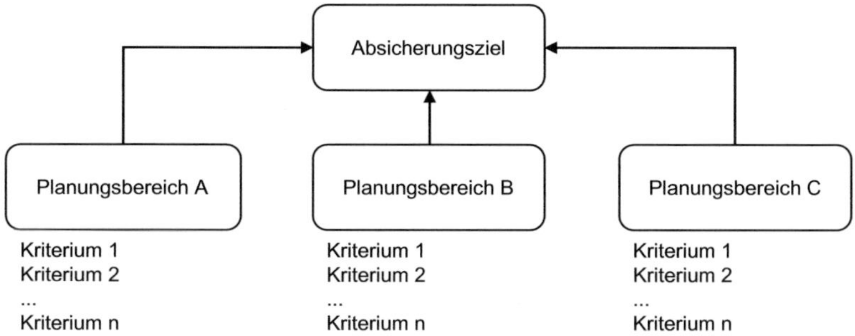

Abbildung 57: Ableiten der Absicherungsziele

Typische Absicherungsziele je Planungsbereich können der Tabelle 8 entnommen werden. Dass durch die Klassifizierung eine Einordnung der Arbeitsvorgänge in standardisierte Gruppierungen vorgenommen wird, bietet auch die Möglichkeit, standardisierte Absicherungsziele über die einzelnen Planungsbereiche hinweg abzuleiten. Hierdurch wird eine Wiederverwendbarkeit erzeugt und eine Transparenz von Absicherung über den Planungsprozess geschaffen.

Im Anschluss an die Ableitung der Absicherungsziele werden die virtuellen Absicherungsmethoden verknüpft. Die Absicherungsmethoden ermöglichen es, die abgeleiteten Absicherungsziele virtuell durch den Einsatz geeigneter IT-Systeme zu validieren. Für eine Anwendung der verknüpften Absicherungsmethode sind Eingangsparameter notwendig. Sie bestehen aus Informationen, Daten und Anforderungen, welche zur Durchführung der Absicherungsmethode benötigt werden. Gemeinsam mit den Eingangsparametern können noch zusätzliche Anforderungen an das Simulationsmodell gestellt werden. Dies wird schließlich im letzten Schritt vorgenommen. Eine ausführliche Beschreibung der Methode ist in (Wack, Otto, Manns, & Straßburger, 2011) zu finden.

Planungsbereich	Absicherungsziele
Produktentwicklung	• Umsetzung der Montagevorgänge entsprechend der Spezifikationen • Einhaltung der Toleranzen, keine Beeinflussung dieser durch die Montageprozesse • Verwirklichung von produktionsgerechter Produktgestaltung
Montageplanung	• Überprüfung und Optimierung der Montagereihenfolge • Überprüfung der Zugänglichkeit für Werker • Überprüfung der Zugänglichkeit für Werkzeuge • Entdecken von Kollisionen der Werkzeuge mit Bauteilen • Vermeiden von Blindmontage (Verdeckung der Montagestelle) • Sicherstellen ergonomischer Arbeitsvorgänge für die Werker, Erfüllung entsprechender Standards • Reduzierung der Wege des Werkers (kleines Montagedreieck)
Betriebsmittelplanung	• Überprüfen der Eignung aller benötigten Standard- und Spezialwerkzeuge • Feststellen, ob alle nötigen Anschlüsse (Druckluft, Strom, Wasser, Abwasser etc.) verfügbar und ausreichend dimensioniert sind • Überprüfen, ob aller sonstigen Betriebsmittel (z. B. Fertigungs-, Handhabungs-, Lager- und Prüfmittel) vorhanden und geeignet sind
Fabrikplanung	• Überprüfen der Stahlbauplanung • Sicherstellen der Transportwege zur Belieferung der Montagelinie • Logistik in der gesamten Fabrik so wenig wie möglich beeinträchtigen • Berücksichtigung aller baulichen Einschränkungen (Bodenbeschaffenheit, Traglasten der Böden, Deckenhöhe) für die neue Montagelinie

Planungsbereich	Absicherungsziele
Logistikplanung	• Integration der Materialbereitstellung in das logistische Gesamtkonzept (passend zu Lieferturnus, Mengen, Position der Station in der Fabrik, Infrastruktur der Fabrik) • Überprüfen und Optimieren der Bereitstellung der nötigen Klein-, Groß- und Spezialladungsträger

Tabelle 8: Typische Absicherungsziele der Planungsbereiche (Otto, 2011)

5.1.3 Datenaufbereitung und -beschaffung

Der Prozessschritt Datenaufbereitung und -beschaffung ist für die nachgelagerten Schritte von wesentlicher Bedeutung. Die Qualität und Aussagekraft von virtuellen Absicherungen ist nicht nur von dem Funktionsumfang und den technischen Möglichkeiten der IT-Systeme abhängig, sondern vielmehr von der Qualität der Eingangsdaten. Um eine virtuelle Absicherung durch eine rechnergestützte Simulation, Berechnung oder sonstige softwaretechnische Lösungen durchführen zu können, ist es erforderlich, dass alle Informationen, welche zur jeweiligen Absicherung benötigt werden, vorliegen:

- **Produktdaten**
  Die Produktdaten werden von der Produktentwicklung erzeugt und beinhalten zum einen die Produktstruktur zum anderen die 3D-Daten aller Teile, die in ihrer Summe und Art der Anordnung das Produkt abbilden.

- **Prozessdaten**
  Die Prozessdaten definieren, mit welchen Schritten die Montage eines Produktes erfolgt. Die Prozessdaten enthalten neben dem Arbeitsinhalt auch Referenzen zu Produkt und Ressourcen.
- **Ressourcendaten**
  Hierunter sind alle Personal- und Sachmittel zu betrachten, die zur Durchführung einer Montage nötig sind (u. a. 3D-Modelldaten von Werkzeugen, Handhabungsvorrichtungen, Materialbereitstellungs- und Förderkonzepten, Mess- und Prüfmitteln, Layoutdaten der Fabrik und anthropometrische Informationen über Werker mit benötigten Ressourcendaten).

Insbesondere in frühen Planungsphasen besteht die Herausforderung darin, diese Daten in entsprechender Qualität und zum geeigneten Zeitpunkt zur Verfügung zu stellen, da die Planungsdaten aufgrund des täglichen Planungsfortschritts sehr schnelllebig sind und dadurch ihre Validität verlieren.

Die Vorbereitung und Erstellung eines Simulationsmodells erfordert erfahrungsgemäß eine gewisse Vorlaufzeit. Dies kann zu dem Nebeneffekt führen, dass Planungsdaten in dem für die Simulationserstellung benötigten Zeitraum verändert werden und an Aktualität verlieren.

Daher ist es erforderlich, im Rahmen einer virtuellen Produktionsvorbereitung einen festen Planungsstand zu einem bestimmten Zeitpunkt zu definieren und mit einem Freigabeprozess durch die beteiligten Planungsbereiche zu versehen. Auf dieser Basis ist schließlich eine Daten- und Informationsbeschaffung sowie -aufbereitung möglich.

5.1.4 Vorbereitung und Simulationsmodellerstellung

Die physische Produktionsvorbereitung ist durch ein hohes Maß an Interaktivität geprägt. Dies soll auch bei einer virtuellen Produktionsvorbereitung gegeben sein. Da jedoch nicht jede Simulationsmethode dieser Anforderung gerecht wird, ist eine Vorbereitungsphase unabdingbar.

Es gibt unterschiedliche Formen für eine virtuelle Absicherung (vgl. Kapitel 3.1). Nicht alle virtuellen Absicherungen sind an eine Visualisierung gebunden. Viele Absicherungsumfänge werden automatisiert verarbeitet und deren Ergebnisse in Reports dokumentiert. Abhängig vom jeweiligen Absicherungsumfang und der passenden Absicherungsmethode wird das IT-System ausgewählt, die Absicherung vorbereitet oder durchgeführt.

Zur virtuellen Absicherung manueller Montageprozesse sind aufwändige Simulationen notwendig, welche mit einer sorgfältigen Vorbereitungsphase verbunden sind. Neben den Produktdaten sind dazu Daten des Fabriklayouts, der benötigen Ressourcen und der Montageprozesse zu verarbeiten. Die erzeugten Absicherungen können unter Anwendung des jeweiligen IT-Systems im Workshop oder durch aufbereitete Videosequenzen verwendet und bewertet werden.

5.1.5 Absicherungsworkshop

Der Absicherungsworkshop ist interdisziplinär und die zentrale Komponente des Ansatzes zur virtuellen Produktionsvorbereitung. Idealerweise sind Planungsexperten der nachfolgenden Planungsbereiche in einem Absicherungsworkshop vertreten (Otto, 2011):

- Montageplanung
- Logistikplanung
- Betriebsmittelplanung

- Fabrik-/Layoutplanung
- Produktentwicklung

Unter Beteiligung der jeweiligen Planungsbereiche werden mit Hilfe der erstellten Simulationen stationsweise die Arbeitsinhalte und Montageprozesse bewertet. Zur Bewertung der Absicherungsergebnisse werden die gleichen Kriterien wie bei einer physischen Produktionsvorbereitung herangezogen. Die Bewertung der Absicherungsergebnisse fließt in die weitere Planung ein.

5.2 Unterstützung der Kollaboration und Dokumentation in der interdisziplinären Produktionsvorbereitung

Im Rahmen der vorliegenden Arbeit wurden mehrfach physische Produktionsvorbereitungsworkshops begleitet. Die dort gewonnenen Erkenntnisse sind in die nachfolgenden Konzepte mit eingeflossen.

Die Phase der Produktionsvorbereitung ist geprägt von Interdisziplinarität, nicht nur weil Vertreter der einzelnen Planungsbereiche aufeinandertreffen. Es münden auch Prozesse und deren Ergebnisse ineinander. Jede Planungsdisziplin verfolgt zunächst die aus ihrer Sichtweise mit höchster Priorität versehenen Ziele, woraus ein lokales Optimum einer jeden Disziplin resultiert.

Nun gilt es im Rahmen der Produktionsvorbereitung die lokalen Optima nach Möglichkeit in ein disziplinübergreifendes Optimum zu überführen und somit die für das Gesamtunternehmen wirtschaftlichste Lösung zu finden.

Durch die Produktionsvorbereitung werden Prozesse harmonisiert, synchronisiert und im Sinne des Gesamtprozesses optimiert. Die Phase ist geprägt durch die Erarbeitung gemeinsamer Lösungskonzepte, das Suchen nach Kompromissen oder nach einem Konsens. Die Kollaboration ist nicht nur durch die vorhandene organisatorische sowie fachliche Trennung der Planungsdisziplinen erschwert, sondern auch durch die eingesetzten und nicht vollständig durchgängigen Planungssysteme.

Um die Kollaboration in der interdisziplinären Produktionsvorbereitung zu unterstützen und einen Beitrag zur Verbesserung des Gesamtprozesses zu leisten, werden nachfolgend zwei Ansätze beschrieben, welche neben der Produktionsvorbereitung auch die notwendige Vor- und Nachbereitung vereinfachen.

5.2.1 Intuitive, interaktive und kollaborative Planung sowie Absicherung der Materialzone

Die Materialzone bildet, wie in der vorangegangenen Analyse beschrieben, ein Spannungsfeld zwischen Montage und Logistik. Die Planung der Materialzone erfolgt primär zwischen der Logistik- und Montageplanung und ist ein wesentlicher Bestandteil der Produktionsvorbereitung. Einen grundlegenden Aspekt bildet bei der Planung das Fabriklayout (Abbildung 58).

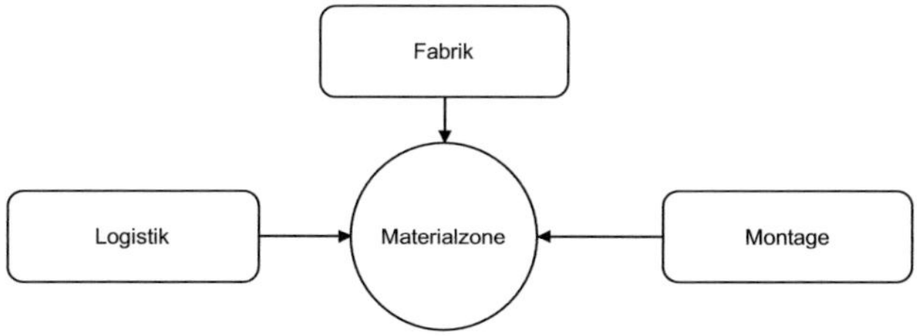

Abbildung 58: Einflussbereiche auf die Materialzone

Das Fabriklayout ist abhängig vom Planungsfall (vgl. Tabelle 1) entweder frei gestaltbar oder unterliegt baulichen Restriktionen bei Bestandsgebäuden. Man spricht in diesem Zusammenhang auch von Greenfield und Brownfield. Es ist erforderlich, die baulichen Restriktionen im Planungskonzept zu berücksichtigen.

In der Praxis kommen in der Planung verschiedene IT-Systeme mit unterschiedlichen Daten zum Einsatz. Die IT-Systeme sind zum Teil geprägt durch eine sehr komplexe Bedienung und erfordern häufig den Einsatz von Experten. Weiterhin handelt es sich meist um Einzelplatzlösungen, die nicht für einen kollaborativen Nutzungskontext optimiert sind. Dies hat zur Folge, dass in vielen Fällen alternative IT-Systeme verwendet werden oder auf konventionelle Mittel, wie beispielsweise Paper Prototyping, zurückgegriffen wird. Hierdurch entstehen im weiteren Planungsverlauf zusätzliche Aufwände durch Daten, die aus nicht integrierten IT-Systemen entstehen, Medienbrüche und die Notwendigkeit, die gewonnenen Planungsdaten zur Weiterverarbeitung in die Planungssysteme zurückzuführen.

Das nachfolgende Konzept beschreibt eine intuitive, interaktive, kollaborative und durch ein IT-System unterstützte Lösung zur Abstimmung und Planung der Materialzone. Um dies zu ermöglichen, sind die folgenden Aspekte in dem Konzept zu berücksichtigen:

- Anwendungskontext
- Intuitive Bedienung
- Interaktive Planung
- Verfügbarkeit von planungsrelevanten Daten
- Visualisierung der Planungsstände

Die einzelnen Aspekte werden nachfolgend ausführlicher erläutert und die daraus resultierenden Anforderungen beschrieben.

5.2.1.1 Anwendungskontext

Die Planung der Materialzone erfolgt neben den Produktionsvorbereitungsworkshops auch in parallel zur Phase der Produktionsvorbereitung stattfindenden Abstimmungen zwischen Montage- und Logistikplanung. Neben der eigentlichen Planung der Materialzone und des Layouts ist auch die Definition von geeigneten Ladungsträgern Bestandteil der Diskussion. Gegenstand der weiteren Betrachtung ist jedoch die Planung der eigentlichen Materialzone. Beide Anwendungsfälle gilt es in der weiteren Konzeption zu berücksichtigen. Die aus dem Konzept resultierende Lösung soll beide Workshoparten unterstützen.

5.2.1.2 Intuitive Bedienung

"Natural interaction is defined in terms of experience: people naturally communicate through gestures, expressions, movements, and discover the world by looking around and manipulating physical stuff. "

- Alessandro Valli

Die in den Planungsbereichen zum Einsatz kommenden IT-Systeme sind oftmals nicht hinsichtlich ihrer Benutzerfreundlichkeit optimiert. Eine komplexe Bedienung erschwert und verzögert den gemeinsamen Abstimmungs- und Planungsprozess. Daher wird im Konzept eine intuitive Bedienung berücksichtigt.

Das finale Planungsergebnis soll sukzessive gemeinsam ausgearbeitet werden können, ohne dass es besonderer Tool-Expertise bedarf. Um dies zu erreichen, eignen sich insbesondere Bedienkonzepte mit direkter Interaktion, so genannte Natural User Interfaces (NUI). *„A natural user interface is a user interface designed to reuse of existing skills for interacting directly with content"* (Blake, 2013, S. 2).

Im Gegensatz zur konventionellen Interaktion mit einem Command-Line Interface (CLI) oder Graphical User Interface (GUI), bei denen eine Interaktion meist durch Eingabegeräte wie Tastatur und Maus ausgelöst wird, erfolgt die Interaktion bei NUI meist durch Berührung und gestenbasierte Steuerung[17]. Bei NUI sind Kontext, Inhalt und Interaktion passend aufeinander abgestimmt. Somit wird für den Anwender eine direkte Manipulation des Inhaltes durch die Verwendung von gestenbasierter Steuerung ermöglicht. Um dies zu erreichen, wird eine Multi-Touch-Technologie[18] eingesetzt.

5.2.1.3 Interaktive Planung

Die Planung der Materialzone soll unter Beteiligung der Logistik- und Montageplanung mit Hilfe von IT-Systemen gemeinsam, interaktiv und direkt erfolgen können. Dies bedeutet, dass das Planungsergebnis im Rahmen der gemeinsamen Abstimmungsworkshops von allen Beteiligten unmittelbar und unter Berücksichtigung der jeweiligen Planungsziele beeinflusst werden kann und dass Änderungen in Echtzeit visualisiert sowie von allen Beteiligten bewertet werden können.

Eine interaktive Planung setzt somit ein performantes IT-System voraus, bei dem es nicht durch rechenintensive Operationen zu einer Latenz und somit zu Wartezeiten oder Unterbrechungen im Planungsworkshop kommt. Weiterhin ist für eine interaktive Planung ein Bedienkonzept

---

[17] Buxton, B., Gesture Based Interaction, http://www.billbuxton.com/input14.Gesture.pdf. Aufruf am 24.08.2011

[18] Buxton, B., Multi-Touch Systems that I Have Known and Loved, http://www.billbuxton.com/multitouchOverview.html. Aufruf am 21.07.2016

vorzusehen, welches eine gleichzeitige Bedienung durch mehrere Anwender erlaubt. Somit wird eine Zusammenarbeit aller Anwender ermöglicht.

In der Literatur wird hierbei von Multi-User gesprochen (Schlegel, 2013). Das Bedienkonzept hat nicht nur Auswirkungen für die Gestaltung und Implementierung der Software, sondern erfordert auch den Einsatz einer geeigneten Hardware. Um mit mehreren Anwendern gleichzeitig sinnvoll interagieren zu können, werden zum einen eine entsprechend großflächige Hardware und zum anderen mehrere Touch-Punkte benötigt.

5.2.1.4 Datenverfügbarkeit von planungsrelevanten Daten

Zu Beginn der Workshops zur Planung der Materialzone müssen alle zur Planung benötigten Daten und Informationen zur Verfügung stehen. Hierzu zählen beispielsweise:

- Geometrische Daten: Fabriklayout, Transportsysteme, Ladungsträger, Produkt, sonstige Ressourcen
- Alphanumerische Daten: Stammdaten von Ressourcen, Flächenbedarf, Auslastung von Lagerflächen, Zykluszeiten etc.
- Prozessdaten: Arbeitsvorgänge und Stationsinhalte

Die Daten finden sich in der Praxis in verschiedenen Systemen wieder. Im Rahmen des Konzeptes wird eine integrierte Lösung angestrebt, welche die planungsrelevanten Daten vorhält und somit den Abstimmungsprozess optimal unterstützt. Um dies zu erreichen, werden die benötigten Daten im Vorfeld zusammengetragen und an einer zentralen Stelle abgelegt. Somit kann ein Zugriff auf die Daten durch die Anwendung sichergestellt werden.

5.2.1.5 Visualisierung der Planungsstände

Die Visualisierung der Planungsstände ist für das gemeinsame Verständnis, das Bewerten und Absichern ein essentielles Instrument in der virtuellen Planung. Um die Planer möglichst effizient unterstützen zu können und Planungsfehler frühzeitig präventiv zu vermeiden, ist eine 3D-Visualisierung des Planungsstandes unerlässlich.

Eine synchrone Kombination von 2D- und 3D-Visualisierung in Echtzeit ermöglicht eine interaktive und realistische Darstellung des aktuellen Planungsstands der Materialzone aus verschiedenen Betrachtungsperspektiven. Die beschriebenen Aspekte münden in einem Gesamtkonzept mit einer Vielzahl an Daten aus unterschiedlichen Systemen (siehe Abbildung 59).

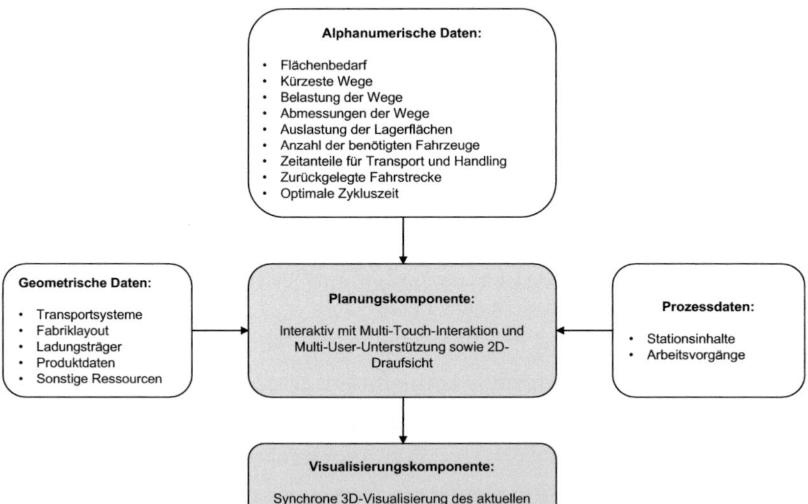

Abbildung 59: Übersicht relevanter Planungsdaten im Gesamtkonzept

Neben den Daten, welche für die Erledigung der Planungsaufgaben relevant sind, besteht die Anwendung im Wesentlichen aus zwei Komponenten:

- Planungskomponente
- Visualisierungskomponente

Die Planungskomponente besteht aus einer Multi-Touch-Applikation, welche von mehreren Anwendern gleichzeitig bedient werden kann. Das Konzept sieht vor, dass die Interaktion durch gestenbasierte Steuerung erfolgt. Zur Planung wird eine Projektion von oben eingesetzt, welche das Fabriklayout und etwaige Ressourcen in einer Draufsicht darstellt.

Durch Interaktionselemente können beispielsweise Ressourcenbibliotheken aufgerufen werden und Ressourcen durch Touch-Gesten in der Planungsszene platziert werden. Zu jeder Ressource sind Meta-Daten verfügbar, welche durch einfache Tap-Gesten vom Anwender aufgerufen werden können. Weitere Gesten ermöglichen ein Bewegen der Elemente in der Planungsszene.

Ein zentrales Steuerelement bildet die Kamerasteuerung. Das Steuerelement kann von den Anwendern ebenfalls mittels Gesten platziert werden. Das Kamerabild wird dann in Echtzeit und synchron zum Steuerelement großflächig mit Hilfe der Visualisierungskomponente dargestellt und spiegelt in dreidimensionaler Darstellung die aktuellen Planungsszene wider. Abbildung 60 veranschaulicht das Konzept mit den einzelnen Komponenten.

Die prototypische Umsetzung des Konzeptes zur intuitiven, interaktiven und kollaborativen Planung der Materialzone ist in Kapitel 6.2 beschrieben.

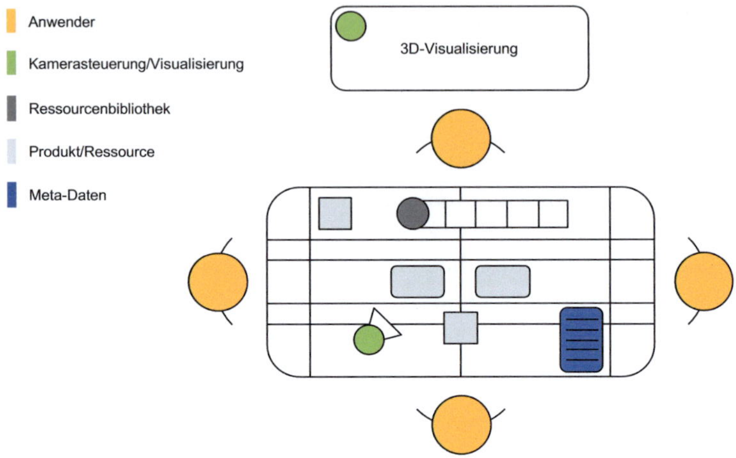

Abbildung 60: Konzept Multi-Touch-Applikation mit 3D-Projektion des Planungsstandes

5.2.2 Papierlose physische Produktionsvorbereitung

Die Analyse in Kapitel 4 verdeutlicht, dass Produktionsvorbereitungsworkshops sowohl in der Vor- und Nachbereitung als auch im Dokumentationsprozess mit hohen Aufwänden verbunden sind.

Die Dokumentation erfolgt größtenteils in Papierform. Die gewonnenen Erkenntnisse im Anschluss an die durchgeführten Workshops in die Planungssysteme zurückzuführen bedeutet eine immense Ressourcenbindung.

Gleichzeitig ist es aufgrund der intensiven Vorbereitungsphase nicht zwingend gegeben, dass zum Zeitpunkt des Workshops die tatsächlich aktuellen Planungsstände vorliegen. Zusätzlich besteht ein weiteres Defizit darin, dass keine planungsbereichsübergreifende Transparenz über die Planungsstände gegeben ist.

Das nachfolgend beschriebene Konzept (siehe Abbildung 61) zur papierlosen physischen Produktionsvorbereitung befasst sich primär mit den identifizierten Handlungsbedarfen im Hinblick auf den Dokumentationsprozess.

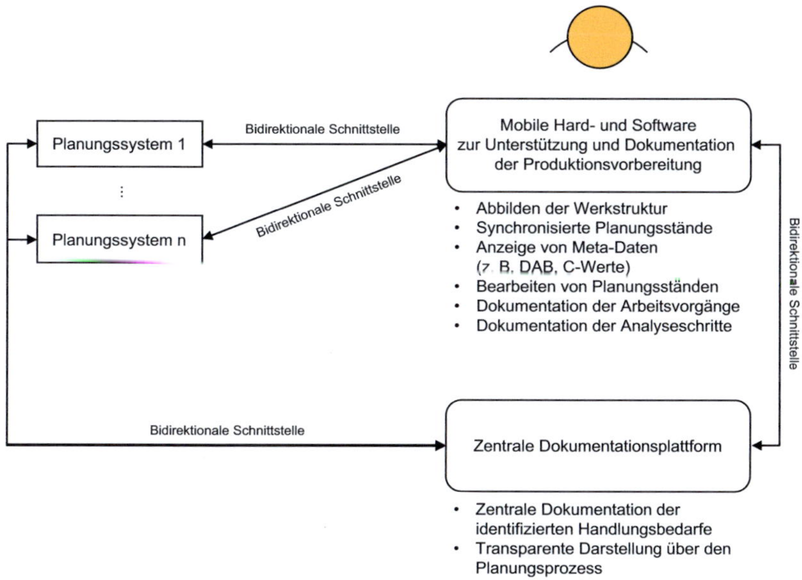

Abbildung 61: Konzept papierlose physische Produktionsvorbereitung

5.2.2.1 Anwendungskontext

Um die physische Produktionsvorbereitung benutzerfreundlich zu unterstützen, ist es notwendig, den Anwendungskontext zu berücksichtigen. Die physische Produktionsvorbereitung befasst sich mit dem realen Aufbau eines Fahrzeugs mit physischen Teilen. Ein Werker führt die geplanten Montagevorgänge aus, die Planer bewerten sie und dokumentieren ihre Erkenntnisse. Der Prozess ist in einem hohen Maße von Agilität und Interaktivität geprägt. Arbeitsschritte werden wiederholt oder erneut leicht modifiziert ausgeführt.

Die Planer nehmen teilweise Positionen innerhalb des Aufbauzustandes des Fahrzeugs ein, um eine optimale Bewertung eines Arbeitsvorgangs durchführen zu können. Aus diesem Grund ist im Konzept eine mobile Hardware vorgesehen, mit der die Planung und Dokumentation für den Anwender komfortabel und in jeder Ausgangslage erfolgen kann. Eine stationäre Hardware ist in diesem Anwendungskontext als nicht geeignet zu bewerten.

5.2.2.2 Datensynchronisation

Die physische Produktionsvorbereitung befasst sich mit realen Teilen. Daher umfassen die Planungsdaten ausschließlich Daten hinsichtlich des Planungsprozesses, wie beispielsweise Werkstruktur, Stationsinhalte, Arbeitsvorgänge und Analyseschritte. 3D-Daten werden vorerst nicht benötigt und werden für das Konzept nicht weiter berücksichtigt.

Die relevanten Daten werden über Schnittstellen aus den Planungssystemen in die mobile Applikation übertragen. Um einen durchgängigen Prozess sicherstellen und diesen vollständig durch IT-Systeme abbilden zu können, ist eine Synchronisation der letztlich erarbeiteten Planungsergebnisse in die Planungssysteme erforderlich. Eine bidirektionale Schnittstelle ermöglicht einen synchronen Planungsstand in Echtzeit.

5.2.2.3 Intuitive Bedienung

Wie in Kapitel 5.2.1 beschrieben ist auch bei der papierlosen physischen Produktionsvorbereitung eine intuitive Bedienung zu berücksichtigen. Der Planer befindet sich in einer beobachtenden Rolle und muss somit in der Lage sein, seine Erkenntnisse effektiv, in kürzester Zeit zu dokumentieren. Auch hierzu eignet sich insbesondere ein Einsatz von NUI mit einer direkten Interaktion.

5.2.2.4 Zentrale Dokumentationsplattform

Eine zentrale Dokumentationsplattform ermöglicht, Handlungsfelder, Planungsergebnisse und Absicherungen planungsbereichsübergreifend zu dokumentieren. Eine Zuordnung zu den verantwortlichen Bereichen bis hin zu verantwortlichen Personen schafft Verbindlichkeit.

Weiterhin wird durch eine solche zentrale Komponente für Transparenz im Prozess gesorgt. Die Dokumentationsplattform ist in die Planungssysteme und die mobile Softwarelösung gleichermaßen zu integrieren, um Informationsverluste und Medienbrüche zu vermeiden.

Die zuvor beschriebenen Aspekte bilden das Gesamtkonzept zur papierlosen physischen Produktionsvorbereitung. Die prototypische Umsetzung im Bereich Mercedes-Benz Cars ist in Kapitel 6.2.2 beschrieben.

6 Prototypische Umsetzung

In diesem Kapitel wird die prototypische Realisierung des in Kapitel 5 vorgestellten Konzeptes zur virtuellen, interdisziplinären Absicherung der Produktion beschrieben. Zum einen erfolgt die praktische Anwendung des Ansatzes zur virtuellen Produktionsvorbereitung, zum anderen wird die Kollaboration und Dokumentation der Produktionsvorbereitung durch die realisierten IT-Systeme (Multi-Touch-Anwendung und mobile Applikation, vgl. Kapitel 6.2.1 und Kapitel 6.2.2) unterstützt.

Um die Konzepte und Methoden zu validieren, wurden zunächst mehre physische Produktionsvorbereitungsworkshops begleitet und ausgewertet, bevor durch die gewonnenen Erfahrungen ein virtueller Produktionsvorbereitungsworkshop realisiert wurde.

6.1 Anwendung des Ansatzes zur virtuellen Produktionsvorbereitung bei Daimler Trucks Aggregate

Die Anwendung des Ansatzes erfolgte im Bereich Daimler Trucks Aggregate, welcher in einem globalen Netzwerk Motoren, Getriebe und Achsen produziert. Neben allen Truck-Baureihen des Daimler-Konzerns werden auch externe Kunden mit den gefertigten Produkten auftragsbezogen bedient. Ein Anspruch von Daimler Trucks Aggregate besteht darin, für jeden Kunden das Produkt in der gewünschten Qualität zeitnah produzieren zu können (Wack, Riegmann, Straßburger, & Günther, 2011). Dies stellt die technische Produktionsplanung vor die Herausforderung, eine Vielzahl von simultanen Planungsprojekten mit hoher Planungsgüte und im vorgesehenen Kostenrahmen abzuwickeln.

Um die Produktionsplanung bestmöglich zu unterstützen, werden frühzeitig Methoden der Digitalen Fabrik und damit verbundene Softwarewerkzeuge eingesetzt. Basierend auf einem ausgearbeiteten Referenzprozess, welcher die digitalen Methoden entlang des Planungsprozesses aufzeigt, kann eine durchgängige, digitale Unterstützung in den Planungsabteilungen der Aggregatewerke aufgebaut werden (Engel, 2010), (Riegmann, 2011).

Vor der Implementierung der digitalen Methoden bestand nur eine geringe Vernetzung der an einer Neuplanung beteiligten Planungsbereiche. Dies führte zu einer Vielzahl von Medienbrüchen zwischen den einzelnen Aktivitäten im Planungsprozess, wodurch u. a. der Datenaustausch erheblich erschwert wurde. Inzwischen sind die digitalen Methoden und Softwarewerkzeuge im Planungsablauf fest integriert und erlauben:

- die Planung auf einem Datensatz entlang des Produktionsplanungsprozesses,
- eine umfassende Abbildung der Planungskomplexität sowie
- den reibungslosen Datenaustausch zu den vor- und nachgelagerten Systemen von Entwicklung und Produktion.

Die digitalen Methoden kommen bei Montage-, Layout- und Logistikplanung zum Einsatz. Sie werden durch eine zentrale Abteilung kontinuierlich weiterentwickelt. Weiterhin stellt diese Abteilung den Serienbetrieb sicher. Die Planungsbereiche führen die Planungsaktivitäten unter Anwendung der Methoden und Verwendung der Softwarewerkzeuge eigenständig durch (Wack, Riegmann, Straßburger, & Günther, 2011).

Abbildung 62: Produktionsvorbereitungsworkshop bei Daimler Trucks Aggregate

Die daraus resultierenden Planungsdaten bilden die Grundlage für eine virtuelle Produktionsvorbereitung. Der entwickelte Workflow greift diese Planungsdaten auf und nutzt sie als Eingangsgrößen.

Die physische Produktionsvorbereitung ist als Teil des Produktionsanlaufs (vgl. Abbildung 44) anzusehen. Im Fokus der Produktionsvorbereitungsworkshops stehen manuelle Montageumfänge. Als Entscheidungsgrundlage dienen physische Prototypen, einzelne Bauteile, Zusammenbauten und die Erkenntnisse aus den durchgeführten Montageprozessen.

Als Kriterien wurden die in Kapitel 3.3 aufgeführten Punkte herangezogen. Die Workshops wurden interdisziplinär unter Beteiligung von Vertretern aus den einzelnen Planungsbereichen sowie der Produktentwicklung durchgeführt. Das Produkt wurde gemäß dem aktuellen Planungsstand und nach den darin definierten Arbeitsvorgängen montiert, die dazugehörigen Prozesse wurden analysiert und bewertet.

6.1.1 Beschreibung des Anwendungsfalls

Betrachtungsgegenstand des Anwendungsfalls war der Zusammenbau des Motors OM457 (vgl. Abbildung 62, Abbildung 63) aus dem Bereich Daimler Trucks Aggregate. Der OM457 sollte zur Kapazitätserweiterung an einem zusätzlichen Standort in Asien gefertigt werden. Die derzeitige Montagelinie hat sich über Jahre hinweg bewährt und bereits einige kontinuierliche Verbesserungsprozesse durchlaufen. Aus diesen Gründen wurde eine möglichst unveränderte Übernahme angestrebt, welche die nachfolgenden Punkte umfasst:

- Grundkonzept der getakteten Fließmontage
- Montageprozesse
- Betriebsmittel
- Ausbringungsmenge/Stückzahl
- Förderkonzept

Das Förderkonzept schließt die induktionsbasierten, fahrerlosen Transportsysteme (FTS) mit ein. Diese sind auf das Produkt zugeschnitten und haben eine feste Verbindung zum Zylindergehäuse des Motors, wodurch der Motor um zwei Achsen rotiert werden kann (Abbildung 64). So kann eine, für den zu bewerkstelligenden Montageumfang, günstige Positionierung des Motors erreicht werden. Auf der gleichen Montagelinie werden verschiedene Varianten des Motors gefertigt. Vorrangig unterscheiden sich diese durch

- unterschiedliche Ölwannen (Volumen und Bauhöhe),
- den Verbau eines Retarders (hydrodynamische Motorbremse),
- einen Nebenantrieb für Zusatzkomponenten.

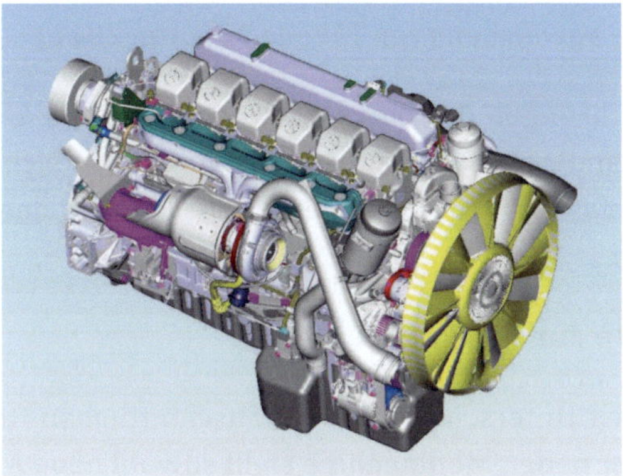

Abbildung 63: Virtuelles Modell des OM457

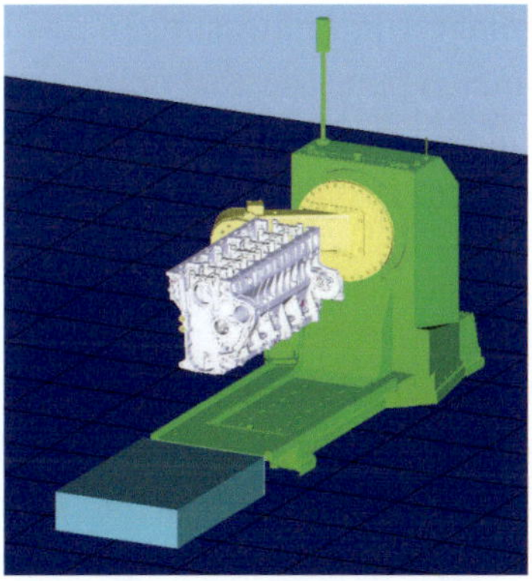

Abbildung 64: Fahrerloses Transportsystem mit Motor

Ein wesentlicher Aspekt, der im Fokus der Montageplanung steht, ist eine ergonomische Montage. Im Anwendungsfall ist dieser Aspekt von besonderem Interesse, da die anthropometrischen Daten der Werker in der Zielumgebung deutlich von den Daten der Werker in der aktuellen Montagelinie abweichen (vgl. Tabelle 9) (Otto, 2011).

Aus den Erfahrungen der derzeitigen Montagelinie, den Erkenntnissen und den veränderten Rahmenbedingungen ließen sich die nachfolgend zusammengefassten Auswirkungen auf die Planung der neuen Montagelinie ableiten.

Körpergröße der Werker

Die deutlichen Unterschiede der durchschnittlichen Körpergrößen der Werker in der neuen Montagelinie stellt sowohl neue Anforderungen an die ergonomische Bewertung und Optimierung der Montage als auch an die Ausführbarkeit der einzelnen Montageschritte.

Da das Förderkonzept übernommen werden sollte, waren die Dimensionen des FTS festgelegt. Die Abmessungen des Produktes waren ebenfalls als gegeben anzusehen. Die Sicherstellung der Zugänglichkeiten während der Montage – insbesondere bei bestehenden Höhen- und Überkopfmontagen – ist ein wesentlicher Aspekt.

Qualität

Neben einer hohen Mitarbeiterfluktuation besteht in Asien kulturell bedingt ein anderes Qualitätsbewusstsein. Dies führt dazu, dass regelmäßig neue Werker die Montage ausführen und somit nicht über die Expertise und Routine verfügen, wie es bei langjährigen und erfahrenen Mitarbeitern der Fall ist. Um dennoch den Anspruch an die Qualität sicherstellen zu können, ist es erforderlich, die Prozesssicherheit zu optimieren und die erzielte Qualität eines jeden Montagevorgangs in angepasster Frequenz zu überprüfen. Fehler und Qualitätseinbußen müssen frühzeitig festgestellt und eliminiert werden können.

Um dies zu gewährleisten, wurden zusätzliche Stationen zur Qualitätsprüfung notwendig. Weiterhin wurden die Umfänge von Vormontagen erhöht und häufiger ein Stations-Kitting angewandt. Dies führte zu vielen Fällen mit Vorkommissionierung, wodurch Änderungen am Logistikkonzept notwendig wurden.

Variantenvielfalt

Eine Variantenvielfalt war auf der neuen Montagelinie nicht vorgesehen. Es werden lediglich zwei Varianten des Motors gefertigt. Dies reduziert den Teilebedarf sowie die Teilemenge und führt zu entsprechenden Auswirkungen für die Logistikplanung.

Stückzahl

Die Stückzahl sollte für die neue Montagelinie gesteigert werden. Neben den zusätzlichen Stationen zur Qualitätssicherung führt dies insgesamt zu einer geringeren Taktzeit.

Tabelle 10 fasst die Eckdaten der Montagelinien nochmals zusammen.

	Körpergröße Männer (cm)	Körpergröße Frauen (cm)	Körpergewicht Männer (kg)	Körpergewicht Frauen (kg)
Chinesisch 17 J. [19] städtisch (2002)	170,2	158,6	58,7	51,9
Chinesisch 17 J. [20] ländlich (2002)	166,3	157,0	54,9	51,2
Deutsch 18-20 J. [21] Durchschnitt (2005)	181,0	167,0	73,9	60,5
Deutsch 18-25 J. [22] 5. Perzentil (2004)	168,5	156,0	59,5	49,0
Deutsch 18-25 J. [23] 50. Perzentil (2004)	179,0	166,0	72,5	60,0
Deutsch 18-25 J. [24] 95. Perzentil (2004)	191,0	176,0	95,0	78,5

Tabelle 9: Anthropometrische Daten der deutschen und asiatischen Bevölkerung nach (Otto, 2011)

---

[19] entnommen aus (Yang, et al., 2005)

[20] entnommen aus (Yang, et al., 2005)

[21] entnommen aus Statistisches Bundesamt Deutschland - Tabellenanhang zur Pressebroschüre Leben in Deutschland: Haushalte, Familien und Gesundheit - Ergebnisse des Mikrozensus 2005, http://www.destatis.de/jetspeed/portal/cms/Sites/destatis/Internet/DE/Content/Publikationen/Fachveroeffentlichungen/Bevoelkerung/LebenDeutschland2005Tab,property=file.pdf. Aufruf am 01.02.2011

[22] entnommen aus (Jürgens, 2004)

[23] entnommen aus (Jürgens, 2004)

[24] entnommen aus (Jürgens, 2004)

	Bestehende Montagelinie	Neue Montagelinie
Produkt	Wird leicht modifiziert	
Varianten	Mehrere	Zwei
Prozesse	Übernahme von möglichst vielen Montageprozessen	
Förderkonzept	Fahrerloses Transportsystem (FTS)	
Stückzahl	Höhere Stückzahl auf der neuen Montagelinie	
Taktzeit	7 Minuten	5 Minuten
Anzahl Stationen	14	> 30
Ressourcen	Weitestgehende Übernahme, geringe Anzahl an automatisierten Stationen	
Sonstiges	-	Zusätzliche Qualitätsstationen und mehr Vormontagen

Tabelle 10: Randdaten der Montagelinien

6.1.2 Festlegung des zu betrachtenden Umfangs

Im Rahmen der vorausgehenden physischen Produktionsvorbereitung wurden zusammen mit der Montageplanung insgesamt drei Montageumfänge identifiziert, die insbesondere aufgrund der gegebenen Rahmenbedingungen der neuen Montagelinie, der Ergonomie oder des Qualitätsanspruchs von besonderem Interesse sind:

- Montage der Ölwanne
- Montage der Zylinderkopfhauben
- Einstellen des Ventilspiels

Die physische Produktionsvorbereitung wurde im Rahmen der Arbeit begleitet. Die nachfolgenden Ausführungen beleuchten die identifizierten Montageumfänge unter Berücksichtigung der Erkenntnisse aus der physischen Produktionsvorbereitung und speziell ihrer Besonderheiten (Otto, 2011).

Montage der Ölwanne

Vor der eigentlichen Montage der Ölwanne müssen diverse Arbeitsschritte ausgeführt werden. Neben einer Dichtung, welche eingesetzt werden muss, werden Führungsstifte, Ventile und einige Kunststoffschläuche montiert. Die Ölwanne selbst besteht aus einem Stück und hat ein Gesamtgewicht von ca. 14 kg. Da für die Montage der Ölwanne in der Station keine Hilfsmittel zum Anheben eingesetzt wurden, war bei diesem Montageumfang der Einsatz von zwei Werkern notwendig (vgl. Abbildung 65).

Abbildung 65: Montage der Ölwanne

Die Montage der Ölwanne erfolgt bei einer Drehung des Motors. Die Drehung des Motors kann über das FTS gesteuert werden. Im Rahmen der Produktionsvorbereitung wurde die Montage der Ölwanne in verschiedenen Rotationspositionen des Motors vorgenommen, um den optimalen Zustand für die neue Montagelinie zu ermitteln:

- Drehung des Motors um 180°
- Drehung des Motors um 135° - 150°

Bei der Drehung des Motors um 180° gestaltete sich eine ergonomische Montage aufgrund der geringeren Körpergröße des Werkers als sehr schwierig – insbesondere, da ein Auftritt des Werkers auf das FTS aus Gründen der Unfallsicherheit nicht vorgesehen ist (siehe Abbildung 66).

Eine Montage der Ölwanne mit einer Drehung des FTS im Bereich zwischen 135° und 150° ergab eine deutlich einfachere Montage und wurde als ergonomischer eingestuft (Otto, 2011).

Abbildung 66: Montage der Ölwanne mit unterschiedlichen Positionen des Motors (Otto, 2011)

Einstellung des Ventilspiels

Das Einstellen des Ventilspiels der Ein- und Auslassventile erfolgt mit Hilfe einer Messlehre und bei einer Drehung des Motors. Für den Arbeitsschritt werden beide Hände des Werkers eingesetzt. Mit einer Hand wird die Verschraubung befestigt, mit der anderen Hand wird die Messlehre zur Messung des korrekten Ventilspiels betätigt (vgl. Abbildung 67).

Abbildung 67: Einstellung des Ventilspiels

Das haptische Feedback gibt dem Werker Auskunft über eine korrekte Justage des Ventilspiels. Auch in diesem Fall zeigte sich eine Montage bei einer Drehung des Motors auf der Position 0° als nicht ergonomisch. Durch eine Drehung des Motors um 45° konnte eine angemessene Arbeitshöhe und somit eine bessere Ergonomie festgestellt werden (Otto, 2011).

Montage der Zylinderkopfhauben

Die Zylinderkopfhauben befinden sich an höchster Position des Motors. Die Montage der Zylinderkopfhauben ist insbesondere aufgrund der Arbeitshöhe ein kritischer Arbeitsschritt. Die Verschraubung erfolgt in zwei Stufen:

- Vorverschraubung mit einem Druckluftschrauber
- Festverschraubung

Auch in diesem Fall führten die Rahmenbedingungen der neuen Montagelinie dazu, dass eine Verschraubung der Zylinderkopfhauben bei einer Drehung des Motors um 45° als ergonomisch deutlich günstiger zu bewerten war als bei einer Drehung um 0° (Abbildung 68), (Otto, 2011).

Abbildung 68: Montage der Zylinderkopfhauben (Otto, 2011)

6.1.3 Anwendung des Workflows zur virtuellen Produktionsvorbereitung

Die im vorangegangenen Kapitel ausführlich beschriebenen und als besonders absicherungsrelevant identifizierten Montageumfänge bilden die Grundlage für die Anwendung des im konzeptionellen Teil dieser Arbeit vorgestellten Workflows zur virtuellen Produktionsvorbereitung. Nachfolgend werden die einzelnen Schritte durchlaufen und beschrieben.

6.1.3.1 Differenzbetrachtung

Mit Hilfe der Differenzbetrachtung wird dem Planer ermöglicht, den Aufbauzustand des Produktes zu vergleichen und Unterschiede durch eine farbliche Hervorhebung zu visualisieren. Im Anwendungsfall wurde die Differenzbetrachtung zum einen dazu genutzt, die Aufbauzustände der jeweiligen Stationen der bestehenden und neuen Montagelinie zu vergleichen. Zum anderen wurde die Methode dazu verwendet, Unterschiede und Veränderungen am Produkt zu prüfen und auf eine effiziente Art kenntlich zu machen.

Der Vergleich zweier Aufbauzustände gibt weiterhin Aufschluss darüber, welche Arbeitsinhalte sich innerhalb einer Station – nicht nur grundlegend – unterscheiden. Im Anwendungsfall half die stationsweise Visualisierung dabei, unterschiedliche Arbeitsinhalte der Stationen infolge einer vorgenommenen Austaktung oder infolge von Planungsänderungen zu visualisieren. Abbildung 69 und Abbildung 70 veranschaulichen die Differenzbetrachtung anhand zweier Aufbauzustände im Vergleich.

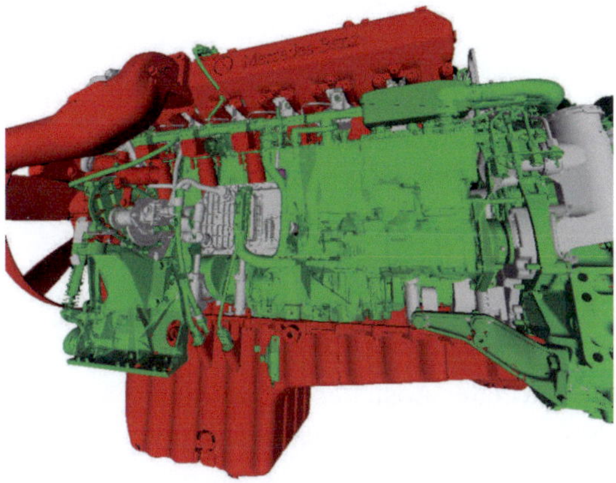

Abbildung 69: Seitenansicht einer Differenzbetrachtung zweier Aufbauzustände

Abbildung 70: Frontalansicht einer Differenzbetrachtung zweier Aufbauzustände

6.1.3.2 Analyse der Arbeitsvorgänge

Zur Analyse der Arbeitsvorgänge fand die in Kapitel 5.1.2 erläuterte und in Abbildung 53 dargestellte Methode Anwendung. Insgesamt wurden bei der Methode fünf aufeinanderfolgende Schritte durchlaufen:

- Identifikation der Tätigkeit
- Klassifikation nach Kategorien basierend auf den Normen DIN 8580 ff. sowie DIN EN 1005-5
- Identifikation der Absicherungsziele
- Definition der Absicherungsmethoden
- Ableiten der Anforderungen an das Simulationsmodell

Als grundlegender Eingangsparameter diente eine vollständige Liste aller Arbeitsvorgänge des aktuellen Planungsstandes. Der Planungstand ist typischerweise schon einer Austaktung durch die Montageplanung unterzogen worden. Jeder darin enthaltene einzelne Arbeitsvorgang ist einer Station zugeordnet, an der die Arbeit verrichtet wird.

Die Liste der Arbeitsvorgänge ist ein zentrales Element und dient auch anderen beteiligten Bereichen als Grundlage für die weitere Planung. Als Beispiele seien die Produktentwicklung mit dem Themenfeld produktionsgerechte Produktgestaltung sowie die Logistikplanung mit der Thematik Materialbereitstellung genannt (Wack, Otto, Manns, & Straßburger, 2011).

Im Anwendungsfall betrug die Gesamtanzahl der einzelnen Arbeitsvorgänge insgesamt ca. 500. Tabelle 11 zeigt einen Auszug der Gesamtliste für den Umfang innerhalb einer Station.

Station	Nr.	Montagevorgang
7	1	Drehtisch **absenken**
7	2	Materialablage **aushängen**
7	3	O-Ringe **montieren**
7	4	Stahlringe **montieren**
7	5	Laufbuchsen **bereitstellen**
7	6	Einführhilfe **auflegen**
7	7	Buchsen **einsetzen**
7	8	Motor **drehen**
7	9	Motor von Drehtisch **schieben**
7	10	Motor **drehen**
7	11	Drehtisch **anheben**
7	12	6 Laufbuchsen in Zylinderkurbelgehäuse **eindrücken**
7	13	Motor auf Andockwagen **schieben**
7	14	Andockwagen **lösen**
7	15	Stütze links an Zylinderkurbelgehäuse und Steuergehäuse **montieren**
7	16	Stütze rechts an Zylinderkurbelgehäuse und Steuergehäuse **montieren**
7	17	Lagerbockschrauben mit Stift **markieren**
7	18	Halter für Druckleitung **festziehen**
7	19	Einspritzdruckleitungen Serienmotor **montieren**
7	20	Steuergerät **aufsetzen**

Tabelle 11: Auszug aus der Arbeitsvorgangsliste

Im ersten Schritt der Methode wurde die Tätigkeit des einzelnen Arbeitsvorgangs identifiziert. Dies ist im dargestellten Auszug aus Tabelle 11 bereits erfolgt und jeweils fett hervorgehoben. In der praktischen Anwendung musste die Liste der Arbeitsvorgänge manuell vorverarbeitet werden.

Dies war aus semantischen Gründen notwendig, da die Beschreibungen der Arbeitsvorgänge nicht standardisiert waren, fachliche Akronyme benutzt und unterschiedliche Terminologien für die gleiche Tätigkeit verwendet wurden. Durch die manuelle Verarbeitung der Liste konnte die Anzahl der unterschiedlichen Tätigkeiten von 81 auf insgesamt 52 reduziert werden.

Im zweiten Schritt der Methode wurden die identifizierten Tätigkeiten mit Hilfe der Normen DIN 8580 ff. sowie DIN EN 1005-5 klassifiziert. Die Normen bilden eine strukturierte Möglichkeit, die Tätigkeiten zu kategorisieren. Insgesamt resultierten zusammenfassend folgende Arten von Kategorien:

- 15 wertschöpfende Kategorien
- sechs Kategorien für das Materialhandling
- zwei Hilfskategorien für Tätigkeiten wie beispielsweise das Prüfen und das Dokumentieren

Durch die vorgenommene Klassifizierung kann unter Berücksichtigung der Häufigkeit des Auftretens einer Tätigkeit eine Übersicht über die Gesamtverteilung einzelner Tätigkeiten für die komplette Montagelinie erfolgen. Die Ergebnisse der Analyse der Tätigkeiten und ihre Klassifizierung im betrachteten Anwendungsfall sind in Abbildung 72 dargestellt.

Die Abbildung zeigt eine charakteristische Darstellung für eine Montagelinie mit einem hohen Anteil an manuellen Montagevorgängen. Wie sich daraus erkennen lässt, ist ein Großteil der Vorgänge durch die Kategorien „Ineinanderschieben" und „Verschrauben" abbildbar. In Summe überwiegen diese Kategorien mit je 90 Tätigkeiten. Weitere wertschöpfende Vorgänge der übergeordneten Kategorie „Fügen" belaufen sich auf 35. Die Vorgänge in der Kategorie Materialhandling umfassen insgesamt 233 Vorgänge. Hilfskategorien, wie „Prüfen" und „Dokumentieren", beinhalten weitere 26 Vorgänge. Die verbleibenden Vorgänge verteilen sich auf die übrigen Kategorien.

Im dritten Schritt der Methode wurden ausgehend von den Kategorien und den Sichten der einzelnen Planungsbereiche die jeweiligen Absicherungsziele definiert. Die Absicht ist es, die Absicherungsziele interdisziplinär zu ermitteln. Die Anwendung des Methodenschrittes erfolgte beispielhaft anhand des folgenden Arbeitsvorgangs:

„Halter für Druckleitung ***festziehen"***

Die identifizierte Tätigkeit „Festziehen" wurde nach DIN 8580 ff. in die Untergruppe „Schrauben" eingeordnet, welche der Hauptgruppe „Fügen" zugehörig ist (vgl. Abbildung 71).

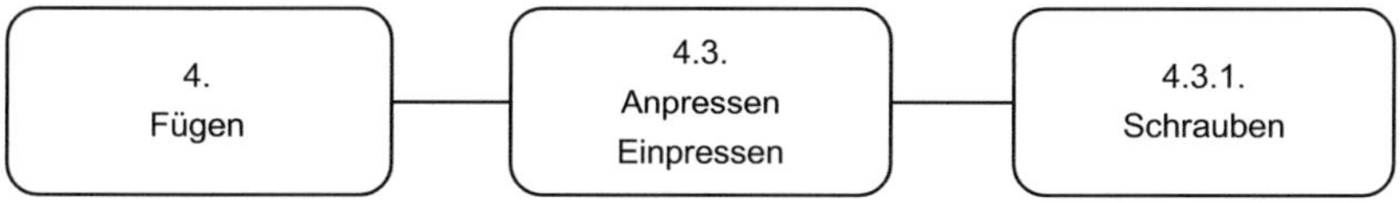

Abbildung 71: Einordnung von „Festziehen" in die Kategorien nach DIN 8580 ff.

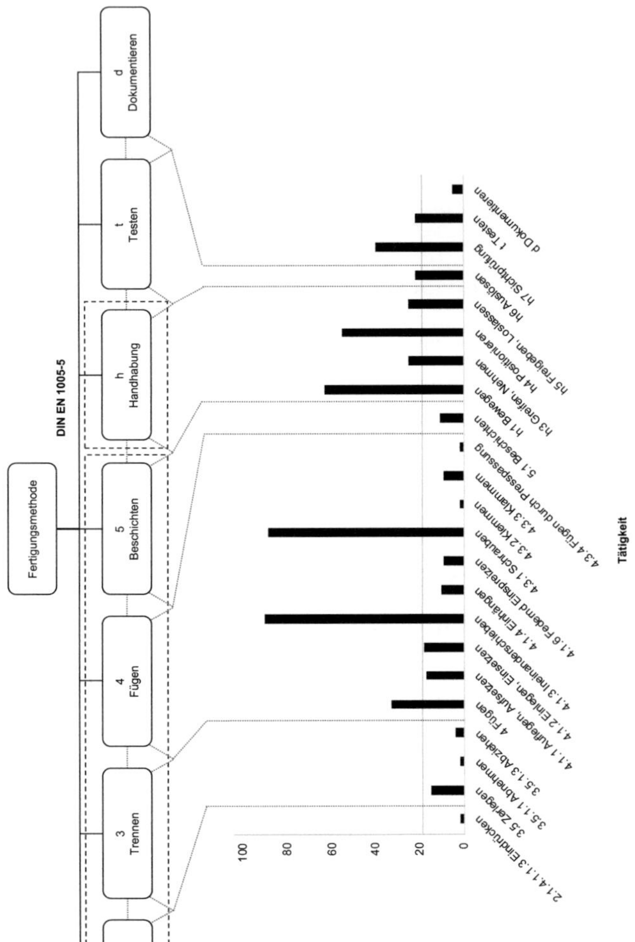

Abbildung 72: Klassifizierung der Arbeitsvorgänge nach Kategorie und Häufigkeit (Wack, Otto, Manns, & Straßburger, 2011)

Die relevanten Absicherungsziele für die beteiligten Planungsbereiche für die Kategorie „Schrauben" können der nachfolgenden Auflistung entnommen werden. Die Auflistung erhebt keinen Anspruch auf Vollständigkeit.

Montageplanung

- Sicherstellen des Schraubenabgriffs
- Sicherstellen effizienter Laufwege und einfachen Zugangs für den Werker
- Sicherstellen einer ergonomischen Montage
- Sicherstellen der Verfügbarkeit benötigter Werkzeuge
- Reduktion von Sonderwerkzeugen
- Vermeidung bzw. Optimierung von Werkzeugwechsel

Logistikplanung

- Absicherung der Materialbereitstellung
- Auswahl und Optimierung der Ladungsträger
- Sicherstellen der Anlieferung benötigter Schraubentypen

Produktentwicklung

- Definition und Absicherung der Schraubentypen
- Definition und Absicherung des Drehmoments
- Sicherstellen der Kollisionsfreiheit

Die aufgelisteten Ziele der jeweiligen Planungsbereiche gilt es durch geeignete Methoden virtuell abzusichern. Hierfür wurde im nächsten Schritt eine Zuordnung von Absicherungsziel zu geeigneter Absicherungsmethode vorgenommen.

Für eine Absicherung der Kategorie „Schrauben“ sind somit im nächsten Schritt der Methode die Absicherungsmethoden zu verknüpfen, welche in der Lage sind, die Absicherungsziele der einzelnen Planungsbereiche sicherzustellen. Abbildung 73 veranschaulicht die Verknüpfung von Absicherungsmethode zu Absicherungsziel.

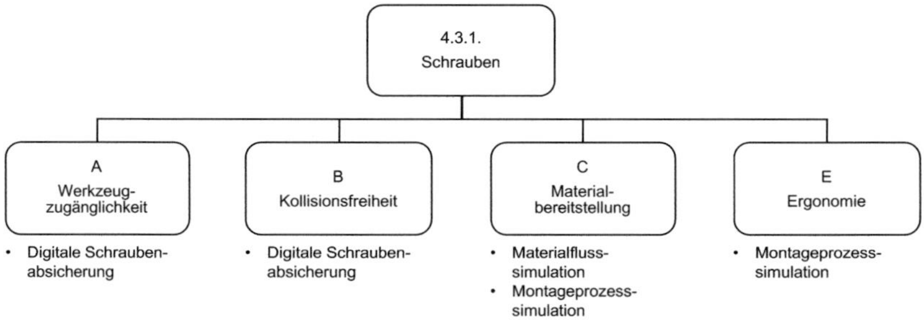

Abbildung 73: Verknüpfen von Absicherungszielen und Absicherungsmethode

Im letzten Schritt der vorgestellten Anwendung der Methode „Analyse der Arbeitsvorgänge“ wurde ausgehend von den verknüpften Absicherungsmethoden die Anforderungen zum Ausführen der jeweiligen Absicherungsmethode abgeleitet. Diese variierten je nach Detaillierungsgrad und Umfang des Absicherungsziels; sie beruhen auf einer Vielzahl von verschiedenen Inputdaten. In den meisten Fällen sind Daten von Produkt, Prozess und Ressource zu berücksichtigen.

Für die in Abbildung 73 dargestellten und zuvor ermittelten Absicherungsmethoden wurden die folgenden Eingangsparameter zum Durchführen der Absicherungsmethoden benötigt:

Digitale Schraubenabsicherung

- Detailliertes CAD-Modell des Produktes, der Werkzeuge und der Ressourcen
- Toleranzen
- Kinematik

Materialflusssimulation

- Prozessinformationen
- Liste der Arbeitsvorgänge
- 2D/3D-Geometrie der Linie, des Produktes und der Fabrik

Montageprozesssimulation

- Prozessinformationen
- Liste der Arbeitsvorgänge
- Größe der Lagerflächen
- Taktzeit

Die benötigten Eingangsparameter sind in der Verantwortung von verschiedenen Planungsbereichen und sind das Resultat vorgelagerter Planungsprozesse, für die unterschiedliche IT-Systeme zum Einsatz kommen. Daher ist die Datenaufbereitung und -beschaffung ein wesentlicher Aspekt für die praktische Anwendung von virtuellen Absicherungsmethoden.

Abbildung 74 stellt den Gesamtablauf der Methode „Analyse der Arbeitsvorgänge" nochmals zusammenfassend dar.

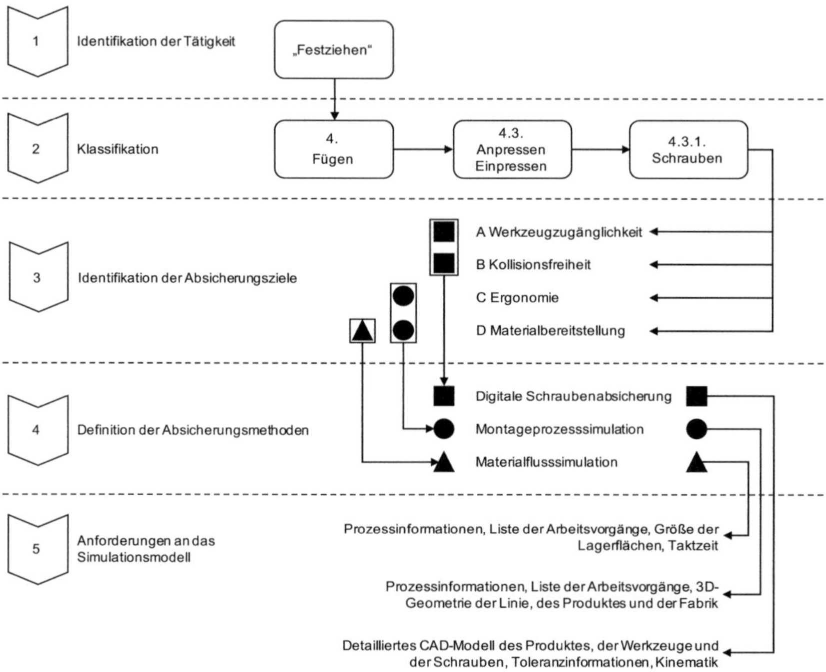

Abbildung 74: Anwendungsbeispiel für die Methode „Analyse der Arbeitsvorgänge" (Wack, Riegmann, Straßburger, & Günther, 2011)

6.1.3.3 Datenaufbereitung und -beschaffung

Die prototypische Umsetzung erfolgte mit Hilfe der bei der Daimler AG im Bereich Truck Aggregate vorhandenen IT-Infrastruktur. Im Anwendungsumfeld wurden Softwarewerkzeuge von Siemens PLM eingesetzt. Dazu gehörten u. a. die Tools Process Designer und Process Simulate aus der Tecnomatix-Suite (Otto, 2011).

Produktdaten

Die 3D-Produktdaten wurden in der Produktentwicklung mit Hilfe des CAD-Werkzeuges CATIA erstellt und im internen PDM-System SMARAGD abgelegt. Von dort konnten die Daten in verschiedenen Varianten abgerufen werden. Für die weitere Verarbeitung in Tecnomatix wurden die 3D-Produktdaten im Format Jupiter Tesselation (JT) verwendet. Ergänzend zu den Produktdaten wurden über das Format PML XML Strukturinformationen ausgetauscht (Otto, 2011).

Prozessdaten

Die Prozessdaten wurden der Arbeitsvorgangsliste (vgl. Tabelle 11) entnommen und in den Process Designer übertragen. Die Arbeitsvorgangsliste enthält die Verbaureihenfolge. Mit Hilfe des Process Designers wurden anschließend Stationen und Arbeitsvorgänge mit den dazugehörigen Montagezeiten angelegt. Weiterhin erfolgte eine Zuordnung von Bauteilen und Ressourcen. Anschließend konnte eine Austaktung vorgenommen werden (Otto, 2011).

Ressourcendaten

Die 3D-Daten der einzelnen Ressourcen mussten für die weitere Verarbeitung in Tecnomatix analog zu den 3D-Geometrien der Produktdaten im JT-Format vorliegen. Zu den Ressourcendaten gehörten im Anwendungsfall:

- Werker
- Fördermittel
- Einrichtungsgegenstände
- Werkzeuge

Üblicherweise ist das Fabriklayout auch als Ressource anzusehen. Im Rahmen des Anwendungsfalls war dieses jedoch nicht verfügbar. Es wurde daher auf ein standardisiertes Raster zurückgegriffen. Das Softwarewerkzeug Tecnomatix bietet die Verwendung von virtuellen Menschmodellen, welche entsprechend parametrisiert werden können.

Das der Planung zu Grunde liegende Fördermittel FTS wurde gesondert importiert und um die notwendige Kinematik angereichert. Benötigte Einrichtungsgegenstände konnten einer vorhandenen Ressourcenbibliothek entnommen werden. Diverse Sonderwerkzeuge, welche nicht standardisiert waren, wurden im Rahmen der prototypischen Umsetzung konstruiert und in Tecnomatix übertragen (Otto, 2011).

6.1.3.4 Vorbereitung und Simulationsmodellerstellung

Die Erstellung der Simulationsmodelle erfolgte im Rahmen einer Diplomarbeit, welche in (Otto, 2011) ausführlich beschrieben ist. Zur Erstellung der Simulationsmodelle und zur Absicherung der zu betrachteten Umfänge wurden die im vorangegangenen Schritt aufbereiteten Daten verwendet. Insgesamt wurden drei Montageprozesssimulationen erstellt:

- Montage der Ölwanne
- Montage der Zylinderkopfhauben
- Einstellen des Ventilspiels

Das aus der physischen Produktionsvorbereitung gewonnene Fachwissen bezüglich Montageprozess und der dazugehörigen Abläufe war für die Erstellung der Simulationsmodelle von entscheidender Bedeutung. Für die zu betrachteten Umfänge war es notwendig, die exakten Aufbauzustände darstellen zu können. Dazu wurde jeweils das Gesamtmodell des Produktes herangezogen und die Bauteile ausgeblendet, welche zur

Darstellung nicht benötigt wurden. Weiterhin wurden die durch die Montageumfänge benötigten Bauteile in die Simulation eingebunden.

Das Produkt wurde im Rahmen der Simulation der Montagevorgänge sukzessive angereichert. Für alle Simulationen wurden durchschnittliche, anthropometrische Daten für asiatische Werker verwendet.

Das eingesetzte Menschmodell bestand aus den folgenden Parametern (siehe Abbildung 75), (Otto, 2011):

- männlich
- 170 cm groß
- 60 kg schwer

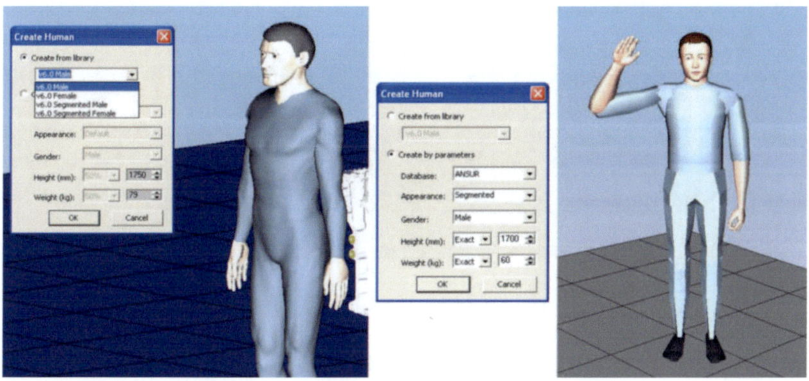

Abbildung 75: Virtuelle Menschmodelle in Tecnomatix (Otto, 2011)

Montage der Ölwanne

Die Ölwanne wurde auf einem Beistelltisch bereitgestellt. Zur Montage wurden zwei Werker benötigt, welche die Ölwanne ohne Hilfsmittel vom

Bereitstellungstisch zum Motor tragen. Anschließend wurde die Ölwanne über das Öl-Ansaugrohr gehoben und auf dem Motor in Zielposition abgesetzt.

In der Simulation wurde der Vorgang mit Hilfe einer Objektflussoperation gesteuert. Der daraus entstandene Objektfluss ist ein Teil einer *Compound Operation,* welcher mit anderen Operationen kombiniert und überlagert werden kann. Dazu gehört auch die Kombination mit den Bewegungsabläufen der Menschmodelle.

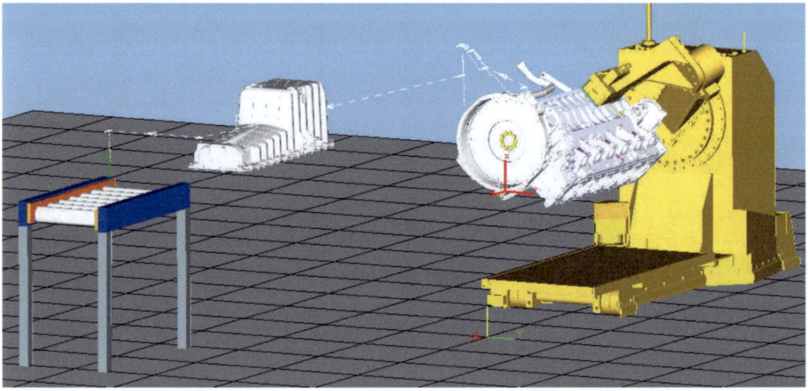

Abbildung 76: Objektfluss der Ölwanne (Otto, 2011)

Der Bewegungsablauf der Menschmodelle musste jedoch aufgrund technischer Restriktionen manuell optimiert werden. So war es möglich die beiden Varianten der Ölwannenmontage in einer Montageprozesssimulation abzubilden. Abbildung 77 zeigt die Montage der Ölwanne bei einer Motorposition von 180°.

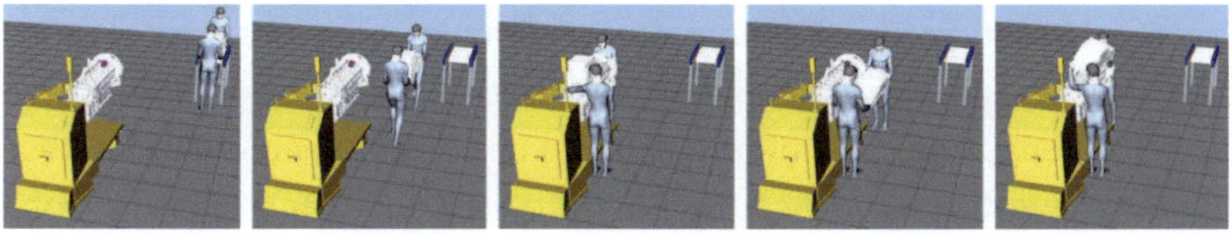

Abbildung 77: Aufsetzen der Ölwanne auf den Motor (180°) (Otto, 2011)

Die Montage der Ölwanne bei 135° wurde ebenfalls mittels einer Montageprozesssimulation abgebildet. Dies war erforderlich, um eine Bewertung der Ergonomie im Vergleich der beiden Montagepositionen zu ermöglichen.

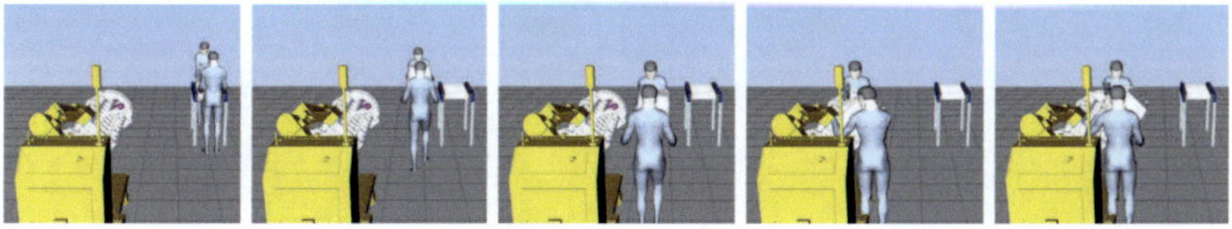

Abbildung 78: Aufsetzen der Ölwanne auf den Motor (45°) (Otto, 2011)

Montage der Zylinderkopfhauben

Die Zylinderkopfhauben wurden im vorherigen Arbeitsvorgang auf die Zylinderköpfe aufgesetzt. Dieser Vorgang war nicht Gegenstand der Betrachtung. Vielmehr wurde die Befestigung der Zylinderkopfhauben mit Hilfe eines Druckluftschraubers durch die Simulation abgesichert.

Die Befestigung der Zylinderkopfhauben erfolgte durch jeweils zwei Verschraubungen an der linken und an der rechten Seite. Vorgesehen war eine Vorverschraubung, bevor die eigentliche Festverschraubung durchgeführt wurde. Ein Umsetzen des Werkzeugs zwischen den beiden Verschraubungen war somit erforderlich.

Um das Umsetzen mit Tecnomatix im Simulationsmodell zu ermöglichen, wurde mit *Place Object* gearbeitet. Dadurch werden der Objektfluss des Werkzeugs und die Laufoperationen des Werkers aufeinander abgestimmt sowie die benötigten *Human Events* automatisiert erzeugt. Abbildung 79 veranschaulicht das Vorgehen.

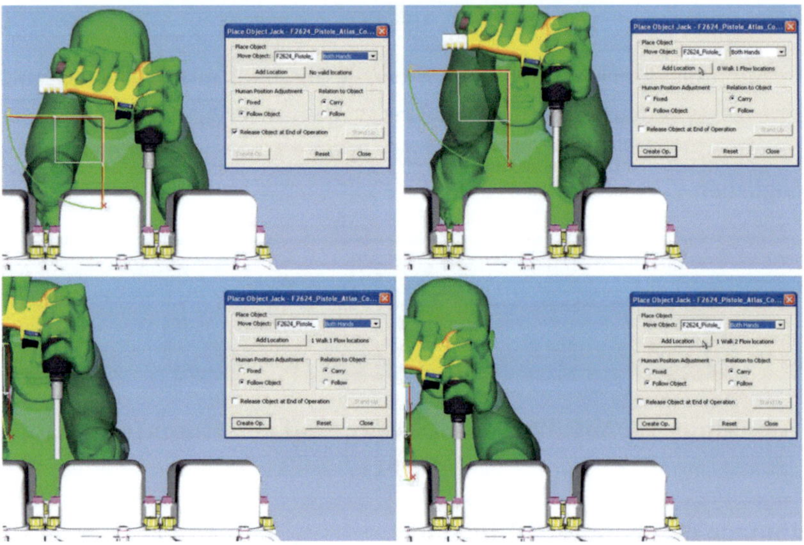

Abbildung 79: Umsetzen des Schlagschraubers (Otto, 2011)

Der gesamte Montageprozess bestand durch die Vorverschraubung, das Festverschrauben und den Wechsel der Werkzeugposition aus einer Vielzahl von einzelnen Operationen. Auch wenn sich die Abläufe wiederholen, führt dies zu einem umfangreichen Gesamtprozessablauf für die Montageprozesssimulation (siehe Abbildung 80).

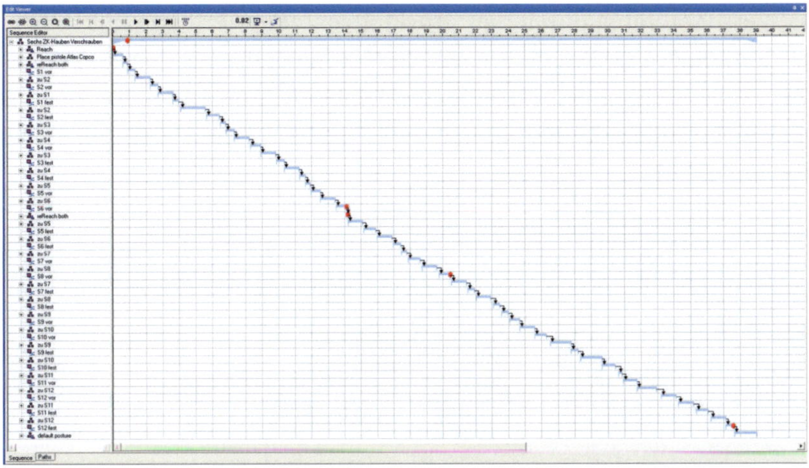

Abbildung 80: Gantt Chart der Montage der Zylinderkopfhauben (Otto, 2011)

Das Vorverschrauben und das Festverschrauben wurde mit einer Objektflussoperation umgesetzt. Der Objektfluss für das Vorverschrauben beträgt 10 mm und für die Festverschraubung 5 mm.

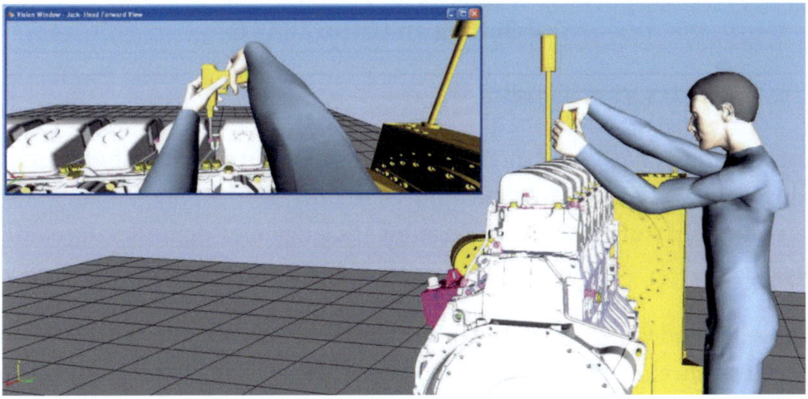

Abbildung 81: Verschrauben der Zylinderkopfhauben (Otto, 2011)

Die Verschraubung durch den Druckluftschrauber erfolgte mit Hilfe einer Verlängerung. Dadurch stieg die Montagehöhe für den Werker an. Für die Bewertung der Ergonomie erfolgte die Simulation der Montage in zwei Varianten der Motorposition: 0° und 45° (vgl. Abbildung 82 und Abbildung 83).

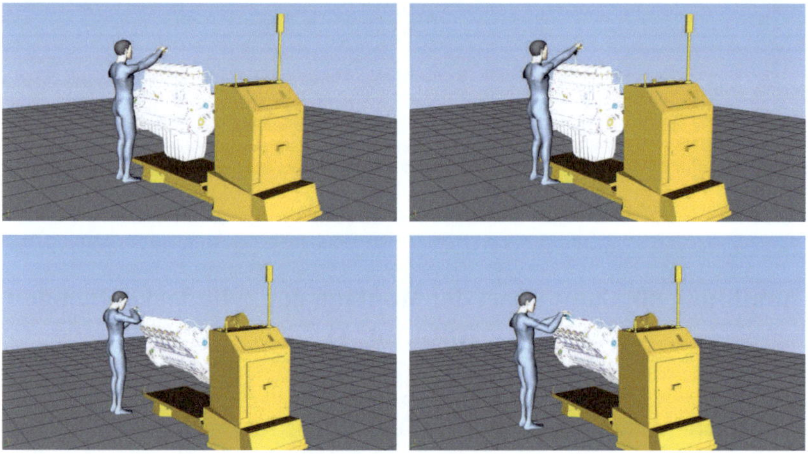

Abbildung 82: Montage der Zylinderkopfhauben 0° und 45° in Anlehnung an (Otto, 2011)

Einstellen des Ventilspiels

Das Einstellen des Ventilspiels (Abbildung 83) wurde mit einem Sonderwerkzeug und einer Messlehre durchgeführt. Der Montageablauf startete mit dem Aufsetzen des Schraubwerkzeugs und dem Platzieren der Messlehre.

Anschließend wurde die Verschraubung des Ventilspiels angezogen und die Messlehre mehrmals vor- und zurückbewegt. Gleichzeitig wurde die Verschraubung weiter angezogen oder gelockert, bis das gewünschte Ventilspiel erreicht war.

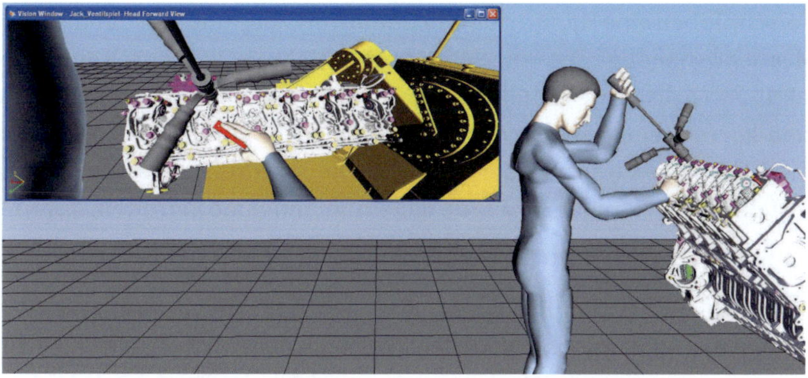

Abbildung 83: Einstellen des Ventilspiels (Otto, 2011)

Da das Ventilspiel für jedes Ein- und Auslassventil eingestellt werden musste, wurde das Schraubwerkzeug nach einem abgeschlossenen Vorgang auf der nächsten Verschraubung positioniert und der oben beschriebene Ablauf wiederholt. Abbildung 84 zeigt die Abläufe in einem Gantt Chart.

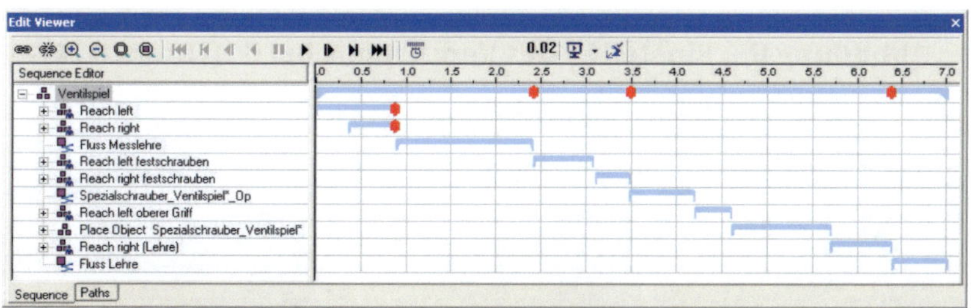

Abbildung 84: Ablauf für das Einstellen des Ventilspiels (Otto, 2011)

Um diesen Ablauf mit Tecnomatix zu realisieren, wurden so genannte *Human Events* verwendet. Damit kann ein Greifen des Werkers umgesetzt werden. Bei dem Arbeitsvorgang wurde bis zum abschließenden

Verschrauben eine Hand an dem Schraubwerkzeug und eine Hand an der Messlehre benötigt. Die Bewegung der Messlehre wurde durch einen Objektfluss realisiert. Die Häufigkeit an Prüf- und Schraubvorgängen bis zum korrekt eingestellten Ventilspiel war nicht vorhersehbar. Auch in der Praxis war diese von der Erfahrung des Werkers abhängig. Für die Erstellung der Simulation wurde daher die Annahme getroffen, dass der Vorgang nach insgesamt drei Wiederholungen abgeschlossen ist.

Für die Bewertung der Ergonomie war es auch hier erforderlich zwei Varianten der Simulation zu erstellen. Betrachtet wurden die Montagevorgänge jeweils bei einer Motorposition von 0° und 45° (siehe Abbildung 85, Abbildung 86).

Abbildung 85: Einstellen des Ventilspiels bei 0° (Otto, 2011)

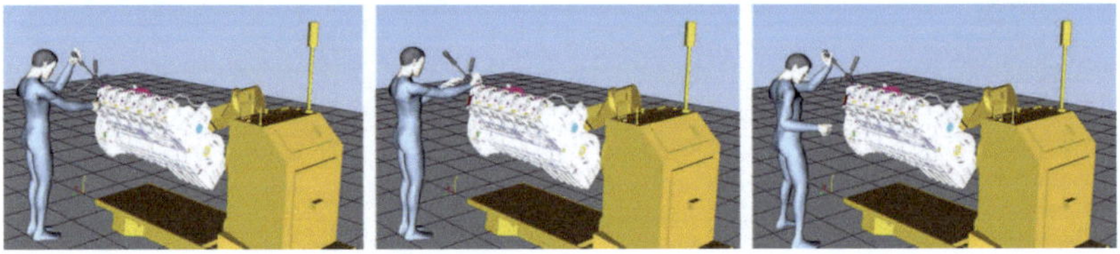

Abbildung 86: Einstellen des Ventilspiels bei 45° (Otto, 2011)

6.1.3.5 Absicherungsworkshop

Die erstellten Simulationen der zuvor als besonders kritisch identifizierten Montageumfänge bildeten die Grundlage für die Durchführung eines

Absicherungsworkshops. Unter Beteiligung zweier Montageplaner, eines Simulationsexperten, eines Experten für Ergonomie und zweier Mitarbeiter der Konzernforschung der Daimler AG wurde der Workshop in technisch entsprechend ausgestatteten Räumlichkeiten mit großflächiger Visualisierungsmöglichkeit durchgeführt. Die Absicherungsumfänge wurden im Vorfeld durch Screenshots und Videosequenzen aufbereitet, so dass der Ablauf des Absicherungsworkshops möglichst selten durch Ladezeiten und Wechsel von Softwarewerkzeugen unterbrochen wurde. Die Experten und die Planung bewerteten die Abläufe der Montage anhand der üblichen Kriterien. Die Resultate der Erkenntnisse aus den Montageprozessabsicherungen werden nachfolgend zusammengefasst.

Montage der Ölwanne

Die Montage der Ölwanne wurde in den zwei Varianten 180° und 135° der Motorposition vorbereitet. Zur Montage waren wie beschrieben zwei Werker notwendig, da das Eigengewicht und die Dimensionen der Ölwanne dazu führen, dass das Aufsetzen nicht durch eine Person alleine erfolgen kann (Abbildung 87). Im Fokus der Absicherung stehen insbesondere folgende Punkte:

- Ergonomische Haltung der Werker
- Bewegungsablauf der Werker
- Sichtfeld

Im Vergleich beider Varianten wurde auch in der Simulation ersichtlich, dass die Körperhaltung im Falle der 180°-Position des Motors als nicht ergonomisch zu bewerten ist. Gleichzeitig konnte festgestellt werden, dass das Sichtfeld der Werker aufgrund der Dimensionen der Ölwanne stark eingeschränkt ist.

Insbesondere bei der 180°-Position des Motors kann dies eine ungewünschte Blindmontage zur Folge haben. Der Bewegungsablauf wurde insbesondere bei dem Aufsetzen in 180°-Position wegen der geometrischen Ausmaße und Restriktionen des FTS als kritisch erachtet. Daraus kann in der Praxis eine erhöhte Unfallgefahr resultieren.

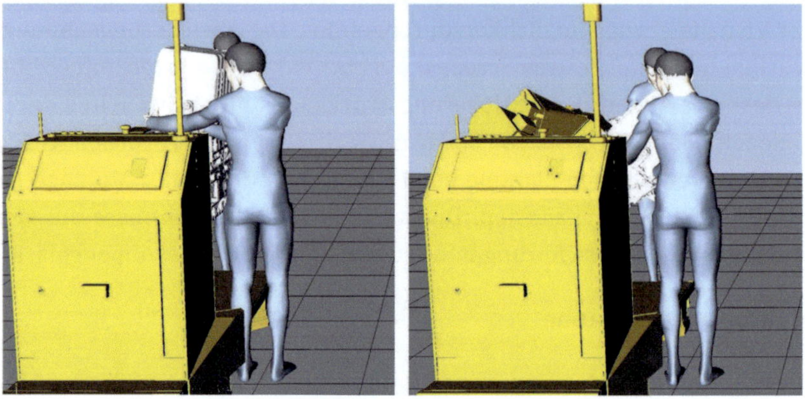

Abbildung 87: Aufsetzen der Ölwanne mit unterschiedlicher Motorposition im Vergleich (Otto, 2011)

Die Erkenntnisse aus den Montageprozesssimulationen führten zu der Entscheidung, dass die Montage der Ölwanne mit einer Motorposition von 135° als geeigneter zu bewerten ist (Otto, 2011).

Montage der Zylinderkopfhauben

Die Simulation der Montage der Zylinderkopfhauben wurde in den Motorpositionen von 0° und 45° vorbereitet. Im Fokus der Absicherung stehen hierbei die nachfolgenden Aspekte:

- Ergonomische Haltung der Werker
- Zugänglichkeit der Schraubwerkzeuge
- Kollisionsfreiheit der eingesetzten Werkzeuge
- Sichtfeld

Die Montage der Zylinderkopfhauben war in beiden Varianten möglich, wobei die Montage bei 45°-Position des Motors als ergonomischer angesehen wurde.

Die Zugänglichkeit und Kollisionsfreiheit der Werkzeuge konnten mit Hilfe des *Vision Window* sehr detailliert und aussagekräftig dargestellt werden. Das *Vision Window* visualisiert das Blickfeld des Werkers. Abbildung 88 veranschaulicht, dass während des Schraubvorgangs die Hände des Werkers die Sicht etwas einschränken. Dadurch ist keine vollständige Verdeckungsfreiheit gegeben, was von den Experten in diesem Fall jedoch als nicht kritisch angesehen wurde.

Durch eine geringfügige Änderung der Körperhaltung ist es möglich, beim Einsatz des in der Abbildung sichtbaren Druckluftschraubers die notwendige Sicht wiederherzustellen. Ausgeschlossen werden konnte die Verwendung eines Doppelschraubers, der im Konzept vorgesehen war.

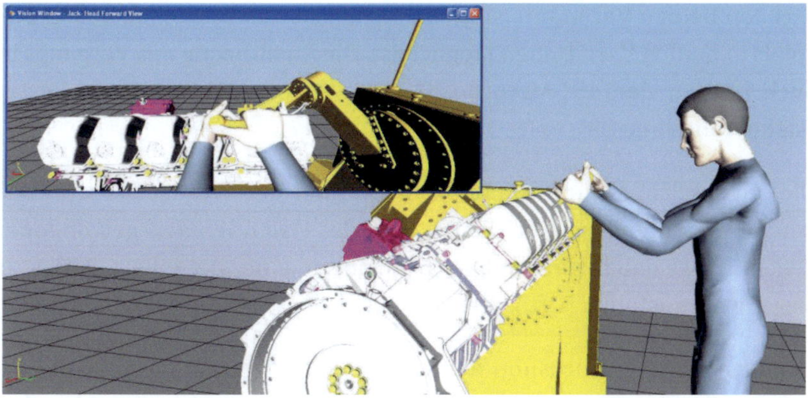

Abbildung 88: Montage der Zylinderkopfhauben bei Motorposition 45° (Otto, 2011)

Dieser ist typsicherweise am Stahlbau der Fertigungshalle befestigt und wird bei Motorposition von 0° von oben aufgesetzt. Bei einer Motorposition von 45° ist die Sicht des Werkers durch den Doppelschrauber und dessen Halterung so eingeschränkt, dass eine Blindmontage nicht umgangen werden kann. Dies konnte mit Hilfe des *Vision Window* deutlich gemacht werden (Otto, 2011).

Einstellen des Ventilspiels

Die Simulation für das Einstellen des Ventilspiels wurde ebenfalls in den Motorpositionen von 0° und 45° vorbereitet. Im Fokus der Absicherung stehen für die Planungsexperten die folgenden Aspekte:

- Ergonomische Haltung der Werker
- Zugänglichkeit der Schraub- und Prüfwerkzeuge
- Kollisionsfreiheit der eingesetzten Werkzeuge
- Sichtfeld

Aus den beiden Varianten ist ersichtlich, dass das Einstellen des Ventilspiels in beiden Variationen möglich ist. Die Ausführung des Vorgangs ist auch hier in der 45°-Motorposition als ergonomischer zu bewerten (siehe Abbildung 89).

Die Zugänglichkeit und die Kollisionsfreiheit der Werkzeuge waren in beiden Varianten gegeben. Die mit Hilfe des *Vision Window* gewonnenen Erkenntnisse haben dazu beigetragen, dies in einer detaillierten Visualisierung darzustellen (Otto, 2011).

Der Absicherungsworkshop war für alle Beteiligten in dieser Form ein Novum. Für das Durchführen einer virtuellen Absicherung in der Produktionsvorbereitung stellte dieser jedoch ein zentrales Element dar. Um den Absicherungsworkshop und die Ergebnisse zu evaluieren, wurde unter den Beteiligten eine qualitative Studie in Form einer Fragebogenevaluation durchgeführt, welche in Kapitel 7.1 im Detail dargestellt ist.

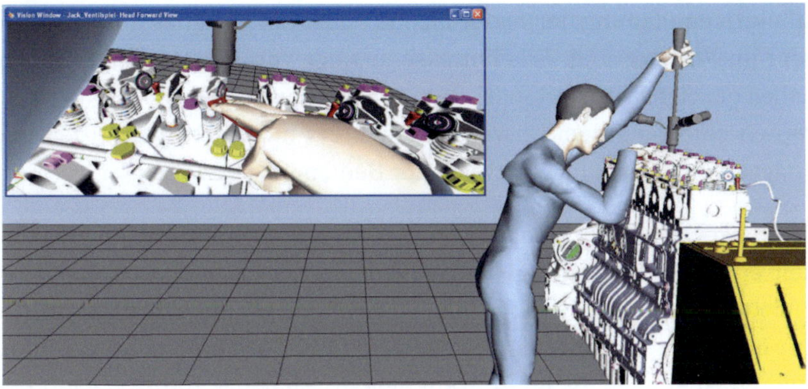

Abbildung 89: Einstellen des Ventilspiels bei der Motorposition 45° (Otto, 2011)

6.2 Unterstützung der Kollaboration und Dokumentation in der interdisziplinären Produktionsvorbereitung bei Mercedes-Benz Cars

In diesem Kapitel werden die prototypischen Umsetzungen der beiden ausgearbeiteten Konzepte zur Unterstützung der Kollaboration und Dokumentation beschrieben, welche im Bereich Mercedes-Benz Cars Anwendung fanden.

6.2.1 Intuitive, interaktive und kollaborative Planung sowie Absicherung der Materialzone

Für die prototypische Umsetzung des Konzeptes zur intuitiven und kollaborativen Planung der Materialzone stand ein geeignetes Bedienkonzept im Vordergrund. Erkenntnisse aus der vorangegangenen Analyse haben gezeigt, dass stationäre Systeme mit konventionellen Bedienkonzepten einerseits dem Anwendungskontext nicht gerecht werden und andererseits deutliche Defizite in der Bedienung aufweisen.

Die konzeptionell vorgesehene Multi-Touch-Bedienung mit der Möglichkeit einer direkten und gleichzeitigen Interaktion mehrerer Benutzer bildet die Grundlage für eine kollaborative und intuitive Interaktion. Um mit mehreren Anwendern gleichzeitig sinnvoll mit einem System interagieren zu können, ist im Konzept eine großflächige Hardware mit den notwendigen technischen Voraussetzungen vorgesehen. Da die Anforderungen an die Software sehr eng mit der Hardware zusammenhängen, ist nachfolgend die in der prototypischen Umsetzung verwendete Hardware beschrieben.

6.2.1.1 Auswahl der Hardware

Es gibt verschiedene Technologien, mit denen Multi-Touch-Displays realisiert werden können. Hierzu zählen optische, resistive und kapazitive Verfahren[25] (Schöning, et al.). Optische Verfahren sind meist durch Infrarot umgesetzt, während bei resistiven Verfahren elektrisch leitende Schichten verwendet werden. Kapazitive Verfahren arbeiten mit einer

---

[25] Buxton, B., Multi-Touch Systems that I Have Known and Loved, http://www.billbuxton.com/multitouchOverview.html. Aufruf am 21.07.2016

leitfähigen Folie, welche auf die Glasfläche des Displays aufgebracht wird.

Ein wesentlicher Unterschied zwischen resistiven und kapazitiven Verfahren besteht darin, dass resistive Verfahren nur bei Druck auf die Oberfläche reagieren. Kapazitive Verfahren funktionieren, wie auch die optischen Verfahren, rein mit Berührung.

Aus diesem Grund eignen sich resistive Verfahren nur bedingt für die Realisierung von Multi-Touch-Anwendungen. Kapazitive Displays zeichnen sich durch eine robuste Bedienung aus und sind im Consumer-Umfeld in Smartphones und Tablets weit verbreitet. Bei großflächigen Displays werden aufgrund technischer Restriktionen meist optische Verfahren eingesetzt[26].

Da der Anwendungsfall von einer Bedienung durch mehrere Anwender ausgeht, ist ein großflächiges Display mit mehreren Touch-Punkten eine Voraussetzung. Als geeignet wurde eine Bildschirmdiagonale von ca. 40" sowie mindestens 40 gleichzeitige Touch-Punkte angesehen.

Eine Sondierung des Marktes nach den technischen Anforderungen lieferte als Ergebnis die von Samsung produzierte Hardware SUR40. Das Touch-Display mit integriertem Computer erfüllt die technischen Anfor-

---

[26] Zum Zeitpunkt der Umsetzung waren auf dem Markt keine kapazitiven Displays mit einer entsprechend großen Bildschirmdiagonale verfügbar

derungen und bietet darüber hinaus mit der Microsoft-PixelSense-Technologie zusätzliche Interaktionsmöglichkeiten. Nachfolgend sind die wesentlichen technischen Merkmale[27] aufgeführt:

- Betriebssystem: Windows 7
- Prozessor: MD Athlon™ II X2 2.9GHz Dual Core
- Arbeitsspeicher: 4GB
- Grafikkarte: AMD Radeon™ HD 6570M
- Bildschirmdiagonale: 40"
- Auflösung: 1080p (1920 x 1080)
- Anzahl gleichzeitiger Touch-Punkte: 52
- Sonstiges: Microsoft-PixelSense-Technologie

Das Multi-Touch-Display verfügt weiterhin über ein Gestell, so dass eine Nutzung als „interaktiver Tisch" bereits vorgesehen ist. Die Technologie PixelSense arbeitet mit einem LED-Backlight und Infrarot Sensoren. Insgesamt ist jeder achte Pixel mit einem solchen Infrarot Sensor ausgestattet, was ein Erkennen von Gesten, Gegenständen und so genannten Byte-Tags (Abbildung 90) ermöglicht.

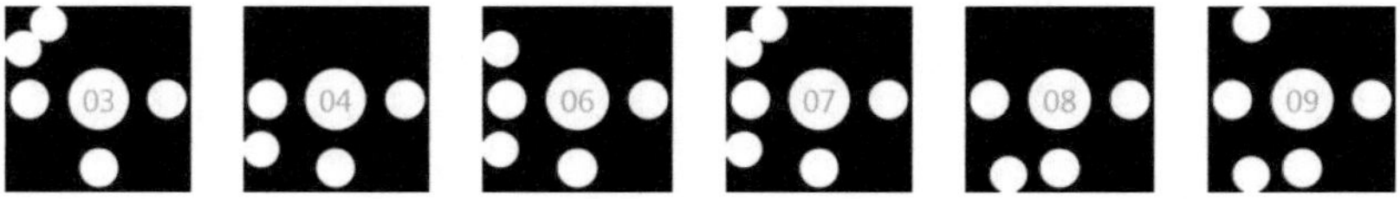

Abbildung 90: SUR40 – Byte-Tags

[27] Die Vollständige technische Spezifikation kann unter nachfolgender URL eingesehen werden:

http://www.samsung.com/us/pdf/sur40/SUR40_Venue_Readiness_Guide.pdf. Aufruf am 03.03.2012

Die Funktionalität stellt für den Anwendungsfall gegenüber herkömmlichen Touch-Displays weitere Möglichkeiten und Vorteile für das Bedienkonzept dar.

Abbildung 91: Samsung SUR40

6.2.1.2 Funktionsumfang und Architektur der Multi-Touch-Applikation

Der konzeptionelle Aufbau der Planungskomponente ist in Kapitel 5.2.1 beschrieben. Die praktische Umsetzung hat zur Visualisierung der 3D-Daten von Fabrik und Ressourcen auf das bestehende Daimler-interne System VEO[28] zurückgegriffen. Das System ist speziell für die Visualisierung von immens großen Datenmengen ausgelegt und findet für die Visualisierung von Fabrikhallen inklusive deren Einrichtung Anwendung (Scheer, Wack, Brau, & Schönfelder, 2010).

[28] VEO ist eine Bezeichnung für ein Daimler-internes Visualisierungswerkzeug

Die Applikation wurde in mehrere Schichten unterteilt (siehe Abbildung 92). Die oberste Schicht bildet das User Interface, welches für die Interaktion mit dem Anwender verantwortlich ist. Hier kam Windows Presentation Foundation (WPF) 4.0 in Verbindung mit dem Surface 2 SDK zum Einsatz, um die gestenbasierte Steuerung, die Touch-Interaktion und Objekterkennung zu realisieren.

Diese Schicht kommuniziert über eine Schnittstelle mit der in Abbildung 92 als Backend bezeichneten VEO-Komponente. Die Events des Anwenders werden somit an die VEO-Komponente durchgereicht, dort verarbeitet und die entsprechenden Visualisierungen umgesetzt. Durch Gesten kann somit eine Manipulation der 3D-Szene erfolgen.

In Abbildung 92 sind zwei Visualisierungskomponenten dargestellt: Die Komponente Draufsicht ist die Komponente, welche für den Anwender auf dem Samsung SUR40 sichtbar ist. Darüber liegt eine für den Anwender unsichtbare Interaktionsschicht (Multi-Touch-Frontend).

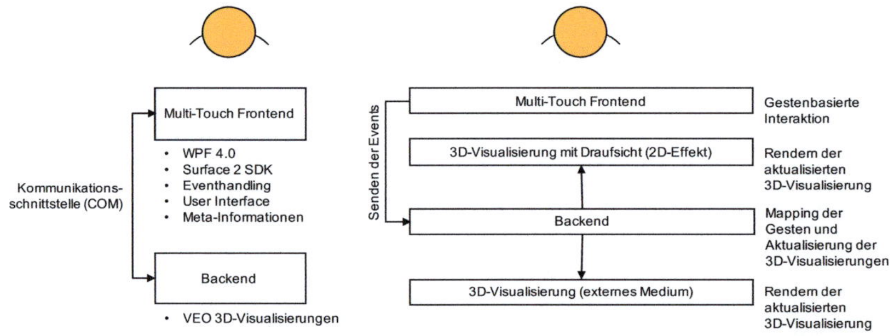

Abbildung 92: Applikationsschichten und Kommunikationsablauf

Zu erwähnen ist hierbei, dass es für den Nutzer den Anschein einer 2D-Darstellung hat, obwohl es sich tatsächlich um eine 3D-Visualisierung mit entsprechend angepasster Kameraeinstellung handelt. Die zweite Visualisierungskomponente wird ausschließlich zur dreidimensionalen

Visualisierung der Szene verwendet. Diese bildet eine vom Nutzer modifizierbare Kameraperspektive ab.

Zur Interaktion mit dem Anwender wurden verschiedene Gesten zur Steuerung vorgesehen:

- Positionieren, Rotieren und Verschieben von Objekten
- Selektion und Löschen von Objekten
- Steuerung der Kamera der 3D-Visualisierung mit Draufsicht (Panning, Zoom)

Eine ausführliche Beschreibung der Gesten zum Funktionsumfang erfolgt im Abschnitt Bedienkonzept. Darüber hinaus wurden folgende Funktionen unter Verwendung der Microsoft-PixelSense-Technologie durch den Einsatz von Byte-Tags realisiert:

- Steuerung der Kamera der 3D-Visualisierung (Panning, Rotation)
- Interaktion mit einer Objektbibliothek
- Menüanzeige

Neben der Funktionalität für die Interaktion waren die nachfolgenden Funktionen für die Anwendung relevant:

- Import und Verarbeitung einer Ladungsträgerbibliothek
- Import und Verarbeitung der Werkstruktur
- Suchfunktion
- Sessionmanagement inklusive Speichern und Laden von Planungsständen

6.2.1.3 Datenbasis und Datenstruktur

Für die prototypische Realisierung wurden die benötigten Daten aus den entsprechenden Systemen bei Mercedes-Benz Cars manuell zusammengetragen, aufbereitet und in eine für die Multi-Touch-Applikation lesbare Datenstruktur überführt.

Fabriklayout

Das Fabriklayout wurde aus der bei der Daimler AG verwendeten Fabrikplanungssoftware in eine Visibility Guided Rendering (VGR) Szene exportiert. Diese kann durch VEO verarbeitet und visualisiert werden. Die Szene enthält Strukturinformationen und 3D-Geometrien. Die Strukturinformationen sind für die Abbildung der Werkstruktur sowie der Bandabschnitte relevant.

Ladungsträger

Die 3D-Geometrien der Ladungsträger wurden aus dem PDM-System im JT-Format abgezogen und konnten so in VEO importiert werden.

Ladungsträgerbibliothek

Zum Aufbau der Ladungsträgerbibliothek wurde initial eine Extensible Markup Language (XML)-Datei erstellt und eingelesen. Diese enthielt die verfügbaren Ladungsträgerkategorien und Verweise auf die Geometriedaten sowie auf Dateien mit Zusatzinformationen zu den Ladungsträgern, wie beispielsweise Stammdaten.

Prozessinformationen

Die relevanten Prozessinformationen für den Montageprozess fanden sich in der Detaillierte-Arbeitsplatz-Beschreibung (DAB) wieder. Sie wurden aus dem Planungssystem DELMIA Process Engineer (DPE) exportiert und durch die Anwendung verarbeitet.

Die Daten wurden mit einer definierten Namenskonvention und Verzeichnisstruktur abgelegt. Die sich daraus ergebende Datenstruktur ist in Abbildung 93 dargestellt.

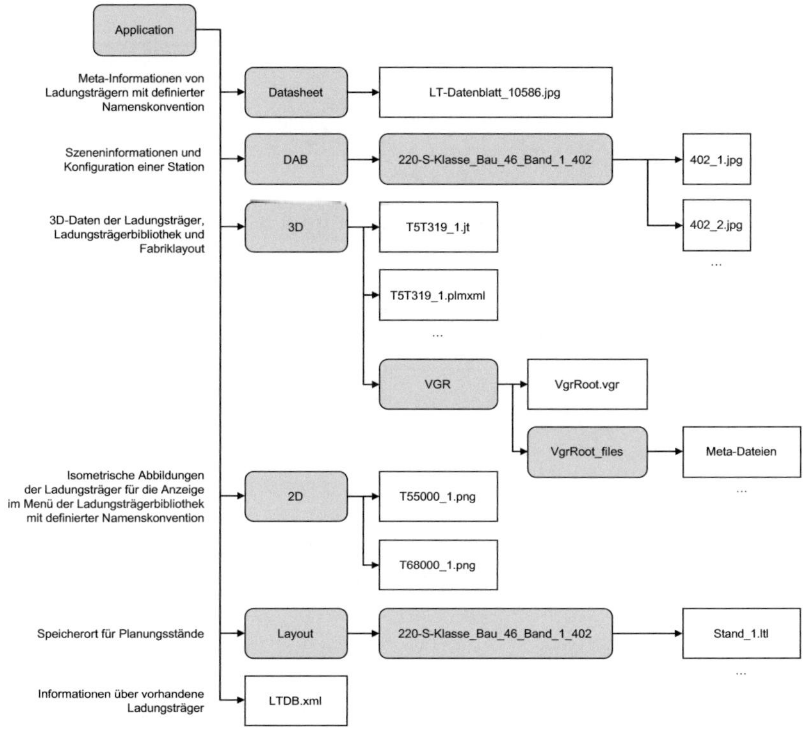

Abbildung 93: Datenstruktur Multi-Touch-Applikation

6.2.1.4 Bedienkonzept

Das umgesetzte Bedienkonzept besteht aus mehreren gestenbasierten Interaktionen, die sich pro Element unterscheiden. Einen Überblick über die verwendeten Gesten liefert die Legende in Abbildung 94. Neben der gestenbasierten Steuerung ist auch die Objekterkennung durch so genannte Byte-Tags im Bedienkonzept vorgesehen.

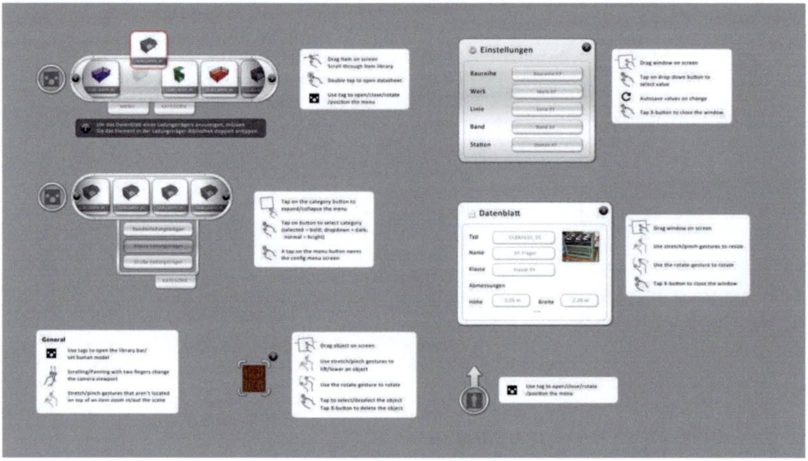

Abbildung 94: Legende der Interaktionsgesten und der Menüführung

6.2.1.5 Realisierung

Die Realisierung der Multi-Touch-Applikation wird anhand der nachfolgenden Abbildungen gezeigt. Im Vordergrund von Abbildung 95 ist der SUR40 mit der Draufsicht des Fabriklayouts und den mit Byte-Tags versehenen Objekten zu sehen.

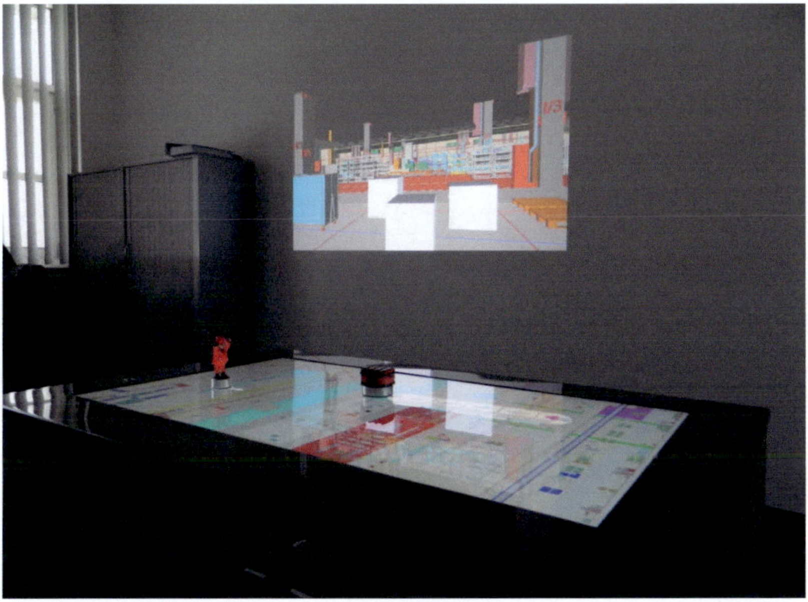

Abbildung 95: Multi-Touch-Applikation mit 2D- und 3D-Darstellung

Das erste Objekt, die orangefarbene Figur, steht symbolisch für das Blickfeld des Anwenders und ist für die Kamerasteuerung der 3D-Visualisierung zuständig, welche im Hintergrund an die Wand projiziert ist. Die Blickrichtung der Figur stimmt mit der Ausrichtung in der 3D- Visualisierung überein und kann durch Rotieren des Objektes geändert werden. Durch Bewegen des Objektes ist die Kameraposition beinflussbar (Abbildung 96).

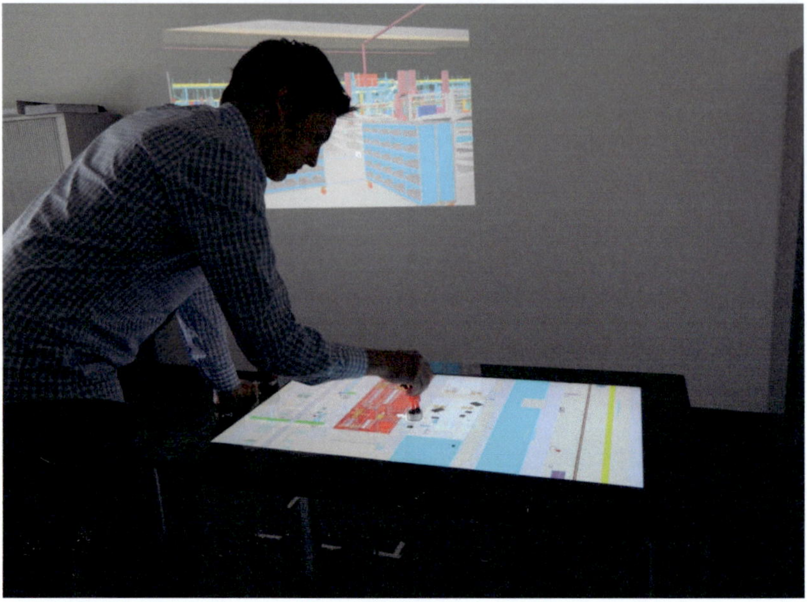

Abbildung 96: Interaktion mit der Kamerasteuerung

Die 3D-Visualisierung ist für eine Absicherung der Planungsstände von wesentlicher Bedeutung. Durch die Interaktion mit der Figur ist diese für den Anwender durch eine einfache Art und Weise steuerbar.

Das zweite Objekt, welches auf der Oberfläche des SUR40 platziert ist, ist eine Transportkiste; sie steht symbolisch für einen Ladungsträger. Damit kann das Menü angezeigt werden, welches neben den Einstellungsmöglichkeiten auch die Ladungsträgerbibliothek enthält. Sie kann durch ein einfaches „Tap" geöffnet werden und nach Selektion der Kategorie lässt sich der Ladungsträger mittels „Touch Move" in die Szene platzieren (siehe Abbildung 97).

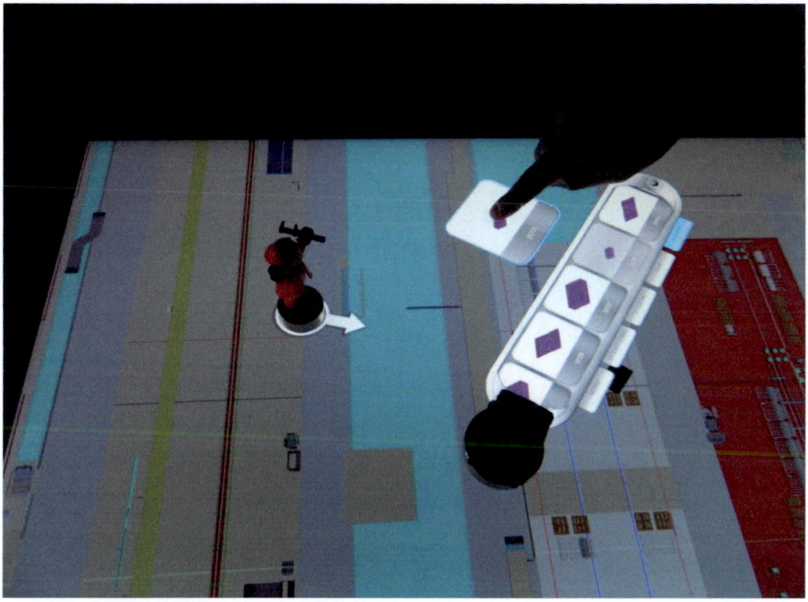

Abbildung 97: Interaktion mit der integrierten Ladungsträgerbibliothek

Ist ein Ladungsträger in der Szene platziert, kann dieser mit „Touch Move“ verschoben und mit der „Rotate“-Geste gedreht werden. Mit einem „Double Tap“ können zusätzliche Informationen in Form von Stammdatenblättern angezeigt werden. Die Stammdatenblätter sind mittels „Touch Move“ verschiebbar und durch die „Pinch“-Geste skalierbar (Abbildung 98).

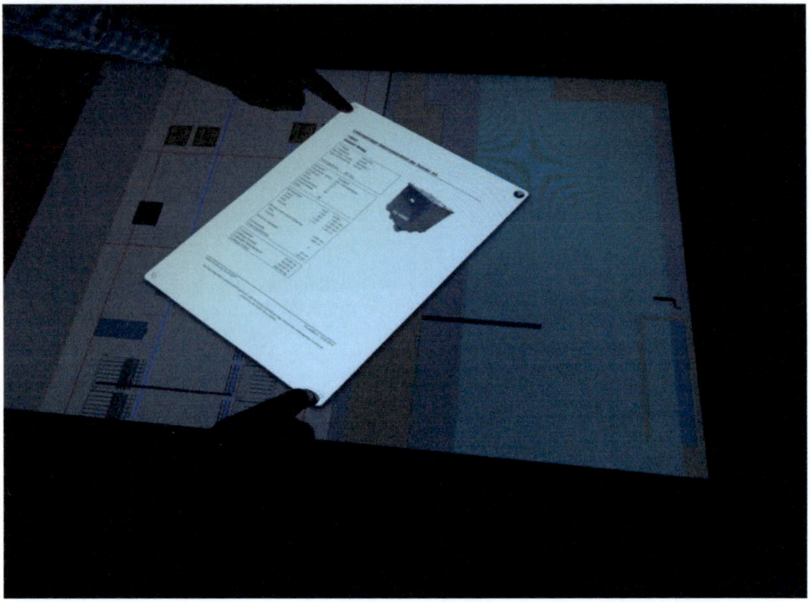

Abbildung 98: Stammdatenblatt zum Ladungsträger

Die gleichen Interaktionsparadigmen sind für die DAB vorhanden, welche bei Bedarf über das Menü geöffnet werden können.

Wie in Abbildung 99 ersichtlich ist eine Interaktion auch mit mehreren Beteiligten gleichzeitig möglich. Somit wurde ein hohes Maß an Interaktivität erzielt.

Die prototypische Umsetzung der intuitiven, interaktiven und kollaborativen Planung und Absicherung der Materialzone wurde im Rahmen einer empirischen Studie im Vergleich zu Paper Prototyping zusätzlich evaluiert. Mit der Studie und deren Ergebnissen befasst sich Kapitel 7.

Abbildung 99: Multi-User – gleichzeitige Interaktion durch mehrere Anwender

6.2.2 Papierlose physische Produktionsvorbereitung

Im Fokus der prototypischen Realisierung der papierlosen physischen Produktionsvorbereitung standen die Unterstützung der MTM-Analyse, eine Vereinfachung und die Durchgängigkeit des Dokumentationsprozesses sowie ein direkter Zugriff auf aktuelle Planungsdaten während der physischen Produktionsvorbereitung.

Um dies zu erreichen, wurde das bei Mercedes-Benz Cars intern zu diesem Zeitpunkt eingesetzte Planungssystem Delmia Process Engineer analysiert; zudem wurden die für die physische Produktionsvorbereitung relevanten Planungsdaten durch die Begleitung von physischen

Produktionsvorbereitungsworkshops sowie Experteninterviews mit zuständigen Planern identifiziert.

Gegenstand der Betrachtung waren primär manuelle Montageumfänge. Die daraus gewonnenen Erkenntnisse bilden die Grundlage für das ausgearbeitete Konzept und dessen Umsetzung, welche nachfolgend beschrieben wird.

6.2.2.1 Identifikation notwendiger Planungsdaten

Die zur physischen Produktionsvorbereitung relevanten Planungsdaten bestehen aus Struktur- und Prozessinformationen. Diese sind insbesondere für die manuelle Montage von großer Bedeutung. Nachfolgend werden diese Daten genauer beschrieben.

Strukturinformationen

Im Allgemeinen lässt sich ausgehend von einer Baureihe eine hierarchische Struktur abbilden. Diese besteht auf oberster Ebene aus der Baureihe, darunter aus dem Werk, in dem das Produkt gefertigt wird, dem Band und schließlich einer Station.

Der Gesamtmontageprozess untergliedert sich in mehrere Teilprozesse. Ein Arbeitsvorgang ist ein solcher Teilprozess und besteht wiederum aus mehreren so genannten Analyseschritten. Diese repräsentieren die unterste Ebene der Struktur. Ein wesentlicher Aspekt dabei ist, dass eine Station aus insgesamt sechs Arbeitsplätzen bestehen kann (siehe Abbildung 100). Diese sind nach Verbauort an einem Fahrzeug angeordnet.

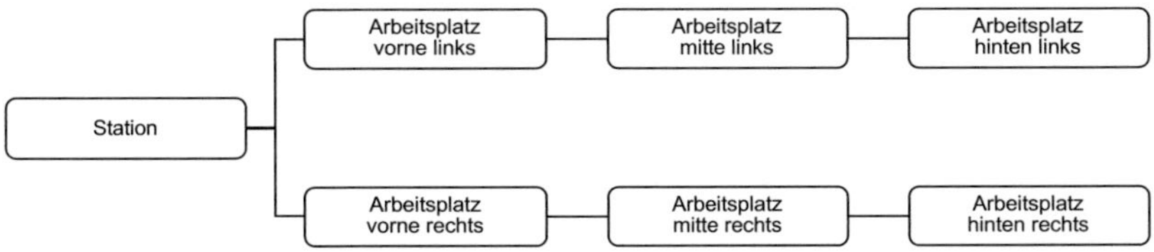

Abbildung 100: Struktur eines Arbeitsplatzes innerhalb einer Station

Die hierarchische Gesamtstruktur wird in der Abbildung 101 mit allen Ebenen veranschaulicht.

Die Strukturinformationen bilden die Grundlage für die Zuordnung von Montageinhalten, für die Austaktung und die ausgewogene Verteilung der Arbeitsinhalte, welche in der weiteren Planung vorgenommen werden.

Prozessinformationen

Prozessinformationen bestehen aus verschiedenen Parametern. Ein Arbeitsvorgang wird einem Arbeitsplatz zugeordnet und unterteilt sich in mehrere Analyseschritte. Abbildung 102 zeigt einen Auszug aus dem Planungssystem bei Mercedes-Benz Cars auf der Ebene eines Arbeitsvorgangs.

Die hieraus ersichtlichen Parameter und Planungsdaten bilden die Grundlage für die Bewertung und Dokumentation von Arbeitsvorgängen während der Produktionsvorbereitungsworkshops.

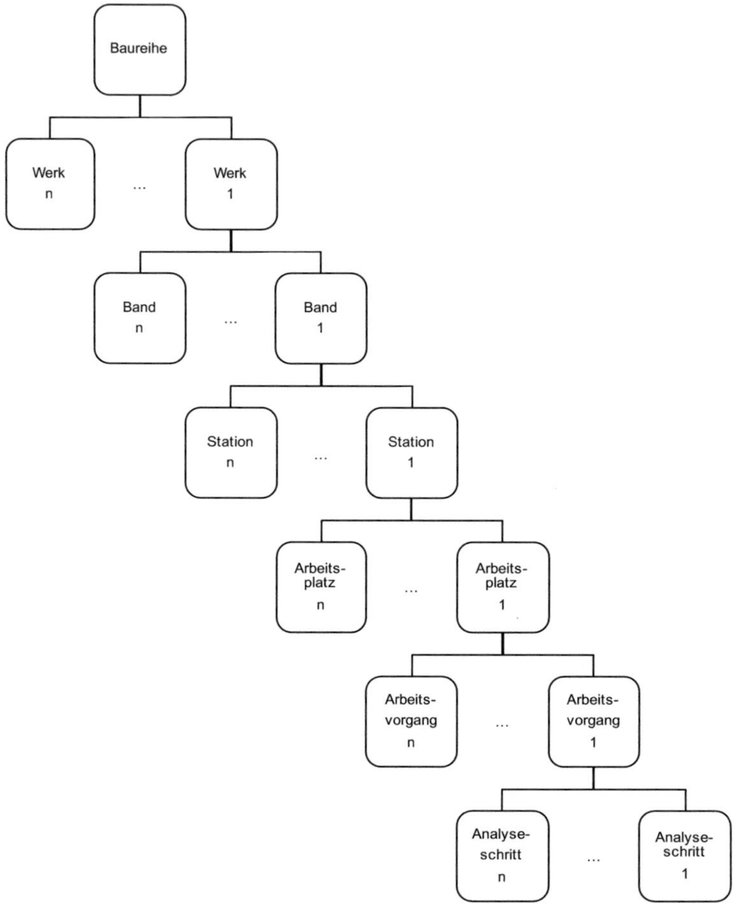

Abbildung 101: Hierarchische Struktur in der Montage bei Mercedes-Benz Cars

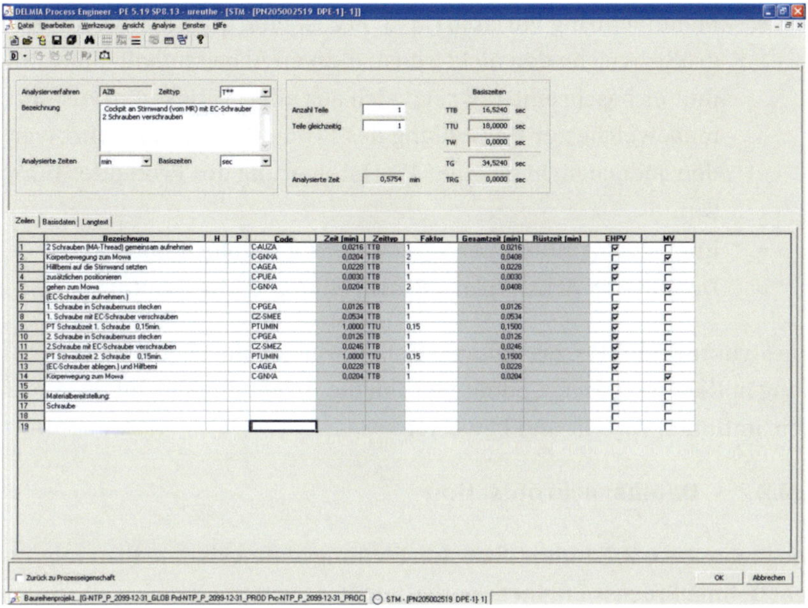

Abbildung 102: Eingabemaske des Planungssystems bei Mercedes-Benz Cars

Neben den Strukturinformationen und der damit verbundenen Zuordnung eines Arbeitsvorgangs zu einer Station sowie der Reihenfolge von darunter angeordneten Analyseschritten sind für die Montageplanung und die MTM-Analyse folgende Daten relevant:

- Beschreibung eines Arbeitsvorgangs
- Beschreibung eines Analyseschrittes
- Ermittelter C-Wert sowie eine Übersicht über alle C-Werte
- Faktor: repräsentiert die Häufigkeit einer Tätigkeit und fließt in die Berechnung der analysierten Zeit ein

- Manufacturing Variable (MV): MV ist eine quantitative Messgröße, welche den nicht konstruktiven Arbeitsinhalt eines Produktes beschreibt. MV setzt sich aus allen Tätigkeiten zusammen, welche zur Herstellung des Produktes durchgeführt werden, jedoch nicht zu einer Wertsteigerung des Produktes führen.
- Engineering Hours per Vehicle (EHPV): siehe Kapitel 2.3.4
- Detaillierte-Arbeitsplatz-Beschreibung: siehe Kapitel 6.2.1.3

Die Struktur- und Prozessinformationen werden durch die Montageplanung in Relation gesetzt. Somit werden die Arbeitsinhalte auf die einzelnen Stationen verteilt und bewertet.

6.2.2.2 Datensynchronisation

Die in Kapitel 6.2.2.1 identifizierten Planungsdaten sind im Planungssystem Delmia Process Engineer enthalten. Das System bietet bereits für andere Anwendungszwecke individuell entwickelte Schnittstellen auf Basis von XML.

Aus zeitlichen sowie monetären Aspekten wurde im Rahmen der Arbeit auf den vorhandenen Datei-basierten Schnittstellen aufgesetzt, auch wenn diese für den Anwendungsfall hinsichtlich Datenformat nicht optimal erscheinen.

Weiterhin bestand lediglich eine unidirektionale Schnittstelle, welche manuell angestoßen werden musste. Eine Rückversorgung war daher nur über einen Workaround mit manueller Unterstützung möglich.

6.2.2.3 Hardwareauswahl

Für den in Kapitel 5.2.2 beschriebenen Anwendungsfall wurde eine mobile Hardware benötigt, welche leichtgewichtig, einfach in der Handhabung und robust in der Bedienung ist.

Eine direkte Eingabemöglichkeit ohne zusätzliche Hardware, wie Tastatur und Maus war ebenfalls ein wesentliches Kriterium zur Hardwareauswahl. Die Hardware sollte möglichst über drahtlose Kommunikation verfügen und den Planer bei der Durchführung der einzelnen Montagevorgänge sowie bei der Beobachtung von schwierigen Montagepositionen (siehe Abbildung 109) unterstützen.

Nach umfassender Recherche und unter Berücksichtigung der Möglichkeiten der Softwareentwicklung wurde die Entscheidung für die Verwendung von Apple iPads getroffen. Das iPad erfüllte die technischen Anforderungen insbesondere durch das sehr robuste, kapazitive Display sowie die Akkulaufzeit.

6.2.2.4 Realisierung und Anwendung

Die gewonnenen Kenntnisse aus Kapitel 6.2.2.1 über Abläufe, Struktur- und Prozessinformationen wurden in das Interaktionskonzept der mobilen Applikation sowie in die Gestaltung der Benutzeroberfläche eingearbeitet.

Durch ein iteratives Vorgehen wurden die Abläufe und die Oberfläche in enger Abstimmung mit verantwortlichen Planern sukzessive auf den Anwendungsfall abgestimmt und weiter detailliert. Die daraus resultierende mobile Applikation ist in den nachfolgenden Abbildungen veranschaulicht.

Wie Abbildung 103 zu entnehmen ist, unterteilt sich der Screen in zwei Teile. Die linke Hälfte bildet die Struktur in den Hierarchieebenen ausgehend von der Baureihe bis hin zum Arbeitsplatz vollständig ab. Der Anwender kann so zu den gewünschten Arbeitsplätzen navigieren und effizient zwischen ihnen wechseln. Die rechte Hälfte des Screens bietet die relevanten Informationen rund um den selektierten Arbeitsvorgang.

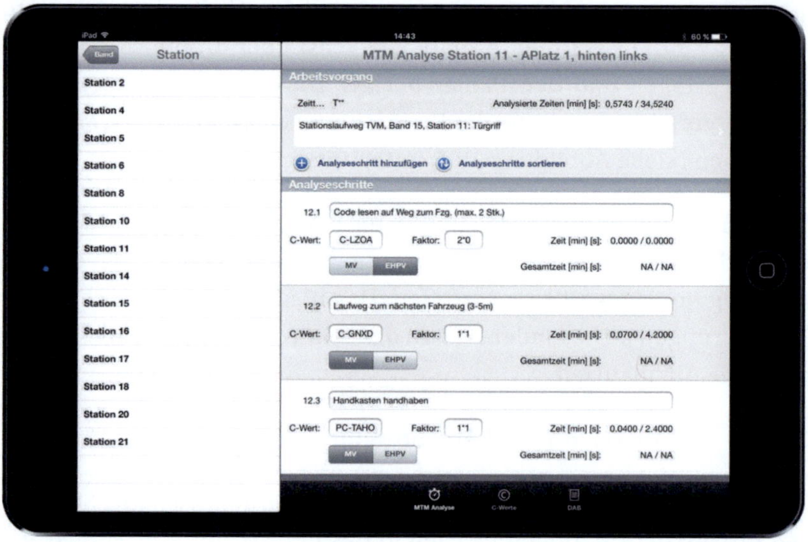

Abbildung 103: iPad Applikation – Stationsauswahl

Darüber hinaus können Planungsdaten erfasst, bearbeitet und gelöscht werden (siehe Abbildung 105). Gleiches ist auch für Analyseschritte in einem Arbeitsvorgang möglich, wobei zudem noch deren Reihenfolge im Ablauf des Montagevorgangs angepasst werden kann (vgl. Abbildung 106).

Die nachfolgende Abbildung zeigt die Planungsinformationen und Analyseschritte zu dem Montagevorgang *„Fondtüre (FOT) links Türgriff in Lagerbügel einhängen und verrasten“:*

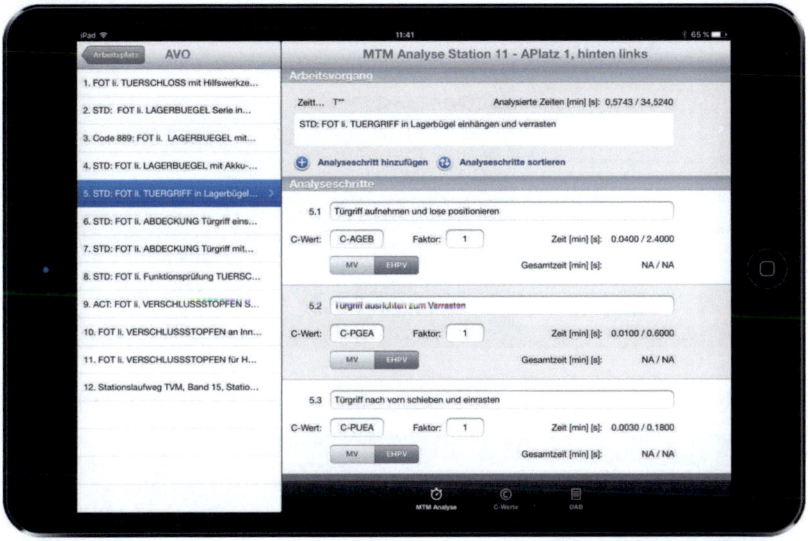

Abbildung 104: iPad Applikation – Arbeitsvorgang und Analyseschritte

Die Analyseschritte bieten dem Planer neben der Möglichkeit, die Benennung zu ändern, diverse zusätzliche Optionen, welche für die Montageplanung und die MTM-Analyse von Relevanz sind. Hierzu zählen u. a.:

- C-Wert
- Faktor
- MV-/EHPV-Relevanz

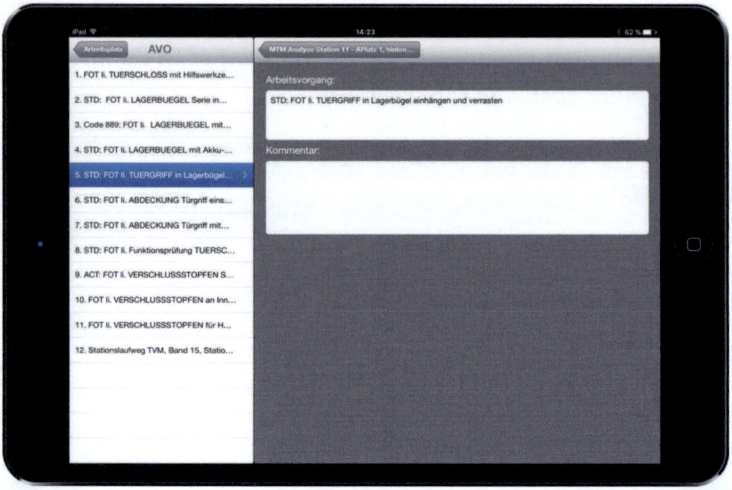

Abbildung 105: iPad Applikation – Editieren des Arbeitsvorgangs

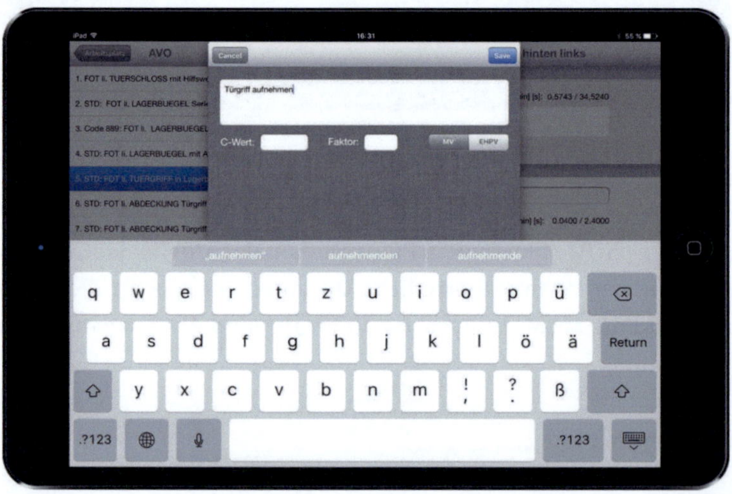

Abbildung 106: iPad Applikation – Analyseschritt hinzufügen

Um den passenden C-Wert oder weiterführende Informationen, wie beispielsweise die Detaillierte-Arbeitsplatz-Beschreibung zu erhalten, bietet die mobile Applikation im rechten, unteren Bereich der Oberfläche zwei weitere Schaltflächen, welche direkten Zugriff auf diese Informationen bieten (vgl. Abbildung 107, Abbildung 108).

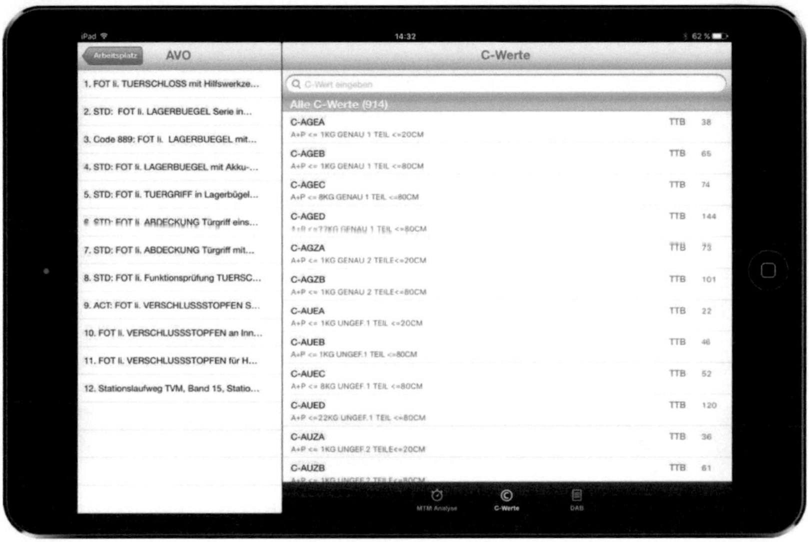

Abbildung 107: iPad Applikation – C-Werte Übersicht inkl. Suchfunktion

Die vom Nutzer eingegebenen Werte führen zu einer Berechnung der Analysezeit durch die mobile Applikation. Diese ist sowohl vom gewählten C-Wert als auch vom gewählten Faktor abhängig. Nach Änderung der Werte durch den Anwender werden die Analysezeit des Analyseschrittes und die Gesamtzeit für den Arbeitsvorgang direkt berechnet. Eine aus dem Austausch mit den Experten gewonnene Erkenntnis, ist die Notwendigkeit, dass der Anwender die in der mobilen Applikation hinterlegte Detaillierte-Arbeitsplatz-Beschreibung um Annotationen ergänzen kann. Dies ist in Abbildung 108 verdeutlicht.

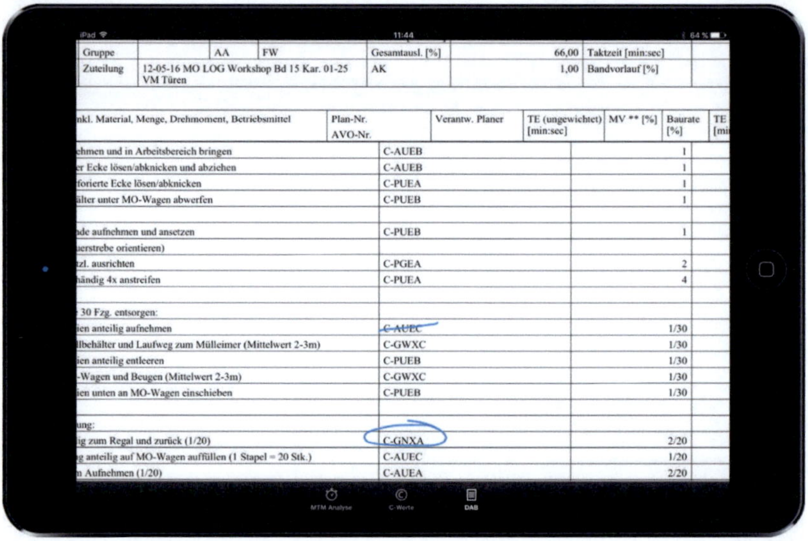

Abbildung 108: iPad Applikation – Detaillierte-Arbeitsplatz-Beschreibung mit Annotationen

Annotationen erlauben dem Anwender schnelle Korrekturen und Anmerkungen im Rahmen des Produktionsvorbereitungsworkshops, welche im weiteren Planungsverlauf von Bedeutung sind. Die prototypische Umsetzung der papierlosen physischen Produktionsvorbereitung wurde im Rahmen von mehreren Produktionsvorbereitungsworkshops der Baureihe 205 bei Mercedes-Benz Cars von Anwendern aus der Zielgruppe erprobt (siehe Abbildung 109, Abbildung 110). Die durchgeführte Pilotierung wurde anschließend durch eine qualitative Studie evaluiert. Die Ergebnisse der Studie werden in Kapitel 7 vorgestellt.

Abbildung 109: Anwendung der mobilen Applikation im Rahmen des Produktionsvorbereitungsworkshops im Fahrzeug

Abbildung 110: Anwendung der mobilen Applikation im Rahmen des Produktionsvorbereitungsworkshops von mehreren Nutzern

7 Evaluation und kritische Bewertung

„Everything is best for something and worst for something else."

- Bill Buxton

Das folgende Kapitel geht auf die Evaluation der beschriebenen Konzepte und deren prototypischen Umsetzungen ein und nimmt eine kritische Bewertung vor. Dabei werden die Konzepte und prototypischen Umsetzungen jeweils einzeln und getrennt voneinander betrachtet.

7.1 Ansatz zur virtuellen Produktionsvorbereitung

Die Anwendung des Ansatzes zur virtuellen Produktionsvorbereitung ermöglichte grundsätzlich eine virtuelle Absicherung der Produktionsvorbereitung, hat jedoch auch Handlungsbedarfe und Optimierungspotenziale aufgezeigt (Wack, Riegmann, Straßburger, & Günther, 2011). Diese sind weniger auf die eigentliche Methode als auf die vorgefundenen Gegebenheiten aus dem Anwendungsumfeld zurückzuführen und ließen sich bereits in der Phase der Datenaufbereitung feststellen.

Die Beschaffung und Aufbereitung der Planungsdaten gestaltete sich als zeitintensive Aufgabe, da zum einen die Planungsdaten aus unterschiedlichen Systemen in unterschiedlichen Verantwortungsbereichen zusammengetragen werden mussten und zum anderen lediglich eine hinreichende Datenqualität vorzufinden war. Die dadurch notwendigen Datenkonvertierungen waren meist nicht ohne Informationsverlust durchführbar. Hieraus resultierten, zusätzlich zur ohnehin schon zeitintensiven Simulationsmodellerstellung für manuelle Montageprozesse, erhebliche Nacharbeiten während der Datenaufbereitung.

Die Methode zur Analyse der Arbeitsvorgänge ermöglicht eine Zuordnung von Absicherungszielen zu -methoden und schafft somit größtmögliche Transparenz über Absicherungsumfänge einer Montagelinie. Durch die Anwendung der Methode konnten Absicherungsumfänge systematisch kategorisiert werden. Dies bildet die Grundlage zur Identifikation von Absicherungsumfängen, welche durch automatisierte Verfahren realisiert werden können. Darüber hinaus konnten Absicherungsumfänge identifiziert werden, bei denen Absicherungsmethoden und Absicherungswerkzeuge noch Potenziale im Hinblick auf eine mögliche Automatisierung bieten. Weiterhin wurden Absicherungsumfänge ersichtlich, welche noch nicht virtuell realisiert werden können, jedoch einen nicht zu vernachlässigbaren Anteil einnehmen. Daraus lässt sich erkennen, welche Absicherungsmethoden Gegenstand weiterer Forschungs- und Entwicklungsarbeiten sein können.

Die Anwendung der Methode zur Analyse der Arbeitsvorgänge war insgesamt von hohen manuellen Aufwänden geprägt, was in hohem Maße auf die nicht vorhandene Standardisierung der Beschreibungen, der verwendeten Terminologien, der Operationen sowie der verwendeten Teile bei Arbeitsvorgängen zurückzuführen war. Die Methode selbst lässt sich durch entsprechende Algorithmen automatisieren, jedoch ist eine standardisierte Beschreibung der Arbeitsvorgänge mit den genannten Kriterien hierfür Grundvoraussetzung. Eine solche Standardisierung der Arbeitsvorgänge birgt darüber hinaus weitere Potenziale im Planungsprozess. Als Beispiel sei hier eine automatisierte Übersetzung der Arbeitsvorgänge in andere Sprachen genannt.

Auch die Erstellung der benötigten Simulationsmodelle und -abläufe gestaltete sich sehr zeitintensiv. Dies war zum einen durch die Komplexität der Simulationswerkzeuge, zum anderen durch die fehlende Durchgängigkeit der Daten bedingt. Ein weiteres Hindernis war das fehlende Detailwissen hinsichtlich des Planungsprozesses aufseiten der Simulationsexperten. Den Planungsexperten, die das nötige Detailwissen mitbringen, fehlte hingegen die notwendige Toolexpertise, um Simulationsmodelle und -abläufe selbst erstellen zu können. Hier ist im Zuge einer weiteren Digitalisierung ein Umdenken vonnöten, um die notwendige Effizienz in der Phase der Modellerstellung zu erzielen. Im Rahmen der Arbeit erfolgte die Simulationsmodellerstellung iterativ, mit regem Austausch zwischen Simulations- und zuständigen Planungsexperten. Dies war trotz der vorangegangenen Begleitung der physischen Produktionsvorbereitung durch die Beteiligten notwendig, um das Prozesswissen korrekt in den Simulationsmodellen und -abläufen abbilden zu können. Ähnliches traf auch für die Bewertung der Simulationsmodelle und der damit verbundenen Absicherungen zu. Diese wurden im Rahmen von virtuellen Produktionsvorbereitungsworkshops unter Beteiligung von Planungsexperten aus verschiedenen Disziplinen vorgenommen. Die durchgeführten Workshops wurden abschließend unter Verwendung eines Fragebogens evaluiert (Otto, 2011).

Hierzu kam ein Fragebogen zum Einsatz, welcher sich in drei wesentliche Bereiche unterteilt:

- Allgemeine Fragen zum Workshop
- Fragen zu virtuellen Absicherungen
- Angaben zur Person

Neben der Bewertung von fest definierten Items auf einer Skala mit einer Länge von 7 cm, wurden weitere Fragestellungen zu den einzelnen Abschnitten eingebunden, welche durch die Probanden mit Freitext beantwortet werden konnten. Auf der Skala für fest definierte Items repräsentiert der Wert 7 volle Zustimmung und der Wert 0 keinerlei Zustimmung durch den Probanden. Die nachfolgenden Tabellen veranschaulichen die Ergebnisse der Evaluation. Die Tabellen zeigen jeweils das arithmetische Mittel sowie zusätzlich den dazugehörigen Minimal- und Maximal-Wert (vgl. Tabelle 12, Tabelle 13), (Otto, 2011).

Insgesamt ist in einigen Punkten eine starke Varianz zu beobachten, welche primär auf die heterogene Zusammensetzung der Teilnehmer zurückzuführen ist. Diese variierte beispielsweise im Alter zwischen 28 und 51 Jahren, in der Berufserfahrung in der Automobilbranche zwischen 3 und 34 Jahren sowie in den unterschiedlichen Tätigkeitsbereichen (z. B. Montageplanung, Simulation oder Ergonomie). Als fehlende Informationen für eine virtuelle Absicherung wurden von den Probanden beispielsweise Indikatoren für die Belastungen der Werker genannt.

Fragestellung	**Min**	**ø**	**Max**
Gesamteindruck des Workshops	5,3	5,9	6,6
Dauer des Workshops	6,2	6,4	6,9
Ablauf des Workshops	5,4	6,1	6,9
Kompetenz des Workshopleiters	6,3	6,5	6,8
Technische Ausstattung des Raumes	0,6	4,3	6,2

Tabelle 12: Ergebnisse zu den allgemeinen Fragen (Otto, 2011)

Fragestellung	Min	ø	Max
Wie umfangreich sind Ihre Erfahrungen mit virtuellen Absicherungen?	4,1	5,2	6,1
Wie haben Sie die Performanz der Simulationen empfunden (Animationen)?	2,9	4,5	6
Wie realitätsnah haben Sie die verwendeten Betriebsmittel empfunden?	5,5	6	6,5
Als wie realitätsnah haben Sie die Mensch-Modelle empfunden?	2,9	3,7	5,3
Wie haben Sie die Interaktionsmöglichkeiten mit den Simulationen empfunden?	2,3	4,6	6,6
Könnten Sie sich vorstellen, die Simulationswerkzeuge selbst zu bedienen?	3,6	5,5	6,8
Könnten Sie sich vorstellen, die Simulationen selbst zu erzeugen?	3,5	5,3	6,8
War der Detaillierungsgrad der Simulation für Ihre Bewertung ausreichend?	4,4	5,5	6,6
Als wie realitätsnah haben Sie die Simulation empfunden?	3,3	4,9	5,9
Waren die Simulationen aussagekräftig genug, um Ihre Absicherung zu ermöglichen?	4,4	5,5	6,3
Sind die Ergebnisse der virtuellen mit denen der physischen Absicherungsworkshops vergleichbar?	2,8	4,5	6,6
Hätten Sie ohne Ihre Erfahrungen aus den physischen Absicherungsworkshops die Simulationen bewerten können?	2,0	4,3	5,8

Tabelle 13: Ergebnisse zu virtuellen Absicherungen (Otto, 2011)

Für die Bewertung der Ergonomie oder auch von verschiedenen Varianten, wären vergleichbare Indikatoren hilfreich. In Betracht kommen numerische Werte oder eine geeignete, farbliche Visualisierung innerhalb der Simulationen. Zu den Defiziten von virtuellen Absicherungen zählten unnatürliche Bewegungen der Werker innerhalb der Simulation sowie die Performanz des eingesetzten Simulationswerkzeuges. Dies wurde durch das Ergebnis der Fragestellung, wie realitätsnah die Mensch-Modelle empfunden wurden, unterstrichen, welches den niedrigsten Wert des gesamten Fragebogens zeigt.

Als weiterer, wesentlicher Aspekt wurde die fehlende Simulation von physikalischen Gegebenheiten genannt (Otto, 2011). Bei der Montage der Ölwanne bei einer 135°-Stellung des Motors wäre diese beispielsweise in der Realität beim Aufsetzen ins Rutschen gekommen.

Die Frage, ob die Teilnehmer ohne ihre Erfahrungen aus physischen Absicherungen die virtuellen Absicherungen hätten bewerten können, erzielte den zweitschlechtesten Wert des Fragebogens. Wie sich auch schon während der Erstellung der Simulationsmodelle herausgestellt hat, spielen die Erfahrungen aus den physischen Absicherungsworkshops eine bedeutende Rolle, um eine virtuelle Absicherung bewerten zu können. Dies wurde durch weitere Ausführungen der Probanden im dazugehörigen Freitext bekräftigt (Otto, 2011).

Nachfolgende Tabelle zeigt die zusammengefassten und paraphrasierten Aussagen der Probanden zu positiven und negativen Aspekten bezüglich des durchgeführten virtuellen Absicherungsworkshops.

Positive Aspekte	Negative Aspekte
• Kostenersparnis, Zeitersparnis, Skalierbarkeit, Interaktivität • Keine Rüstzeiten für Teile • Eine Simulation ist ohne die physischen Teile möglich • Teilnehmer aus verschiedenen Disziplinen treffen zusammen und diskutieren • Detaillierte Betrachtung problematischer AVO aus verschiedenen Perspektiven	• Nicht jeder Werker ist gleich, nicht alle Aspekte können berücksichtigt werden • 100% Absicherung ist nicht möglich • Einfaches „Ausprobieren" ist nicht ohne Weiteres möglich • Fehlende Interaktion

Tabelle 14: Qualitatives Feedback der Probanden zu virtuellen Absicherungsworkshops (Otto, 2011)

Insgesamt lassen sich die folgenden Handlungsbedarfe ableiten (Otto, 2011):

Technische Ausstattung der Räumlichkeiten

Wie aus den Ergebnissen der Studie zu erkennen ist, wurde die Ausstattung des Raumes lediglich mit einem Wert von 4,3 bewertet. Dies ist darauf zurückzuführen, dass die Lichtverhältnisse eher mäßig, die Leuchtkraft des Beamers zu gering und die Diagonale der Leinwand zu klein war. Dadurch erreichten die Visualisierungen insbesondere bei detailreichen Darstellungen nicht den nötigen Kontrast.

Auch wenn dies für die zukünftige Anwendung lösbare Herausforderungen sind, ist es für die Durchführung eines virtuellen Absicherungsworkshops mit mehreren Beteiligten von grundlegender Bedeutung, dass die Räumlichkeiten über eine entsprechend technische Ausstattung verfügen.

Interaktivität und Performanz der Simulation

Die Interaktivität bei virtuellen Absicherungen ist aus diversen Gründen nicht gegeben. Lange Ladezeiten des Simulationswerkzeugs und die fehlende Möglichkeit, Abläufe zur Laufzeit zu beeinflussen, sind hier zu nennen. Dies war bereits während des Workshops zu erkennen und wurde im Rahmen der Studie nochmals durch die Teilnehmer bestätigt. Der Bedarf der schnellen Veränderung und direkten Interaktion bei virtuellen Absicherungen ist jedoch unstrittig.

Realistische Anmutung der Simulation

Die Darstellung der Ressourcen wurde im Vergleich zu den Menschmodellen als realistisch bewertet. Die Darstellung der Menschmodelle und deren Bewegungsabläufe wurden von den Probanden als eines der schlechtesten Items im gesamten Fragebogen bewertet.

Als Ursache wurden starre Bewegungsabläufe und unnatürliche Körperhaltungen genannt, die teilweise während der Bewegungsabläufe zu erkennen waren.

Indikatoren für die Ergonomie

Ein wesentlicher Kritikpunkt bei den Montagesimulationen lag in fehlenden Indikatoren für die Bewertung der Ergonomie und der damit verbundenen Belastung der Werker. Adäquate Indikatoren in Verbindung mit einer geeigneten Visualisierung, wie beispielsweise durch eine Darstellung mittels Ampelfarben wurden, als Grundlage für einen objektiven Vergleich von verschiedenen Varianten des Montageprozesses gefordert.

7.2 Unterstützung der Kollaboration und Dokumentation in der interdisziplinären Produktionsvorbereitung

Die prototypischen Umsetzungen der beiden Konzepte zur Unterstützung der Kollaboration und Dokumentation in der interdisziplinären Produktionsvorbereitung wurden mittels Studien evaluiert.

Die protypische Umsetzung zur intuitiven und kollaborativen Planung der Materialzone wurde einer empirischen Studie unterzogen. Die prototypische Umsetzung des Konzeptes zur papierlosen physischen Produktionsvorbereitung fand im Rahmen mehrerer physischer Produktionsvorbereitungsworkshops statt und wurde dabei mittels einer Fragebogenevaluation ausgewertet.

Nachfolgend werden zunächst der Aufbau der Studie und ihre Ergebnisse hinsichtlich der intuitiven, interaktiven und kollaborativen Planung und Absicherung der Materialzone beleuchtet.

7.2.1 Evaluation der intuitiven und kollaborativen Planung der Materialzone

Dem Aufbau der durchgeführten Studie liegt ein faktorielles Design mit nachfolgenden Bestandteilen zugrunde:

- Vorbereitungsfragebogen
- Trainingsphase Surface/Papier
- Hauptexperiment
- Nachbereitungsfragebogen

Mit dem Vorbereitungsfragebogen wurden demographische Daten erhoben, die Einverständniserklärung eingeholt und das Vorwissen zur Interaktion durch Touch, wie beispielsweise die Nutzung von Smartphones und Tablets abgefragt. Im Rahmen einer Trainingsphase erfolgte eine Einweisung zum Umgang mit den beiden Medien Surface und Papier. Weiterhin wurden Rückfragen der Probanden beantwortet.

Das Hauptexperiment wurde als 2x2-within-subject-Design[29] aufgesetzt, wobei die beiden unabhängigen Variablen

- Medium (Surface vs. Papier) und
- Aufgabenart (Aufgabe A vs. Aufgabe B)

durch die abhängige Variable Zeit ergänzt wurden. Daraus resultieren insgesamt vier verschiedene Bedingungen, welche sich aus der Abfolge des Mediums und der Aufgabe ergeben (vgl. Abbildung 111).

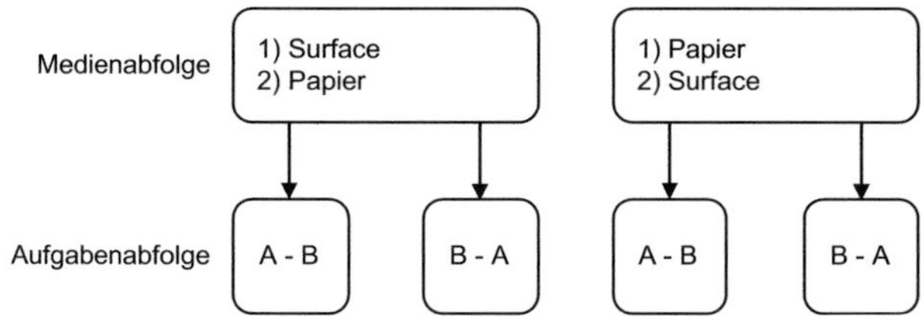

Abbildung 111: Bedingungen des 2x2-within-subject-Design

Die Probanden haben im Hauptexperiment die verschiedenen Aufgabenarten demnach im Wechsel und in definierter Kombination durchgeführt. Zusätzlich wurde die Zeit erhoben. Die Aufgabenstellung umfasste verschiedene Planungsvariationen einer Materialzone.

---

[29] Messwiederholungsdesign

Je Variation musste ein unterschiedlicher Abschnitt einer Materialzone geplant werden. Dabei wurden Standardladungsträger vorgegeben, welche innerhalb des Fabriklayouts platziert werden konnten.

Der Nachbereitungsfragebogen bildet zum Großteil Präferenz-Items (Surface/Papier) ab. Zur Beurteilung der Benutzerfreundlichkeit nach Aufgabenangemessenheit, Steuerbarkeit, Lernförderlichkeit und Erwartungskonformität wurde der Fragebogen ISONORM (Sardonick & Brau, 2015) angewandt und zusätzlich durch den QUESI[30]-Fragebogen ergänzt. Die Studie wurde mit den verschiedenen Aufgabenarten (A und B) entsprechend ausbalanciert durchgeführt, um mögliche Trainingseffekte zu vermeiden. Insgesamt nahmen 16 Probanden an der Studie teil.

Die Probanden wurden, da sie verschiedene Aufgabenkombinationen bearbeiteten, für die statistische Auswertung paarweise zusammengefasst. Aus den sich daraus ergebenden acht Versuchspersonenkombinationen erfolgte eine Varianzanalyse mit Messwiederholung und den Innersubjektfaktoren Medium und Aufgabe.

Die nachfolgende Abbildung 112 zeigt die Auswertung der Mittelwerte sowie der Standardabweichung der Zeit für die Aufgabenart A nach Medium. In Abbildung 113 wird die Auswertung für die Aufgabenart B nach Medium dargestellt. Der Vergleich beider Auswertungen über den Mittelwert nach Aufgabenart und Medium lässt erkennen, dass die Bearbeitung der Aufgabe A mehr Zeit (MW = 513 s; SD = 200 s) in Anspruch nahm, als die Bearbeitung der Aufgabe B (MW = 367 s; SD = 145 s). Abbildung 114 stellt beide Aufgabenvariationen dem jeweiligen Medium zur besseren Übersicht nochmals gegenüber.

[30] https://www.qu.tu-berlin.de/menue/forschung/abgeschlossene_projekte/quesi. Aufruf am 22.01.2018

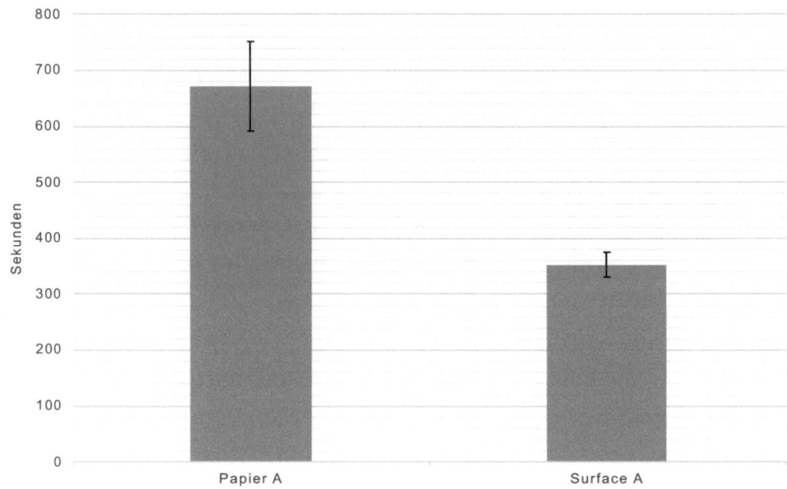

Abbildung 112: Auswertung Aufgabe A nach Medium

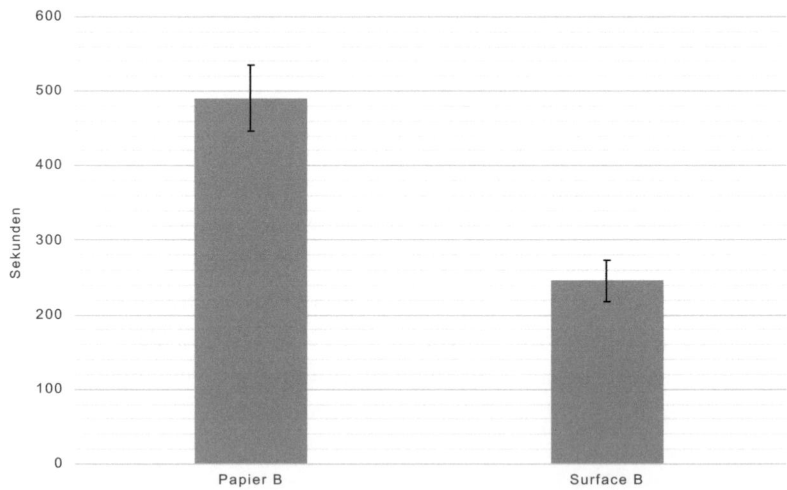

Abbildung 113: Auswertung Aufgabe B nach Medium

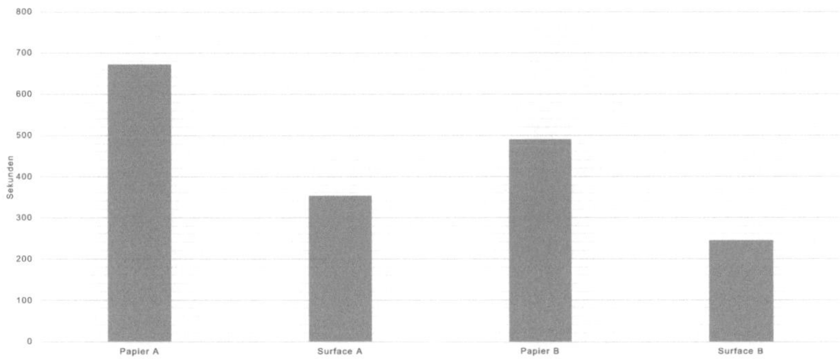

Abbildung 114: Vergleich der Mittelwerte über alle Aufgaben und Medien

Ein unabhängiger t-Test zeigt, dass für die Bearbeitung von Aufgabenart A signifikant mehr Zeit benötigt wurde als für die Bearbeitung von Aufgabenart B (df = 27,383, p = .027). Die Bearbeitung der Aufgaben mit dem Medium Papier ergibt in Summe einen Mittelwert von 581 s (SD = 156 s) und mit dem Medium Surface einen Mittelwert von 299 s (SD = 74 s) (siehe Abbildung 115).

Eine ANOVA[31] mit den Innensubjektfaktoren Medium (Papier/Surface) und Aufgabe (A/B) über die abhängige Variable Zeit liefert signifikante Haupteffekte für die Faktoren Medium ($F(1,7) = 104{,}266$; $p < .001$; $\eta^2 = .937$) und Aufgabe ($F(1,7) = 25{,}188$; $p < .001$; $\eta^2 = .783$).

[31] Varianzanalyse (engl.: analysis of variance (ANOVA)) https://wikis.fu-berlin.de/pages/viewpage.action?pageId=689209609. Aufruf am 22.11.18

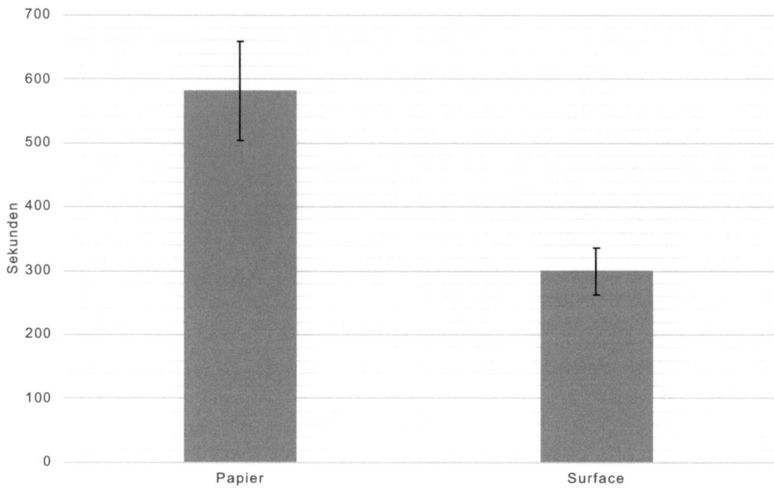

Abbildung 115: Auswertung der Mittelwerte über das Medium

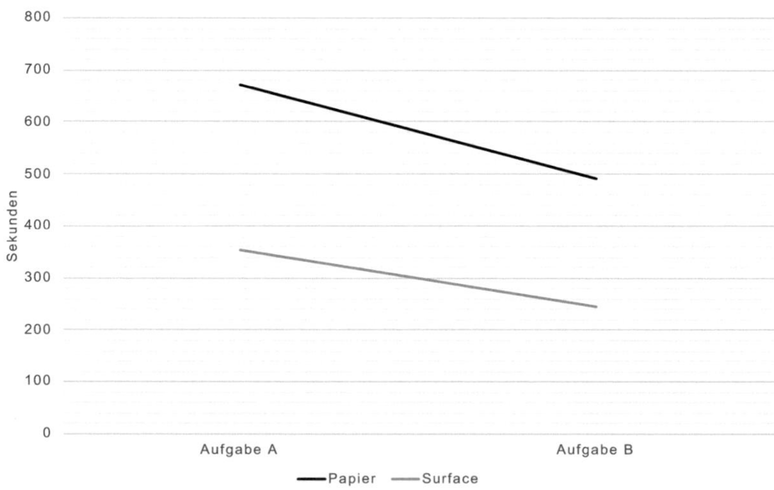

Abbildung 116: Auswertung Aufgabenart und Medium

Eine Varianzanalyse mit dem Innersubjektfaktor Medium (Papier/Surface) und dem Zwischensubjektfaktor Aufgabenkombination (Papier A – Surface B/Papier B – Surface A) über die abhängige Variable Zeit (in Sekunden) liefert einen signifikanten Haupteffekt für den Faktor Medium ($F(1,14) = 92{,}128$; $p < .001$; $\eta^2 = .886$). Es zeigt sich ein signifikanter Interaktionseffekt zwischen den Faktoren Medium und Aufgabenkombination ($F(1,14) = 24{,}230$; $p < .001$, $\eta^2 = .634$). Dies kann Abbildung 118 entnommen werden. Die von den Probanden benötigte Zeit für die Aufgabenkombination Papier A – Surface B variiert deutlich im Vergleich zur Aufgabenkombination Papier B – Surface A.

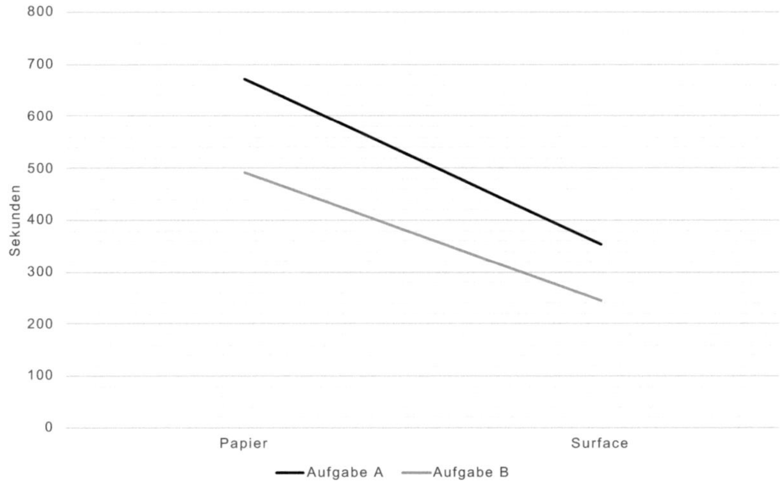

Abbildung 117: Auswertung Medium und Aufgabenart

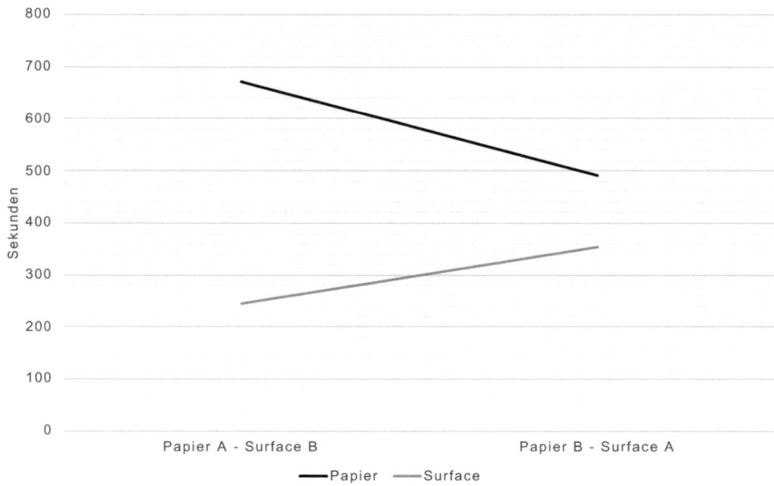

Abbildung 118: Auswertung Aufgabenkombination/Medium

Im Rahmen der Nachbereitung fand der Fragebogen ISONORM und zusätzlich der Fragebogen QUESI Anwendung, um ein zweites Maß hinsichtlich Benutzerfreundlichkeit zu erhalten. Die Auswertung der beiden Fragebögen ISONORM (vgl. Abbildung 119) und QUESI (vgl. Abbildung 120) weist deutliche Ausschläge im positiven Bereich der einzelnen Skalen auf. Hieraus ergibt sich ein hohes Maß an Benutzerfreundlichkeit der evaluierten Multi-Touch-Surface-Applikation.

Die Auswertung der qualitativen Daten ist der Tabelle 15 zu entnehmen. Abschließend zusammengefasst lassen die Ergebnisse der Evaluation der prototypisch realisierten Umsetzung erkennen, dass eine intuitive Bedienung mit deutlichen Vorteilen in der Bearbeitungszeit bestätigt wurde. Durch die qualitativen Daten wird deutlich, dass die Anwendung im Hinblick auf Robustheit und Überempfindlichkeit Optimierungspotenziale aufweist.

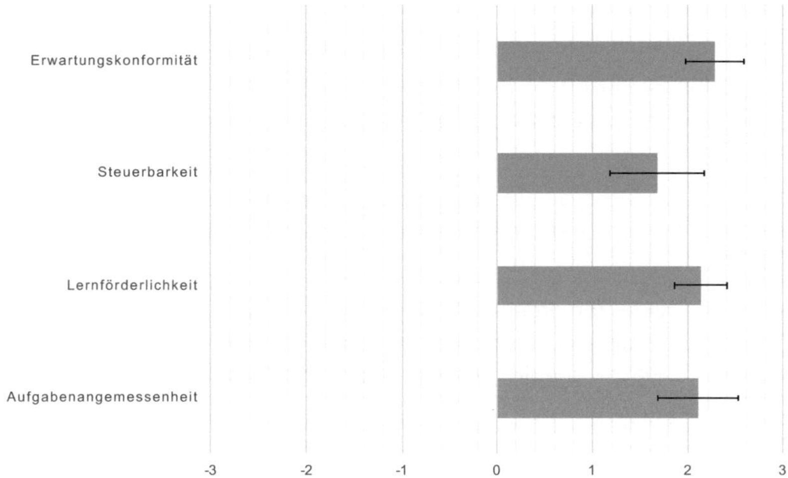

Abbildung 119: Auswertung ISONORM Fragebogen

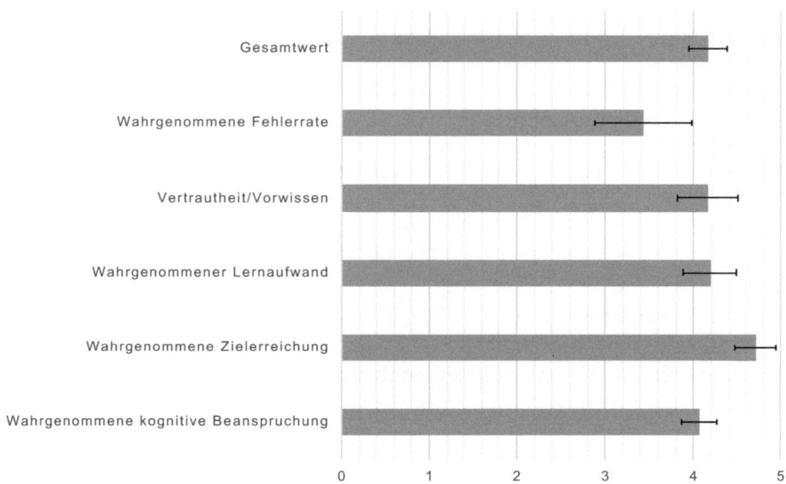

Abbildung 120: Auswertung QUESI Fragebogen

Dies lässt sich auf die Technologie des Microsoft Surface zurückführen, bei der die Touch-Interaktionen durch Infrarot gemessen werden. Hierbei kommt es durch Lichteinfall oder durch Berührungen mit Kleidungsteilen zu unbeabsichtigten fehlinterpretierten Touch-Interaktionen.

Welche Probleme hatten Sie bei der Bearbeitung der Aufgaben mit Papier?
• Aufwändige Vorbereitung durch Ausschneiden • Zeitaufwändiges Durchsuchen nach den korrekten Ladungsträgern • Exakte Platzierung der Ladungsträger gestaltete sich schwierig
Welche Probleme hatten Sie bei der Bearbeitung der Aufgaben mit Surface?
• Überempfindlichkeit des Systems erschwerte die Bedienung • Verzögerte Reaktionszeiten bei der Bedienung • Robustheit der Anwendung weist Optimierungspotenzial auf
Gründe, eine ähnliche Aufgabe bevorzugt mit Papier zu bearbeiten:
• Funktionalität ist nicht eingeschränkt • Robustheit ist gegeben
Gründe, eine ähnliche Aufgabe bevorzugt mit Surface zu bearbeiten:
• Intuitive und effiziente Bedienung • Relevante Informationen schnell abrufbar • Bessere visuelle Darstellung • Geringe Anstrengung

Tabelle 15: Qualitatives Feedback der Probanden zur intuitiven und kollaborativen Planung der Materialzone

Weiterhin trug der Prototypenstatus der Anwendung seinen Teil dazu bei. Dennoch haben sich 15 von den 16 Probanden dafür ausgesprochen, eine weitere, ähnliche Aufgabe bevorzugt mit Microsoft Surface zu bearbeiten.

7.2.2 Evaluation der papierlosen physischen Produktionsvorbereitung

Die prototypische Umsetzung des Konzeptes zur papierlosen physischen Produktionsvorbereitung fand im Rahmen mehrerer Produktionsvorbereitungsworkshops Anwendung und wurde einer Fragebogenevaluation unterzogen. Insgesamt haben sich 21 Teilnehmer der Workshops an der Fragebogenevaluation beteiligt. Der Fragebogen unterteilte sich dabei in die folgenden Bestandteile:

- Demographische Daten
- Vorwissen hinsichtlich Smartphones und Tablets
- Rolle des Probanden im physischen Produktionsvorbereitungsworkshop
- Aufgabenangemessenheit, Steuerung, Lernförderlichkeit
- Vergleich mit vorheriger Arbeitsweise, subjektive Einschätzung
- Abfrage möglicher Zeitersparnis, subjektive Einschätzung
- Sonstige Anmerkungen

Der exakte Aufbau des Fragebogens kann dem Anhang entnommen werden. Einen zentralen Aspekt der Evaluation stellte die Benutzerfreundlichkeit der Anwendung dar; sie wird in Abbildung 121 verdeutlicht.

Aus den Ergebnissen der Evaluation lässt sich erkennen, dass die Probanden die Anwendung durchaus positiv bewerteten. Im Vergleich zu den anderen Items zeigt sich jedoch bei der Aufgabenangemessenheit eine Abweichung. Dies lässt sich auf den zum Zeitpunkt der Studie gegebenen Funktionsumfang der prototypischen Umsetzung zurückführen. In den erhobenen qualitativen Daten wurden umfangreiche Funktionen genannt, welche für eine Weiterentwicklung in Betracht gezogen werden können und dies bekräftigen.

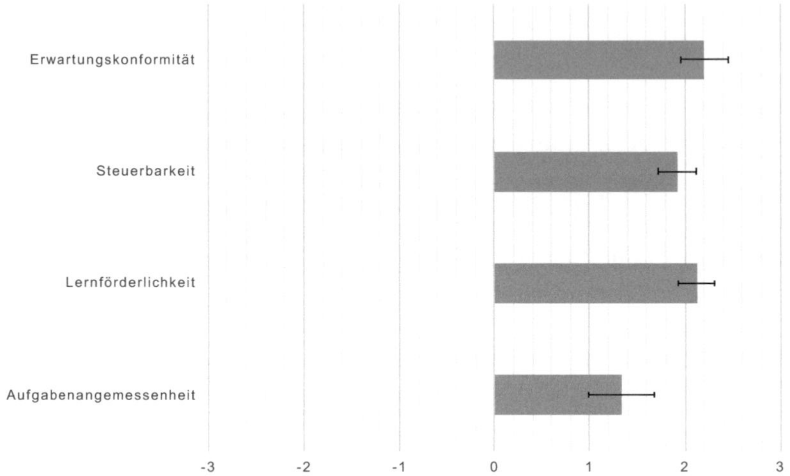

Abbildung 121: Auswertung der Benutzerfreundlichkeit der papierlosen physischen Produktionsvorbereitung

Darüber hinaus wurde eine mögliche Zeitersparnis bei der Anwendung der papierlosen physischen Produktionsvorbereitung evaluiert. Die Frage, ob sich die Probanden vorstellen können, durch die Verwendung der papierlosen physischen Produktionsvorbereitung Zeit gegenüber der herkömmlichen Arbeitsweise zu sparen, beantwortete eine deutliche Mehrheit mit „ja" (vgl. Abbildung 122).

Auch die Frage, ob die Probanden sich vorstellen können, zukünftig mit der papierlosen physischen Produktionsvorbereitung zu arbeiten, beantwortete eine deutliche Mehrheit mit „ja" (vgl. Abbildung 123).

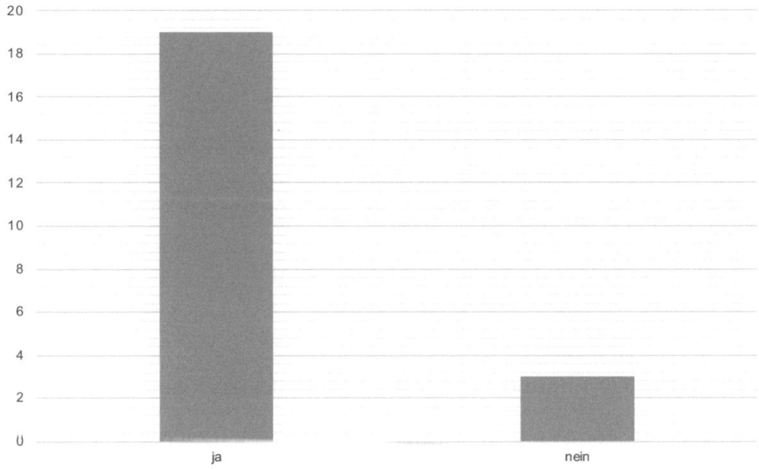

Abbildung 122: Auswertung einer möglichen Zeitersparnis durch eine papierlose physische Produktionsvorbereitung

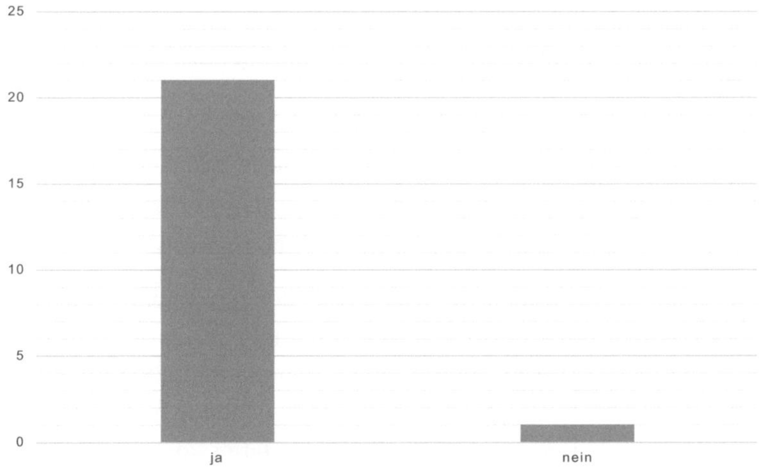

Abbildung 123: Auswertung der papierlosen physischen Produktionsvorbereitung als zukünftiges Arbeitsmittel

Weiteres Feedback, was in freier Form erhoben wurde, zeigt die nachfolgende Tabelle.

Welche Funktionen fehlen Ihnen?
• Autovervollständigung der C-Werte • Rückkopplung an das System bzw. die Schnittstelle • Kopierfunktion • Verknüpfung von Bauteilen und Arbeitsvorgang • Erstellung von automatisierten Reports • Schnellauswahl von Standard-AVO-Schritten
Welche Bedenken haben Sie bei der Umstellung?
• Zeitverzögerung im IPV-Prozess (Wartezeit der anderen IPV-Teilnehmer) • Akkulaufzeit • System-Schnelligkeit/Netzwerkverbindung
Sonstige Anmerkungen:
• Ausbaufähige Lösung • Direkter Zugriff auf aktuelle Unterlagen ohne Mehraufwand für den Workshop • Effizientes Nutzen von Pausen zur Nachdokumentation • Spaghetti-Diagramme und Umfeldanalyse als Ausbaustufe

Tabelle 16: Qualitatives Feedback der Probanden zur papierlosen physischen Produktionsvorbereitung

Zusammenfassend können die Ergebnisse der durchgeführten Evaluation als positiv interpretiert werden. Die Anwendung der papierlosen physischen Produktionsvorbereitung stuften die Teilnehmer als benutzerfreundlich und im Vergleich zur herkömmlichen Arbeitsweise als effizient ein. Aus den erhobenen qualitativen Daten konnten zusätzliche Funktionalitäten abgeleitet werden, welche weitere Potenziale zur Steigerung der Effektivität und Effizienz im Rahmen der Produktionsvorbereitungsworkshops aufweisen. Diese Potenziale sind in der Weiterentwicklung entsprechend zu berücksichtigen.

Um Zeitverzögerungen in den Workshops und bei der Anwendung zu vermeiden, empfiehlt es sich, den organisatorischen Ablauf entsprechend anzupassen. Darüber hinaus spielte die Erfahrung der Anwender mit der Bedienung der Anwendung eine bedeutende Rolle. Die notwendige Erfahrung kann durch regelmäßige Anwendung erreicht werden, so dass mit dem Eintreten einer Lernkurve gerechnet werden kann.

7.3 Beantwortung der Forschungsfragen

Die folgenden Betrachtungen befassen sich mit den in Kapitel 4.4 formulierten Forschungsfragen. Sie werden zusammenfassend durch Verweis auf die in dieser Arbeit erarbeiteten Konzepte und realisierten prototypischen Umsetzungen sowie deren Evaluation beantwortet.

Wie kann eine virtuelle Produktionsvorbereitung durch eine methodische Vorgehensweise systematisch durchgeführt werden?

Um eine virtuelle Produktionsvorbereitung durchführen zu können, bedarf es der Berücksichtigung mehrerer Faktoren und Rahmenbedingungen. Hierzu zählen die unterschiedlichen Interessen der verschiedenen Planungsbereiche, die daraus resultierenden Absicherungsziele und die Anwendung geeigneter Absicherungsmethoden. Die in dieser Arbeit ausgearbeitete und in Kapitel 5.1 erläuterte Vorgehensweise beschreibt eine Methode, welche durch definierte Schritte die systematische Durchführung einer virtuellen Produktionsvorbereitung ermöglicht. Die einzelnen Schritte der Methode setzen sich wie folgt zusammen:

- Differenzbetrachtung
- Analyse der Arbeitsvorgänge
- Datenaufbereitung und -beschaffung
- Vorbereitung und Simulationsmodellerstellung
- Absicherungsworkshop

Bei der Anwendung der Methode wurden die für eine virtuelle Produktionsvorbereitung relevanten Aspekte berücksichtigt. Die Methode setzt Absicherungsziele, Absicherungsmethoden und Tools in Relation. Darüber hinaus lassen sich Absicherungsumfänge ableiten, die einen hohen Automatisierungscharakter aufweisen und die automatisiert durch Absicherungsroutinen ausgeführt werden können.

Manuelle Absicherungsumfänge lassen sich mit dem Schritt Vorbereitung und Simulationsmodellerstellung der beschriebenen Methodik durchführen. Die Bewertung der durchgeführten Absicherungen kann in einem Absicherungsworkshop unter Beteiligung der Vertreter aus den einzelnen Planungsbereichen erfolgen.

Wie kann die Kollaboration der Planung in der virtuellen Produktionsvorbereitung unterstützt werden?

Der Einsatz neuer Technologien mit neuen Interaktionsparadigmen und Anwendungen, welche auf den Nutzer und den Anwendungskontext zugeschnitten sind, sind wesentliche Aspekte zur Unterstützung der Kollaboration in der virtuellen Produktionsvorbereitung.

Die in dieser Arbeit ausgearbeiteten Konzepte (vgl. Kapitel 5.2) und deren prototypische Umsetzung (vgl. Kapitel 6.2) zeigen, dass Multi-Touch- und Multi-User-Konzepte neue Möglichkeiten der direkten Interaktion mit einem System sowie Vorteile in der Bedienung und Kollaboration mit sich bringen. Darüber hinaus führen eine nutzerzentrierte Gestaltung der Software sowie eine ausgeprägte Benutzerfreundlichkeit zu einer hohen Akzeptanz durch die Anwender.

Die gezielte und maßgeschneiderte Umsetzung der beiden Konzepte für die Anwendungsfälle zur Unterstützung der Kollaboration und Dokumentation in der interdisziplinären Produktionsvorbereitung bei Mercedes-Benz Cars wurden mit Nutzern aus der Zielgruppe iterativ erarbeitet. Die Realisierung hat dazu beigetragen, dass die interdisziplinäre Produktionsvorbereitung auch virtuell interaktiv und kollaborativ stattfinden kann.

Welche Absicherungsumfänge sind für eine Absicherung der Produktionsvorbereitung relevant und virtuell realisierbar, welche Herausforderungen bestehen?

Absicherungsumfänge einer Produktionsvorbereitung lassen sich nach dem in dieser Arbeit vorgestellten Schalenmodell wie folgt klassifizieren:

- Produktionsbezogene Produktabsicherung
- Produktbezogene Prozessabsicherung
- Produktionsbezogene Prozessabsicherung
- Ressourcenabsicherung

Tabelle 3 aus Kapitel 3.3 zeigt detaillierte Absicherungskriterien und Beispiele zur vorgenommenen Klassifizierung. Zu den allgemeinen Absicherungsumfängen der Produktionsvorbereitung zählen:

- Zugänglichkeit von Ressourcen
- Identifikation Schrauber und Schraubeneigenschaften
- Identifikation Sonderwerkzeuge
- Optimierung Werkzeugauswahl

- Ergonomie von Montagevorgängen
- Montagereihenfolge
- Materialbereitstellung
- Ladungsträger
- Logistikkonzept
- Wege
- Flächenbedarf

Eine Absicherung von Produkt und Produktion kann durch etablierte, umfangreiche virtuelle Methoden größtenteils sichergestellt werden.

Die Produktionsvorbereitung kann grundsätzlich virtuell und kollaborativ erfolgen. Aus den Erkenntnissen, welche während der Begleitung mehrerer physischer und virtueller Produktionsvorbereitungsworkshops gesammelt wurden konnten, lassen sich jedoch Handlungsbedarfe und auch Grenzen von virtuellen Absicherungen ableiten.

Wesentliche Merkmale eines physischen Produktionsvorbereitungsworkshops sind Interdisziplinarität und Interaktivität. Diese Merkmale müssen sich auch in einem virtuellen Produktionsvorbereitungsworkshop wiederfinden. Daher spielen das Absichern und das Simulieren in Echtzeit eine essentielle Rolle. Eine schnelle Visualisierung der Absicherungsergebnisse und die Möglichkeit, auf die Absicherungen direkt und interaktiv einwirken zu können, sind hierzu grundlegende Voraussetzungen. Auch wenn derzeit bereits effiziente Simulationsmethoden vorhanden sind, besteht hinsichtlich der Echtzeitfähigkeit weiterhin Handlungsbedarf (Wack, Bär, & Straßburger, 2010).

Ein weiteres Hindernis stellt der Insellösungscharakter vieler Simulationswerkzeuge dar. Einzelne Kriterien lassen sich meist in Spezialwerkzeugen simulieren und absichern. Für eine übergreifende Absicherung unter Berücksichtigung ihrer Kombination und existierender Wechselwirkungen fehlen oft adäquate Tools oder entsprechende Schnittstellen zwischen den IT-Systemen und Standards (Wack, Bär, & Straßburger, 2010).

Weitere Herausforderungen bestehen in der Simulation von Materialverhalten. Dabei stellen starre Körper im Gegensatz zu flexiblen Bauteilen keine Herausforderung mehr dar. Durch den Einsatz von virtuellen Methoden sind beispielsweise die Simulation von Toleranzen bei Dichtungen, das Simulieren von Dämmmatten oder von Kabeln und Schläuchen mit ihren physikalischen Eigenschaften derzeit nur ansatzweise realisierbar. Bei solchen Bauteilen ist darüber hinaus die Simulation von Montageabläufen, wie beispielsweise das Verlegen von Kabelsträngen oder das Fädeln von Schläuchen, nicht möglich (Wack, Bär, & Straßburger, 2010). Die virtuelle Simulation von manuellen Montageprozessen lässt zudem auch wertvolle Informationen über das Produktverhalten vermissen. Hierzu zählen beispielsweise das Gewicht, die Verformung, der notwendige Kraftaufwand oder auch die haptische Wahrnehmung bei Bauteilen oder bei der Durchführung von Montagevorgängen (Wack, Bär, & Straßburger, 2010). Dies sind aber relevante Aspekte hinsichtlich einer verlässlichen virtuellen Bewertung der Ergonomie.

Als abschließende Herausforderungen sind die organisatorische sowie prozessuale Verankerung virtueller Absicherungen im Gesamtprozess zu nennen. Hierbei sind unter anderem entsprechende Verbindlichkeiten zu berücksichtigen. Die Beteiligten in den Produktionsvorbereitungsworkshops müssen in der Lage sein, anhand von virtuellen Absicherungen zur physischen Produktionsvorbereitung vergleichbare Bewertungen vorzunehmen. Gleichzeitig müssen virtuelle Absicherungen eine vergleichbare Aussagekraft aufweisen (Wack, Bär, & Straßburger, 2010).

8 Zusammenfassung und Ausblick

Die nachfolgenden Ausführungen fassen die Arbeit, das Vorgehen und die erarbeiteten Ergebnisse zusammen, unterziehen sie einer kritischen Bewertung und geben einen Ausblick auf mögliche weiterführende Forschungsaktivitäten.

Kürzere Innovations- und Produktzyklen, von den unterschiedlichen Märkten abhängige Kundenanforderungen und weitere äußere Einflüsse, wie beispielsweise alternative Antriebskonzepte oder neue Abgasnormen, wirken sich auf die Produkte und die Produktion der Automobilindustrie aus.

Die dadurch steigende Anzahl an Serienanläufen stellt die Automobilindustrie vor neue Herausforderungen. Mit effizienten Produktionsanläufen geht ein hohes Einsparpotenzial einher. Daher werden diese in der Automobilindustrie frühzeitig abgesichert. In Bezug auf manuelle Montageumfänge erfolgt dies im Rahmen der sogenannten Produktionsvorbereitung. In dieser Phase werden stationsweise physische Prototypen des Produktes gemäß dem aktuellen Planungsstand aufgebaut. Dieses Vorgehen und die daraus resultierenden physischen Fahrzeugprototypen sind mit sehr hohen Kosten verbunden.

Die vorliegende Arbeit fokussiert die Phase der Produktionsvorbereitung und die damit verbundene Absicherung des Produktionsanlaufs im Hinblick auf manuelle Montageumfänge in der Automobilindustrie. Dabei wurde das Ziel verfolgt, die Produktionsvorbereitung durch Einsatz von virtuellen Methoden zu unterstützen.

Kapitel 2 fasst das zum besseren Verständnis der Arbeit und des Umfelds der Automobilindustrie notwendige Grundlagenwissen zusammen. Neben der Erläuterung von grundlegenden Aspekten der Produktion und Produktionsplanung sowie ihrer Gewerke und Planungsdisziplinen, wurde der Produktentstehungsprozess dargestellt und die Einordnung der Arbeit in die Phase der Produktionsvorbereitung vorgenommen.

Kapitel 3 beschreibt die Produktionsvorbereitung ausführlich und analysiert die Thematik Absicherungen von Produkt und Produktion in der Automobilindustrie. Dabei liegt ein Schwerpunkt auf den verschiedenen Ausprägungen von Absicherungen und deren Relevanz für die Produktionsvorbereitung.

Kapitel 4 befasst sich mit der Analyse und den Handlungsfeldern. Im Rahmen der Arbeit wurden mehrere physische Produktionsvorbereitungsworkshops begleitet und analysiert. Für die Analyse und Ableitung von Handlungsfeldern waren folgende Bereiche zu berücksichtigen:

- Planungsprozess
- Basis, Durchgängigkeit und Aktualität von Daten
- Virtuelle Absicherungen und Absicherungswerkzeuge
- Usability und User Experience
- Kollaboration
- Dokumentationsprozess
- Spannungsfeld Montage und Logistik

Ausgehend von den erzielten Ergebnissen aus der Analyse und Ableitung von Handlungsfeldern wurden die Forschungsfragen abgeleitet, welche die vorliegende Arbeit beantwortet.

Die konzeptionelle Ausarbeitung zur interdisziplinären Absicherung der Produktion erfolgte in Kapitel 5, das die nachfolgenden Konzepte detailliert beschreibt:

- Ansatz zur virtuellen Produktionsvorbereitung
- Unterstützung der Kollaboration und Dokumentation in der interdisziplinären Produktionsvorbereitung
- Intuitive, interaktive und kollaborative Planung sowie Absicherung der MaterialzonePapierlose physische Produktionsvorbereitung

Die prototypischen Realisierungen der Konzepte sind in Kapitel 6 eingehend beschrieben.

Kapitel 7 umfasst die Evaluation und kritische Bewertung der Arbeit. Weiterhin wird auf die Beantwortung der primären Forschungsfragen eingegangen. Die Evaluation der prototypischen Umsetzungen erfolgte anhand von empirischen Studien und mittels Fragebogen. Die weiteren Betrachtungen befassen sich mit der Frage, inwieweit eine virtuelle Produktionsvorbereitung durch eine methodische Vorgehensweise systematisch realisierbar ist, sowie mit der für die Produktionsvorbereitung wesentlichen Kollaboration.

Hier zeigt sich, dass die Kollaboration durch den Einsatz von neuen Technologien und durch nutzerzentrierte Gestaltung auch im virtuellen Umfeld aufrechtzuerhalten ist und dass die Softwarebedienung keine besondere Expertise verlangt. Daneben ergaben sich Vorteile bei der Dokumentation. Abschließend stehen nochmals die für die Produktionsvorbereitung relevanten Absicherungen im Fokus.

Es ergibt sich die Klassifizierung in die Bereiche:

- Produktionsbezogene Produktabsicherung
- Produktbezogene Prozessabsicherung
- Produktionsbezogene Prozessabsicherung
- Ressourcenabsicherung

Die erläuterten Grenzen von virtuellen Absicherungen eines Produktionsanlaufs zeigen die Handlungsfelder für zukünftige Forschungsaktivitäten auf (Wack, Bär, & Straßburger, 2010).

Die Machbarkeit der ausgearbeiteten Konzepte sowie der prototypischen Umsetzungen wurde nachgewiesen, die relevanten Anforderungen aus Kapitel 4 wurden erfüllt. Im Hinblick auf einen produktiven Einsatz sind für eine vollständige Integration im Bereich von IT-Systemschnittstellen und Infrastruktur zu lösen. Neben den nahezu klassischen Defiziten von Systemschnittstellen ergaben sich, basierend auf den in dieser Arbeit entwickelten Konzepten, eine Reihe offener Fragestellungen, die es in weiterführenden Forschungsaktivitäten zu diskutieren und zu beantworten gilt. Nachfolgende Denkansätze beschreiben mögliche Anknüpfungspunkte.

Standardisierung von Arbeitsvorgangsbeschreibungen

Die in Kapitel 5.1.2 beschriebene Methode zur Analyse von Arbeitsvorgangsbeschreibungen hat gezeigt, wie durch eine strukturierte Vorgehensweise eine gezielte Klassifizierung und Zuordnung von Absicherungszielen und Absicherungsmethoden erfolgen kann. Darüber hinaus ließen sich aus den Ergebnissen Absicherungsumfänge ableiten, die aufgrund der auszuführenden Tätigkeit eine hohe Frequenz und somit enormes Potenzial für eine automatisierte Verarbeitung aufweisen.

Die prototypische Anwendung hat jedoch gezeigt, dass derzeit keine standardisierte Beschreibung von Arbeitsvorgängen vorhanden ist. Dies führt dazu, dass für eine Automatisierung relevante Informationen nicht einheitlich oder teilweise gar nicht zur Verfügung stehen und erst durch aufwändiges manuelles paraphrasieren in eine maschinell verarbeitbare Form gebracht werden können. Als Beispiele seien hierzu unterschiedliche Benennungen für gleiche Bauteile oder gleiche Tätigkeiten genannt. Eine Standardisierung der Benennung und Beschreibung von Arbeitsvorgängen, welche die nachfolgenden Kriterien erfüllt, bildet daher die Grundlage für eine automatisierte Verarbeitung:

- Auszuführende Tätigkeit
- Zu verwendendes Werkzeug
- Zuordnung zu den relevanten Bauteilen

Aus diesen Informationen und einer damit verbundenen Standardisierung lassen sich zudem weitere Vorteile hinsichtlich automatisierter Übersetzung von Arbeitsvorgangsbeschreibungen für global produzierende Unternehmen ableiten.

Interaktive Absicherung manueller Montageprozesse

Das in Kapitel 5.2.1 vorgestellte Konzept bildete die Grundlage für eine intuitive, interaktive und kollaborative Planung und Absicherung einer Materialzone. Neben der eigentlichen Materialbereitstellung waren jedoch auch die manuellen Montageprozesse ein wesentlicher Bestandteil der Absicherung während der Produktionsvorbereitung.

Wie die prototypische Umsetzung des Ansatzes zur virtuellen Produktionsvorbereitung (vgl. Kapitel 5.1) gezeigt hat, sind mit der Erstellung von manuellen Montageprozesssimulationen hohe Zeitaufwände verbunden. Die Evaluation bestätigt zudem eine fehlende Interaktivität bei den Absicherungsworkshops. Um diese Problemstellung zu lösen, bedarf es effizienterer Methoden zur Erstellung der Montageprozesssimulationen. Parallel zur vorliegenden Arbeit existieren daher Bestrebungen, durch neuartige Trackingtechnologien und eine Bodenprojektion von Fabriklayouts diese Problemstellung zu lösen.

Die daraus resultierenden Erkenntnisse mündeten in Kombination mit dem in der Arbeit definierten Konzept sowie der prototypischen Umsetzung in dem Patent „Verfahren zum Auslegen einer Produktionsumgebung“ mit der Anmeldenummer DE 102012005880 und sind darüber hinaus derzeit noch Gegenstand aktueller und weiterführender Forschungsaktivitäten (Gaisbauer, et al., 2018). Auch zusätzliche Erweiterungen der realisierten Anwendung hinsichtlich Visualisierung und Optimierung von Laufwegen werden dabei verfolgt (Agethen, 2018).

Benutzerfreundlichkeit von IT-Systemen in der Produktionsplanung

Die vorliegende Arbeit hat viele Erkenntnisse mit Prozessen und IT-Systemen in der Produktionsplanung erbracht. Bei einer Vielzahl der IT-Systeme war ersichtlich, dass die Funktionalitäten im Vordergrund stehen. Nicht selten mündet dies in einem umfangreichen und komplexen Funktionsumfang.

Nutzerzentrierte sowie auf den Anwendungsfall zugeschnittene IT-Systeme sind eher selten anzutreffen, was dazu führt, dass die Bedienung von vielen IT-Systemen nur durch Experten möglich ist, wodurch die Akzeptanz und letztlich aufgrund von Medienbrüchen auch die Planungsqualität leidet.

Die prototypischen Umsetzungen wurden nutzerzentriert unter Einbeziehung der Anwender gestaltet und bilden einen Teilaspekt im Prozess der Produktionsvorbereitung ab. Die positiven Ergebnisse hinsichtlich

Benutzerfreundlichkeit und Akzeptanz gehen aus der Evaluation deutlich hervor. Im Zuge der zunehmenden digitalen Transformation ist zukünftig mit einer Vielzahl neuer Applikationen zu rechnen, bei denen Benutzerfreundlichkeit zwingend als Qualitätskriterium berücksichtigt werden sollte.

Simulation des physikalischen Verhaltens des Produktes

Die Analyse der für die Produktionsvorbereitung relevanten Absicherungsumfänge (vgl. Kapitel 3.3) hat gezeigt, welche Absicherungen auch durch virtuelle Methoden unterstützt werden müssen, wenn eine virtuelle Produktionsvorbereitung vollständig realisiert werden soll. In der Evaluation sowie der Publikation (Wack, Bär, & Straßburger, 2010) wurde dabei nochmals auf die Grenzen von virtuellen Absicherungen im Produktionsanlauf eingegangen. Wesentliche Handlungsbedarfe stellen die nachfolgenden Punkte dar:

- Interaktive Simulation des Materialverhaltens von flexiblen Bauteilen
- Simulation von Toleranzen bei flexiblen Bauteilen (z. B. Dämmmatten, Dichtungen, Kabel, Schläuche)
- Simulation des physikalischen Produktverhaltens (Haptik, Gewicht, Verformung)

Diese Aspekte und die zusätzliche Kombination mit manuellen Montageprozessen von flexiblen Bauteilen bilden die Grundlage für weitere Forschungsaktivitäten hinsichtlich einer virtuellen Absicherung der Produktionsvorbereitung.

9 Literaturverzeichnis

Österle, H., Becker, J., Frank, U., Hess, T., Karagiannis, D., Krcmar, H., Sinz, E. J. (09 2010). Memorandum zur gestaltungsorientierten Wirtschaftsinformatik. *Zeitschrift für betriebswirtschaftliche Forschung (zfbf)*(62), S. 662-679.

Agethen, P. G. (2018). Interactive simulation for walk path planning within the automotive industry. In *Procedia CIRP, Vol. 72* (S. 285-290).

Aggteleky, B. (1982). *Fabrikplanung Band 2 - Werksentwicklung und Betriebsrationalisierung, Betriebsanalyse und Feasibility-Studie.* München: Carl Hanser.

Arnold, D., & Furmans, K. (2009). *Materialfluss in Logistiksystemen* (5. Ausg.). Berlin Heidelberg New York: Springer Verlag.

Assmann, G. (2000). *Gestaltung von Änderungsprozessen in der Produktentwicklung.* (U. Hrsg.: Lindemann, Hrsg.) München: Herbert Utz Verlag.

Bär, T. (2008). Flexibility Demands on Automotive Production and their Effects on virtual Production Planning. *2nd CIRP Conference on Assembly Technologies and Systems (CATS).* Toronto, Canada.

Balci, O. (1998). Verification, Validation, and Testing. In J. Banks (Hrsg.), *Handbook of simulation. Principles, methodology, advances, applications, and practice* (S. 335–393). New York: Wiley; Co-published by Engineering & Management Press.

Balci, O. (2003). Verification, validation, and certification of modeling and simulation applications. *Proceedings of the 2003 Winter Simulation Conference.*

Balci, O. (2004). Quality assessment, verification, and validation of modeling and simulation applications. *Proceedings of the 2004 Winter Simulation Conference.*

Balci, O. (2010). Golden Rules of Verification, Validation, Testing, and Certification of Modeling and Simulation Applications. *SCS M&S Magazine.*

Berndt, R. (2005). *Marketingstrategie und Marketingpolitik.* Berlin Heidelberg: Springer Verlag.

Berndt, R., & Cansier, A. (2007). *Produktion und Absatz.* Berlin Heidelberg: Springer Verlag.

Beuermann, G. (1996). Produktiosfaktoren. In W. Kern, H.-H. Schröder, & J. Weber (Hrsg.), *Handwörterbuch derProduktionswirtschaft* (2. Auflage Ausg.). Stuttgart: Schäffer-Poeschel.

Bichler, K., Krohn, R., Philippi, P., & Schneidereit, F. (2017). *Kompakt-Lexikon Logistik* (2. Ausg.). (P. Philippi, Hrsg.) Wiesbaden: Springer Gabler.

Bierwirth, T. (2004). *Virtuelle Logistikplanung für die Automobilindustrie* (Bd. 10). Aachen: Shaker Verlag.

Blake, J. (2013). *Natural User Interfaces in .NET.* Manning.

Bracht, U., & Bierwirth, T. (2003). Virtuelle Logistikplanung: Methoden und Modelle zur Abbildung und Bewertung logistischer Prozesse im Rahmen der Digitalen Fabrik. *Zeitschrift für wirtschaftlichen Fabrikbetrieb*(3), S. 219-223.

Bracht, U., Geckler, D., & Wenzel, S. (2011). *Die Digitale Fabrik - Methoden und Praxisbeispiele.* Berlin-Heidelberg: Springer Verlag.

Breitling, T., Grossmann, T., & Zöller, A. (2009). Digitale Prototypen unterstützen Entwicklung. *Automobiltechnische Zeitschrift (ATZ) extra*(1), 162-171.

Bullinger, H.-J. (1986). *Systematische Montageplanung.* München: Carl Hanser.

Bullinger, H.-J., & Lung, M. M. (1994). *Planung der Materialbereitstellung in der Montage.* Stuttgart: Teubner.

Burdea, G., & Coiffet, P. (2003). *Virtual Reality Technology.* Wiley Hoboken.

Burr, H. (2008). *Informationsmanagement an der Schnittstelle zwischen Entwicklung und Produktionsplanung im Karosserierohbau* (Bd. 44). (H. Bley, & C. Weber, Hrsg.) Saarbrücken: Universität Saarbrücken, Lehrstuhl für Fertigungstechnik/CAM, Schriftenreihe Produktionstechnik.

Burr, H., Deubel, T., Vielhaber, M., Haasis, S., & Weber, C. (2003). Challenges for CAx and EDM in an international automotive company. *ICED 03 - International Conference on Engineering Design, The Design Society*, (S. 309-310). Stockholm.

Christopher, M. (2016). *Logistics and Supply Chain Management* (5. Ausg.). Harlow: Pearson Education Limited.

CIRP. (2014). *Wörterbuch der Fertigungstechnik.* (I. F. Produktionstechnik, Hrsg.) Berlin Heidelberg: Springer Verlag.

Clausen, U., & Weber, J. (2006). Prototypenplanung im Nutzfahrzeugbau. *Automobiltechnische Zeitschrift (ATZ)*, 740-744.

Corsten, D., & Gabriel, C. (2004). *Supply Chain Management erfolgreich Umsetzen - Grundlagen, Realisierung, Fallstudien.* Berlin, Heidelberg, New York: Springer Verlag.

Dangelmaier, W. (2001). *Fertigungsplanung: Planung von Aufbau und Ablauf der Fertigung* (2. Ausg.). Berlin: Springer Verlag.

Dangelmaier, W. (2003). *Produktion und Information: System und Modell* (1. Ausg.). Berlin Heidelberg: Springer Verlag.

Dangelmaier, W. (2009). *Theorie der Produktionsplanung und -steuerung - Im Sommer keine Kirschpralinen?* Berlin Heidelberg: Springer Verlag.

Dietrich, L., & Schirra, W. (2006). *Innovationen durch IT - Erfolgsbeispiele aus der Praxis. Produkte - Prozesse - Geschäftsmodelle.* Berlin: Springer Verlag.

Domschke, W., & Scholl, A. (2008). *Grundlagen der Betriebswirtschaftslehre. Eine Einführung aus entscheidungsorientierter Sicht* (4. Ausg.). Berlin Heidelberg New York: Springer Verlag.

Dybkaer, R. (2010). *'Verification' versus 'validation': a terminological comparison. In Accreditation and Quality Assurance.*

Egermeier, H. (2008). *Entwicklung eines Virtual-Reality-Systems für die Montagesimulation mit kraftrückkoppelnden Handschuhen.* München: Herbert Utz Verlag.

Ehrlenspiel, K. (2009). *Integrierte Produktentwicklug. Denkabläufe, Methodenseinsatz, Zusammenarbeit* (4. Ausg.). München Wien: Carl Hanser Verlag.

Eigner, M., & Stelzer, R. (2009). *Product Lifecycle Management - Ein Leitfaden für Product Development und Life Cycle Management* (2. Ausg.). Berlin-Heidelberg: Springer Verlag.

Elmaraghy, H. A. (2009). *Changeable and Reconfigurable Manufacturing Systems.* London: Springer-Verlag.

Engel, M. (03 2010). Referenzmodell zur durchgängigen digitalen Planung komplexer Produktionssysteme. *Zeitschrift für wirtschaftlichen Fabrikbetrieb*(03/2010), S. 173- 177.

Engel, M., Riegmann, T., Schäfer, A., & Urlich, G. (105 (3) 2010). Zehn Jahre Digitale Fabrik in der Automobilindustrie - Vergangenheit und Zukunft der Digitalen Fabrik. *Zeitschrift für wirtschaftlichen Fabrikbetrieb*, S. 178-183.

Evans, B. (1990). Simultaneous Engineering. In C. W. Allen (Hrsg.), *Simultaneous Engineering - Integrating Manufacturing and Design.* Society of Manufacturing.

Eversheim, W. (2002). *Organisation in der Produktionstechnik – Arbeitsvorbereitung* (4. Ausg.). Berlin Heidelberg: Springer-Verlag.

Eversheim, W., & Schuh, G. (1996). *Betriebshütte - Produktion und Management* (7. Ausg.). Berlin-Heidelberg: Springer Verlag.

Fenn, J., & Raskino, M. (2008). *Mastering the Hype Cycle - How to Choose the Right Innovation at the Right Time.* Boston: Harvard Business Press.

Fitzek, D. (2005). *Anlaufmanagement in Netzwerken - Grundlagen, Erfolgsfaktoren und Gestaltungsempfehlungen für die Automobilindustrie.* Bern Stuttgart Wien: Haupt Verlag.

Fitzek, D. (2006). *Anlaufmanagement in Netzwerken - Grundlagen, Erfolgsfaktoren und Gestaltungsempfehlungen für die Automobilindustrie.* Bern Stuttgart Wien: Haupt Verlag.

Fleischer, J., Wawerla, M., Ender, T., Nyhuis, P., Heins, M., & Großhenning, P. (1 2005). Digitaler Serienanlauf beschleunigt den Markteintritt. *Intelligenter produzieren*, S. 36-37.

Ford, H., & Crowther, S. (1926). *Das grosse Heute, das größere Morgen.* Leipzig: Paul List.

Fortmann, K. M., & Kallweit, A. (2007). *Logistik* (2. Ausg.). Stuttgart: Kohlhammer.

Frey, S. R. (1975). *Plant Layout: Planung, Optimierung und Einrichtung von Produktions-, Lager- und Verwaltungsstätten.* Wien: Carl Hanser Verlag.

Fusch, T. K. (2001). Strategien und Nutzen der virtuellen Produktion. *Maschinenmarkt*(42), 54-58.

Gaisbauer, F., Agethen, P., Otto, M., Bär, T., Sues, J., & Rukzio, E. (2018). Presenting a Modular Framework for a Holistic Simulation of Manual Presenting a Modular Framework for a Holistic Simulation of Manual 28th CIRP Design Conference, May 2018, Nantes, France Assembly Tasks. In *Procedia CIRP, Vol. 72* (S. 768-773).

Gehr, F., & Hellingrath, B. (2007). *Logistik in der Automobilindustrie. Innovatives Supply Chain Management für wettbewerbsfähige Zulieferstrukturen.* Berlin Heidelberg: Springer Verlag.

Geißel, O. (2012). *AMMU Automotive Mixed Mock-Up. Konzeption einer neuen Entwicklungsplattform für die Automobilindustrie.* Stuttgart.

Gerberich, T. (2011). *Lean oder MES in der Automobilzulieferindustrie - Ein Vorgehensmodell zur fallspezifischen Auswahl.* Wiesbaden: Gabler Verlag.

Gienke, H., & Kämpf, R. (2007). *Handbuch Produktion. Innovatives Produktionsmanagement: Organisation, Konzepte, Controlling.* München: Carl Hanser Verlag.

Grunwald, S. (2002). *Methode zur Anwendung der flexiblen integrierten Produktentwicklung und Montageplanung.* München: Herbert Utz Verlag.

Gutenberg, E. (1951). *Grundlagen der Betriebswirtschaftslehre. Band 1: Die Produktion.* Berlin : Gabler Verlag.

Harbour Consulting. (2006). *The Harbour Report North America.*

Harms, E. (2009). *Änderungs- und Konfigurationsmanagement unter Berücksichtigung von Verwendungsinstanzen. Arbeitsmethoden für integrierte Produktmodelle im Rahmen des Produkt-Lebenszyklus-Managements der Automobilindustrie.* Karlsruhe: Univ.-Bibl.

Hoitsch, H.-J. (1993). *Produktionswirtschaft: Grundlagen einer industriellen Betriebswirtschaftslehre* (2. Ausg.). München: Vahlen Verlag.

Hollingsworth, D. (1995). *The Workflow Reference Model.* Workflow Management Coalition.

Holweg, M., & Pil, F.-K. (2005). *The Second Century, Reconnecting Customer and Value Chain Through Build-To-Order.* Cambridge, London: The MIT Press.

Hommers, R. (2007). *Ökologische Produktionslogistik. Ökonomische Grundlagen, Funktionen und Ziele der Logistik mit den an Bedeutung gewinnenden ökologischen Einflüssen und Erkentnissen im Allgemeinen und in der Wirtschaft und Industrie im Speziellen.* München: Grin.

Jünemann, R. (1989). *Materialfluss und Logistik: systematische Grundlagen mit Praxisbeispielen.* Berlin: Springer Verlag.

Jürgens, H. W. (2004). *Erhebung anthropometrischer Maße zur Aktualisierung der DIN 33 402 - Teil 2.* Dortmund: Wirtschaftsverlag NW Verlag für neue Wissenschaft.

Kühn, W. (2006). *Digitale Fabrik - Fabriksimulation für Produktionsplaner.* Carl Hanser Verlag.

Kemper, H.-G., Pedell, B., & Schäfer, H. (2012). *Management vernetzter Produktionssysteme. Innovation, Nachhaltigkeit und Risikomanagement.* München: Franz Vahlen.

Kirchhof, R. (2003). *Ganzheitliches Komplexitätsmanagement. Grundlagen und Methodik des Umgangs mit Komplexität im Unternehmen.* Wiesbaden: Springer Fachmedien Wiesbaden.

Klein, S. (2009). *Logistikplanung und Logistikorganisation im Rahmen der Beschaffungslogistik.* GRIN Verlag GmbH.

Klug, F. (2010). *Logistikmanagement in der Automobilindustrie - Grundlagen der Logistik im Automobilbau.* Berlin, Heidelberg: Springer Verlag.

Koether, R. (2007). *Technische Logistik* (3. Ausg.). München: Hanser Verlag.

Liker, J. K. (2004). *The Toyota Way: 14 Management Principles from the World's Greatest Manufacturer.* New York: McGraw Hill Professional.

Liker, J. K. (2008). *Der Toyota Weg - 14 Managementprinzipien des weltweit erfolgreichsten Automobilkonzerns.* München: FinanzBuch Verlag.

Lindemann, U. (2009). *MethodischeEntwicklung technischer Produkte* (3. Ausg.). Berlin Heidelberg: Springer-Verlag.

Linner, S., Geyer, M., & Wunsch, A. (1999). Optimierte Prozesse durch Digital Factory Tools. *VDI-Berichte 1489*, 187-198.

Lotter, B., & Wiendahl, H.-P. (2012). *Montage in der industriellen Produktion. Ein Handbuch für die Praxis* (2. Ausg.). Heidelberg: Springer Verlag.

Müller, M. (2007). *Reifegradbasierte Optimierung von Entwicklungsprozessen am besonderen Beispiel der produktionsbezogenen Produktabsicherung in der Automobilindustrie* (Bd. 42). (L. Saarbrücken, Hrsg.) Saarbrücken: Schriftenreihe Produktionstechnik.

Martin, H. (2014). *Transport- und Lagerlogistik Planung, Struktur, Steuerung und Kosten von Systemen der Intralogistik* (9. Ausg.). Wiesbaden: Vieweg Verlag.

Meißner, R. (2010). *Digitale Absicherung der Montagetauglichkeit. Ein Beitrag zur Integration von Produktentwicklung und Montageplanung.* Magdeburg: Otto-von-Guericke-Universität Magdeburg.

Mertens, P., Bodendorf, F., König, W., Picot, A., Schumann, M., & Hess, T. (2012). *Grundzüge der Wirtschaftsinformatik* (11 Ausg.). Berlin-Heidelberg: Springer Verlag.

Milgram, P., Tagemuram, H., Utsumi, A., & Kishio, F. (1994). Augmented Reality: A Class of Displays on the Reality-Virtuality Continuum. (SPIE, Hrsg.) *Telemanipulator and Telepresence Technologies*(2351).

Nielsen, J. (1993). *Usability Engineering.* San Francisco: Morgan Kaufmann.

Oehme, O. (2004). *Ergonomische Untersuchung von kopfbasierten Displays für Anwendungen der erweiterten Realität in Prodiuktion und Service.* Aachen: Shaker Verlag.

Ohno, T. (1993). *Toyota Produktionssystem.* New York: Campus Verlag.

Otto, F. (2011). *Digitale Methoden zur interdisziplinären Montageabsicherung im Bereich Powertrain.* Berlin: Unveröffentliche Diplomarbeit. Technische Universität Berlin.

Pahl, G., Beitz, W., Feldhusen, J., & Grote, K.-H. (2013). *Konstruktionslehre - Grundlagen erfolgreicher Produktentwicklung Methoden und Anwendung* (8. Ausg.). Berlin-Heidelberg: Springer Verlag.

Parsaei, H. R., & Sullivan, W. G. (1993). *Concurrent Engineering.* Springer Science and Business Media.

Patron, C. (2005). *Konzept für dein Einsatz von Augmented Reality in der Montageplanung.* München: Hubert Utz Verlag.

Pettersen, J. (2009). Defining Lean Production: Some conceptual and practical issues. *The TQM Journal*, 127-142.

Pfeiffer, W., & Weiß, E. (1994). *Lean Management: Grundlagen der Führung und Organisation lernender Unternehmen* (2. Ausg.). Berlin: Erich Schmidt Verlag.

Pfohl, H.-C. (2010). *Logistiksysteme – Betriebswirtschaftliche Grundlagen* (8. Ausg.). Berlin: Springer Verlag.

Pfohl, H.-C., & Buse, H. P. (2000). Inter-organizational logistics systems in flexible production networks: An organizational capabilities perspective. *International Journal of Physical Distribution & Logistics Management*(30/5), S. 388-408.

Rabe, M., Wenzel, S., & Spieckermann, S. (2007). *Verifikation und Validierung für die Simulation in Produktion und Logistik. Vorgehensmodelle und Techniken.* Berlin: Springer Verlag.

Riegmann, T. (03 2011). Referenzprozesse zur effektiven Implementierung der Digitalen Fabrik. *Zeitschrift für wirtschaftlichen Fabrikbetrieb*(03/2011), S. 122-126.

Rooks, T. (2009). *Rechnergestützte Simulationsmodellgenerierung zur dynamischen Absicherung der Montagelogistikplanung bei der Fahrzeugneutypplanung im Rahmen der Digitalen Fabrik.* Aachen: Shaker.

Roscher, J. (2007). *Bewertung von Flexibilitätsstrategien für die Endmontage in der Automobilindustrie.* Stuttgart: Universitätsverlag.

Rother, M. (2015). *Sehen Lernen: Mit Wertstromdesign die Wertschöpfung erhöhen und Verschwendung beseitigen* (4. Ausg.). Aachen: Lean Management Institut.

Sabisch, H. (1996). Produkte und Produktgestaltung. In W. Kern, & H.-H. Schröder (Hrsg.), *Handwörterbuch der Fertigungswirtschaft* (2. Ausg.). Stuttgart: Schäffer-Poeschel.

Sardonick, F., & Brau, H. (2015). *Methoden der Usability Evaluation: Wissenschaftliche Grundlagen und praktische Anwendung.* Hogrefe AG.

Sauer, O. (2004). Einfluss der Digitalen Fabrik auf die Fabrikplanung. *wt Werkstattstechnik online,* S. 1/2, S. 31–34.

Schöning, J., Brandl, P., Daiber, F., Echtler, F., Hilliges, O., Hook, J., von Zadow, U. (kein Datum). *Multi-Touch Surfaces: A Technical Guide Technical Report TUM-I0833.* Technical Reports of the Technical University of Munich, München.

Schäppi, B., Andreasen, M. M., Kirchgeorg, M., & Rademacher, F.-J. (2016). *Handbuch Produktentwicklung.* München Wien: Carl Hanser Verlag.

Scheer, F., & Keutel, M. (2010). Screen Space Ambient Occlusion for Virtual and Mixed Reality Factory Planning. *Journal of WSCG,* S. 113-120.

Scheer, F., Wack, K.-J., Brau, H., & Schönfelder, R. (2010). UX als Chance für Mixed Reality - Konzepte der Spieleindustrie in der Digitalen Fabrikplanung. In H. D. Brau, *Usability Professionals 2010. Embracing Cultural Diversity – User Experience Design for the World, Usability Professionals' Association – International Conference.* München.

Schiller, E. F., & Müller, R. (1997). *Simulationsunterstützte Planung der Arbeitsorganisation in manuellen Montagesystemen.* Aachen: Shaker Verlag.

Schlange, C. (2010). *Integrierte Struktur- und Layoutplanung unter Nutzung erweiterter virtueller Fabrikmodelle.* Aachen: Shaker Verlag.

Schlegel, T. (2013). *Multi-Touch. Interaktion durch Berührung.* Berlin-Heidelberg: Springer Verlag.

Schmigalla, H. (1995). *Fabrikplanung: Begriffe und Zusammenhänge. REFA Fachbuchreihe Betriebsorganisation.* München: Carl Hanser.

Schneider, M. (2008). *Logistikplanung in der Automobilindustrie.* Wiesbaden: Gabler Verlag.

Schuh, G., & Speth, C. (1998). Integriertes Komplexitätsmanagement. In *Effektive Entwicklung und Auftragsabwicklung variantenreicher Produkte* (S. 157-174). Düsseldorf: VDI.

Schuh, G., Gottschalk, S., Lösch, F., & Wesch, W. (2007). Fabrikplanung im Gegenstromverfahren. *wt Werkstattstechnik online,* S. Jahrg. 97, H. 4, S. 195-199.

Schuh, G., Stölzle, W., & Straube, F. (2008). *Anlaufmanagement in der Automobilindustrie erfolgreich umsetzen. Ein Leitfaden für die Praxis.* Berlin Heidelberg: Springer Verlag.

Schulte, C. (2016). *Logistik. Wege zur Optimierung der Supply Chain* (7. Ausg.). München: Vahlen Verlag.

Shingo, S. (1989). *A Study of the Toyota Production.* New York: Produtctivity Press.

Springer Fachmedien Wiesbaden. (2018). *Gabler Wirtschaftslexikon.* (S. F. Wiesbaden, Herausgeber)

Stäblein, T., Schütte, A., Merat, P., & Bracht, U. (2008). Integrierte Planung der mittelfristigen Komponenten- und Teilebedarfe für variantenreiche Serienprodukte. *Zeitschrift für wirtschaftlichen Fabrikbetrieb (ZWF)*, S. Jahrg. 103, H. 3, S. 126-132.

Stachowiak, H. (1973). *Allgemeine Modelltheorie* (1. Ausg.). Berlin Heidelberg: Springer Verlag.

Stark, R., Kim, M., & Rothenburg, U. (2010). Vom virtuellen Produkt zur digitalen Fabrik: Potentiale und Herausforderungen. In *In (Fraunhofer IPK Hrsg.): XIII.Internationales Produktionstechnisches Kolloquium. Produktionstechnik - Motor aus der Krise.*

Stiegler, G. (1999). *Produktionsplanung und Produktionssysteme im Fahrzeugbau.* Wien: Manz-Verlag Schulbuch.

Vajna, S., Weber, C., Bley, H., Zeman, K., & Hehenberger, P. (2009). *CAx für Ingenieure* (2. Ausg.). Berlin-Heidelberg: Springer Verlag.

Wöhe, G., & Döring, U. (2016). *Einführung in die Allgemeine Betriebswirtschaftslehre* (26. Ausg.). München: Vahlen Verlag.

Wack, K.-J. (2007). *Konzeptentwicklung und prototypische Realisierung eines Portals zur Absicherung der produktionsgerechten Produktgestaltung.* Master Thesis. Steinbeis Hochschule Berlin.

Wack, K.-J., Bär, T., & Straßburger, S. (2010). Grenzen einer digitalen Absicherung des Produktionsanlaufs. In Z. G., & P. Stock (Hrsg.), *Integrationsaspekte der Simulation: Technik, Organisation und Personal.* Karlsruhe: Karlsruhe Scientific Publishing.

Wack, K.-J., Otto, F., Manns, M., & Straßburger, S. (2011). Efficient preparation of digital production validation. In *Proceedings of the 44th CIRP Conference on Manufacturing Systems (ICMS 2011).* Madison, Wisconsin, USA.

Wack, K.-J., Riegmann, T., Straßburger, S., & Günther, U. (2011). Digitale Produktionsabsicherung am Beispiel Powertrain. In M. Schenk (Hrsg.), *14. IFF-Wissenschaftstage 28.-30. Juni 2011. 8. Fachtagung Digitales Engineering und virtuelle Techniken. Digitales Engineering und virtuelle Techniken zum Planen, Testen und Betreiben technischer Systeme.* Magdeburg: Fraunhofer Verlag.

Walz, N. (2003). *Konzeption und Integration von Logistikfunktionen im Rahmen des Projekts Digitale Fabrik der DaimlerChrysler AG. Diplomarbeit.*

Warnecke, H.-J. (1995). *Der Produktionsbetrieb 1 – Organisation, Produkt, Planung.* Berlin, Heidelberg: Springer-Verlag.

Weber, W. (2006). *Einführung in die Betriebswirtschaftslehre* (6. Ausg.). Wiesbaden: Gabler.

Weidt, S. (2004). *Intraorganisationales Kompetenzmanagement für die Logistikplanung.* Praxiswissen Service.

Wemhöner, N. (2006). *Flexibilitätsoptimierung zur Auslastungssteigerung im Automobilrohbau.* Aachen: Shaker.

Westkämper, E. (2006). *Einführung in die Organisation der Produktion.* Berlin Heidelberg: Springer Verlag.

Weyand, L. (2010). *Risikoreduzierte Endmontageplanung am Beispiel der Automobilindustrie.* (D. B. Bähre, Hrsg.) Saarbrücken: Universität des Saarlandes. Schriftenreihe Produktionstechnik, Band 46.

Weyer, M., & Spath, D. (2001). Produktionssteuerungskonzepts „Perlenkette". *ZWF Zeitschrift für wirtschaftlichen Fabrikbetrieb*(96/3), 116-119.

Wiendahl, H.-P., & Lutz, S. (2002). Production in Networks. *Annals of the CIRP, 52(2)*, S. 573-586.

Wiendahl, H.-P., Nofen, D., Klußmann, J., & Breitenbach, F. (2005). *Planung modularer Fabriken - Vorgehen und Beispiele aus der Praxis.* München Wien: Carl Hanser Verlag.

Wilde, T., & Hess, T. (8 2007). Forschungsmethoden der Wirtschaftsinformatik - Eine empirische Untersuchung. *Wirtschaftsinformatik, 4*(49), S. 280-287.

Winter, E., Mosena, R., & Roberts, L. (2010). *Gabler Wirtschaftslexikon. Die ganze Welt der Wirtschaft: Betriebswirtschaft, Volkswirtschaft, Wirtschaftsrecht, Recht und Steuern* (17. Ausg.). Gabler Verlag.

Womack, J. P., & Jones, D. T. (2013). *Lean Thinking - Ballast abwerfen, Unternehmensgewinne steigern* (3. Ausg.). Frankfurt am Main: Campus Verlag.

Yang, X. G., Li, Y. P., Ma, G. S., Hu, X. Q., Wang, J. Z., Cui, Z. H., Zhai, F. Y. (2005). Study on weight and height of the Chinese people and the differences between 1992 and 2002. In *Zhonghua liu xing bing xue za zhi* (S. 489-493). Beijing 100050, China: National Institute for Nutrition and Food Safety, Chinese Center for Disease Control and Prevention.

Zäh, M. F., Vogel, W., Wünsch, G., & Munzert, U. (2004). Virtuelle Inbetriebnahme im Regelkreis das Fabriklebenszyklus. Herbert Utz Verlag.

Zenner, C. (2006). *Durchgängiges Variantenmanagement in der Technischen Produktionsplanung.* (H. Bley, & C. Weber, Hrsg.) Saarbrücken: Lehrstuhl für Fertigungstechnik/CAM.

Zoll, J. (13. 09 2013). Produktentstehung und Produktionsprozess wachsen zusammen. *VDI Nachrichten*(37), S. 14.

10 Normen und Richtlinien

DIN 199-1 (2002). Technische Produktdokumentation - CAD-Modelle, Zeichnungen und Stücklisten - Teil 1: Begriffe. Deutsches Institut für Normung e.V.

DIN 8580 (1974). Fertigungsverfahren. Begriffe, Einteilung. Deutsches Institut für Normung e.V.

DIN 8593 (2003). Fertigungsverfahren Fügen - Teil 0: Allgemeines; Einordnung, Unterteilung, Begriffe. Deutsches Institut für Normung e.V.

DIN EN 1005-5 (2005). Sicherheit von Maschinen - Menschliche körperliche Leistung - Teil 5: Risikobeurteilung für kurzzyklische Tätigkeiten bei hohen Handhabungsfrequenzen. Deutsches Institut für Normung e.V.

DIN EN ISO 9241-110 (2008). Ergonomie der Mensch-System-Interaktion - Teil 110: Grundsätze der Dialoggestaltung (ISO 9241-110:2006). Europäisches Komitee für Normung, Brüssel.

DIN IEC 60050-351 (2009). Internationales Elektrotechnisches Wörterbuch - Teil 351: Leittechnik. Deutsches Institut für Normung e.V. Beuth-Verlag, Berlin.

DIN199 (2002). Technische Produktdokumentation - CAD Modelle, Technische Zeichnungen und Stücklisten. Deutsches Institut für Normung e.V.

ISO 9000 (2005): Qualitätsmanagementsysteme - Grundlagen und Begriffe. Internationale Organisation für Normung. Beuth-Verlag, Berlin.

JCGM (2008). International vocabulary of metrology - Basic and general concepts and associated terms (VIM). Joint Committee for Guides in Metrology. Bureau International des Poids et Mesures (BIPM), Paris, Frankreich.

REFA (1979). Methodenlehre der Planung und Steuerung. Verband für Arbeitsstudien und Betriebsorganisation e. V. München: Teil 2. Hanser, München.

REFA (1982). Methodenlehre der Planung und Steuerung. Teil 1: Grundbegriffe. Verband für Arbeitsstudien und Betriebsorganisation e. V. München: Hanser, München.

REFA 192 (1990). Methodenlehre der Planung und Steuerung. Teil 1: Grundbegriffe. Verband für Arbeitsstudien und Betriebsorganisation (Hrsg.): Planung und Betrieb komplexer Produktionssysteme. München: Hanser.

VDA-Empfehlung 4500 (2015). Kleinladungsträger (KLT)-System. Verband der Automobilindustrie, Berlin.

VDA-Empfehlung 5010 (2008). Standardbelieferungsformen der Logistik in der Automobilindustrie. Verband der Automobilindustrie, Frankfurt.

VDI-Richtlinie 4499 (2006). Blatt 1: Digitale Fabrik – Grundlagen. Verein Deutscher Ingenieure. VDI-Verlag, Düsseldorf.

VDI-Richtlinie 2206 (2004). Entwicklungsmethodik für mechatronische Systeme. Verein Deutscher Ingenieure. VDI-Verlag, Düsseldorf.

VDI-Richtlinie 2219 (2002): „Informationsverarbeitung in der Produktentwicklung Einführung in die Wirtschaftlichkeit von EDM/PDM Systemen". Beuth-Verlag, Düsseldorf.

VDI-Richtlinie 2221 (1993). Methodik zum Entwickeln und Konstruieren technischer Systeme und Produkte. Verein Deutscher Ingenieure. VDI-Verlag, Düsseldorf

VDI-Richtlinie 2223 (2004). Methodisches Entwerfen technischer Produkte. Verein Deutscher Ingenieure. VDI-Verlag, Düsseldorf

VDI-Richtlinie 2689 (2010). Leitfaden für Materialflussuntersuchungen. Verein Deutscher Ingenieure. VDI-Verlag, Düsseldorf

VDI-Richtlinie 2815 (1978). Begriffe für die Produktionsplanung und -steuerung - Einführung, Grundlagen. Verein Deutscher Ingenieure. VDI-Verlag, Düsseldorf

VDI-Richtlinie 2860 (1990). Montage- und Handhabungstechnik; Handhabungsfunktionen, Handhabungseinrichtungen; Begriffe, Definitionen, Symbole. Verein Deutscher Ingenieure. VDI-Verlag, Düsseldorf

VDI-Richtlinie 3633 (2000). Simulation von Logistik, Materialfluss und Produktionssystemen, Teil 1: Grundlagen. Verein Deutscher Ingenieure. VDI-Verlag, Düsseldorf

Index

N

O

P

R

S

T

U

V

W

Anhang

Anhang A - Fragebogen zur Evaluation des Absicherungsworkshops

Bitte füllen Sie diesen Fragebogen so ausführlich wie möglich aus und äußern Sie bitte jeden Gedanken. Selbstverständlich werden Ihre Angaben und anonymisiert und streng vertraulich behandelt.

Ein Beispiel für das Ankreuzen

	+	-
Sie stimmen voll und ohne Vorbehalte zu		
Sie stimmen gar nicht zu		
Sie stimmen größtenteils zu		

Inhalt des Fragebogens

Die Fragen auf den folgenden drei Seiten sind in drei Kategorien eingeteilt:

1) Allgemeine Fragen des Workshops

2) Fragen zu virtuellen Absicherungen

3) Angaben zu Ihrer Person

1. Allgemeine Fragen zum Workshop

	+	-
Gesamteindruck des Workshops		
	+	-
Dauer des Workshops		
	+	-
Ablauf des Workshops		
	+	-
Kompetenz des Workshopleiters		
	+	-
Technische Ausstattung des Raumes		
Haben Sie Lob, Kritik oder Anmerkungen zum Aufbau und Ablauf des Workshops?		

2. Fragen zu virtuellen Absicherungen

	+	-
Wie umfangreich sind Ihre Erfahrungen mit virtuellen Absicherungen?		
	+	-
Wie haben Sie die Performanz der Simulationen empfunden (Animationen)?		
	+	-
Wie haben Sie die Performanz beim Wechsel zwischen den verschiedenen Programmen empfunden?		
	+	-
Wie realitätsnah haben Sie die verwendeten Betriebsmittel empfunden?		
	+	-
Als wie realitätsnah haben Sie die Mensch-Modelle empfunden?		
	+	-
Wie haben Sie die Interaktionmöglichkeiten mit den Simulationen empfunden?		
	+	-

Könnten Sie sich vorstellen die Simulationswerkzeuge selbst zu bedienen?		
	+	-
Könnten Sie sich vorstellen die Simulationen selbst zu erzeugen?		
Haben Ihnen Informationen für die Absicherung gefehlt?	ja ☐	nein ☐

Falls Sie ja angekreuzt haben, welche Informationen haben Sie vermisst?		
	+	-
War der Detaillierungsgrad der Simulation für Ihre Bewertung ausreichend?		
	+	-
Als wie realitätsnah haben Sie die Simulation empfunden?		
	+	-
Waren die Simulationen aussagekräftig genug um Ihre Absicherung zu ermöglichen?		

Wo liegen Ihrer Meinung nach die größten Probleme bzw. Defizite der Simulation?

	+	-
Sind die Ergebnisse der virtuellen mit denen der physischen Absicherungsworkshops vergleichbar?		
	+	-
Hätten Sie ohne Ihre Erfahrungen aus den physischen Absicherungsworkshops die Simulationen bewerten können?		

Bitte begründen Sie Ihre Antwort.
Bitte nennen Sie uns die Ihrer Meinung nach positiven bzw. negativen Aspekte eines virtuellen Absicherungsworkshops.

3. Angaben zu Ihrer Person

Geschlecht	weiblich ☐	männlich ☐
Alter	___ Jahre	
Ihre Berufserfahrung in der Automobilindustrie	___ Jahre	
In welchem bzw. welchen Planungsbereich(en) sind/waren Sie tätig?	____________________ ____________________ ____________________ ____________________	
Anzahl der physischen Absicherungsworkshops an denen Sie bereits teilgenommen haben	___ physische Absicherungsworkshops (ungefähre Zahl)	
Haben Sie weitere Kommentare, Lob, Kritik oder Anregungen?		

Vielen Dank für Ihre Teilnahme!

Anhang B - Fragebogen zur Evaluation der intuitiven, interaktiven und kollaborativen Planung sowie Absicherung der Materialzone

1. Vorbefragungsbogen

<table>
<tr><td rowspan="4">Code</td><td></td><td>Endbuchstabe ihres eigenen Vornamens</td></tr>
<tr><td></td><td>Anfangsbuchstabe des Vornamens ihrer Mutter</td></tr>
<tr><td></td><td>Endbuchstabe des Vornamens ihres Vaters</td></tr>
<tr><td></td><td>Anfangsbuchstabe ihres Geburtsortes</td></tr>
<tr><td>Händigkeit</td><td colspan="2"></td></tr>
<tr><td>Alter</td><td colspan="2"></td></tr>
<tr><td>Besitzen Sie ein Smartphone?</td><td colspan="2">☐ ja ☐ nein</td></tr>
<tr><td>Haben Sie bereits zuvor mit einem Tablet-PC (z. B. iPad) gearbeitet?</td><td colspan="2">☐ ja ☐ nein</td></tr>
<tr><td>Wenn ja, wie oft?</td><td colspan="2">☐ einmal ☐ einige Male
☐ oft ☐ regelmäßig</td></tr>
<tr><td colspan="3">Vom Versuchsleiter auszufüllen</td></tr>
<tr><td>Bedingung</td><td colspan="2"></td></tr>
<tr><td>Zeit 1</td><td colspan="2"></td></tr>
<tr><td>Qualität 1</td><td colspan="2"></td></tr>
<tr><td>Zeit 2</td><td colspan="2"></td></tr>
<tr><td>Qualität 2</td><td colspan="2"></td></tr>
</table>

2. ISONORM Fragebogen

Der Surface-Tisch...	**---**	**--**	**-**	**-/+**	**+**	**++**	**+++**	***Der Surface-Tisch...***
ist kompliziert zu bedienen.	☐	☐	☐	☐	☐	☐	☐	ist unkompliziert zu bedienen.
bietet nicht alle Funktionen, um die anfallenden Aufgaben effizient zu bewältigen.	☐	☐	☐	☐	☐	☐	☐	bietet alle Funktionen, um die anfallenden Aufgaben effizient zu bewältigen.
erfordert überflüssige Eingaben.	☐	☐	☐	☐	☐	☐	☐	erfordert keine überflüssigen Eingaben.
ist schlecht auf die Anforderungen der Arbeit zugeschnitten.	☐	☐	☐	☐	☐	☐	☐	ist gut auf die Anforderungen der Arbeit zugeschnitten.
erfordert viel Zeit zum Erlernen.	☐	☐	☐	☐	☐	☐	☐	erfordert wenig Zeit zum Erlernen.
ist so gestaltet, dass sich einmal Gelerntes schlecht einprägt.	☐	☐	☐	☐	☐	☐	☐	ist so gestaltet, dass sich einmal Gelerntes gut einprägt.
ist schlecht ohne fremde Hilfe oder Handbuch erlernbar.	☐	☐	☐	☐	☐	☐	☐	ist gut ohne fremde Hilfe oder Handbuch erlernbar.
erfordert, dass man sich viele Details merken muss.	☐	☐	☐	☐	☐	☐	☐	erfordert nicht, dass man sich viele Details merken muss.

Der Surface-Tisch...	---	--	-	-/+	+	++	+++	***Der Surface-Tisch...***
bietet keine Möglichkeit, die Aufgabe an jedem Punkt zu unterbrechen und dort später ohne Verluste wieder weiterzumachen.	☐	☐	☐	☐	☐	☐	☐	bietet die Möglichkeit, die Aufgabe an jedem Punkt zu unterbrechen und dort später ohne Verluste wieder weiterzumachen.
ermöglicht keinen leichten Wechsel zwischen einzelnen Menüs oder Masken.	☐	☐	☐	☐	☐	☐	☐	ermöglicht einen leichten Wechsel zwischen einzelnen Menüs oder Masken.
ist so gestaltet, dass der Benutzer nicht beeinflussen kann, wie und welche Informationen am Bildschirm dargeboten werden.	☐	☐	☐	☐	☐	☐	☐	ist so gestaltet, dass der Benutzer beeinflussen kann, wie und welche Informationen am Bildschirm dargeboten werden.
erzwingt unnötige Unterbrechungen bei der Aufgabenbearbeitung.	☐	☐	☐	☐	☐	☐	☐	erzwingt keine unnötigen Unterbrechungen bei der Aufgabenbearbeitung.
lässt sich nicht durchgehend nach einem einheitlichen Prinzip bedienen.	☐	☐	☐	☐	☐	☐	☐	lässt sich durchgehend nach einem einheitlichen Prinzip bedienen.

Der Surface-Tisch...	**---**	**--**	**-**	**-/+**	**+**	**++**	**+++**	***Der Surface-Tisch...***
erschwert die Orientierung, durch eine uneinheitliche Gestaltung.	☐	☐	☐	☐	☐	☐	☐	erleichtert die Orientierung, durch eine einheitliche Gestaltung.

3. Nachbefragungsbogen

Welche Probleme hatten Sie bei der Bearbeitung der Aufgaben mit dem... a) Papier? b) Surface?
Würden Sie eine weitere ähnliche Aufgabe lieber mit dem Surface oder dem Papier bearbeiten? ☐ Papier ☐ Surface
Warum?

4. QUESI (Questionnaire for Intuitive Use)

Hinweis: Versuchen Sie Ihre Einschätzung des Systems ausschließlich auf die Benutzung des Systems zu beziehen (und nicht z. B. auf die Schwierigkeit der Aufgabe an sich). Es gibt keine richtigen oder falschen Antworten. Bitte antworten spontan und lassen Sie keine Fragen aus.

		trifft gar nicht zu	**trifft wenig zu**	**trifft teils-teils zu**	**trifft ziem-lich zu**	**trifft völlig zu**
1	Es gelang mir, das System ohne Nachdenken zu benutzen	☐	☐	☐	☐	☐
2	Ich habe erreicht, was ich mit dem System erreichen wollte	☐	☐	☐	☐	☐
3	Mir war sofort klar, wie das System funktioniert.	☐	☐	☐	☐	☐
4	Der Umgang mit dem System erschien mir vertraut.	☐	☐	☐	☐	☐
5	Bei der Benutzung des Systems sind keine Probleme aufgetreten.	☐	☐	☐	☐	☐
6	Die Systembenutzung war unkompliziert.	☐	☐	☐	☐	☐
7	Es gelang mir, meine Ziele so zu erreichen, wie ich es mir vorgestellt habe.	☐	☐	☐	☐	☐

		trifft gar nicht zu	trifft wenig zu	trifft teils-teils zu	trifft ziem-lich zu	trifft völlig zu
8	Es fiel mir von Anfang an leicht, das System zu benutzen.	☐	☐	☐	☐	☐
9	Mir war immer klar, was ich tun musste, um das System zu benutzen.	☐	☐	☐	☐	☐
10	Die Benutzung des Systems verlief reibungslos.	☐	☐	☐	☐	☐
11	Ich musste mich kaum auf die Benutzung des Systems konzentrieren.	☐	☐	☐	☐	☐
12	Das System hat mich dabei unterstützt, meine Ziele vollständig zu erreichen.	☐	☐	☐	☐	☐
13	Die Benutzung des Systems war mir auf Anhieb klar.	☐	☐	☐	☐	☐
14	Ich tat immer automatisch das Richtige, um mein Ziel zu erreichen.	☐	☐	☐	☐	☐

Anhang C - Fragebogen zur Evaluation der papierlosen interdisziplinären Produktionsvorbereitung

<table>
<tr><td rowspan="4">Code</td><td></td><td>Endbuchstabe ihres eigenen Vornamens</td></tr>
<tr><td></td><td>Anfangsbuchstabe des Vornamens ihrer Mutter</td></tr>
<tr><td></td><td>Endbuchstabe des Vornamens ihres Vaters</td></tr>
<tr><td></td><td>Anfangsbuchstabe ihres Geburtsortes</td></tr>
<tr><td>Alter</td><td colspan="2"></td></tr>
<tr><td>Rolle des Projektteilnehmers</td><td colspan="2">☐ IPV
☐ MTM
☐ Ergonomie
☐ Sonstige ....</td></tr>
<tr><td>Haben Sie zuvor bereits mit einem iPad gearbeitet?</td><td colspan="2">☐ ja
☐ nein</td></tr>
<tr><td>Wenn ja, wie oft?</td><td colspan="2">☐ einmal
☐ einige Male
☐ oft
☐ regelmäßig</td></tr>
<tr><td>Nachdokumentationsaufwand</td><td colspan="2"></td></tr>
</table>

Beispiel zur Beantwortung des Beurteilungsbogens:

Der papierlose IPV ...	**---**	**--**	**-**	**-/+**	**+**	**++**	**+++**	***Der papierlose IPV ...***
ist schlecht.	☐	☐	☐	☐	☐	☒	☐	ist gut.

Im Beispiel wird danach gefragt, wie gut, bzw. wie schlecht der papierlose IPV ist.

Der Benutzer beurteilt in diesem Fall das Gerät zwar als gut, sieht jedoch noch Verbesserungsmöglichkeiten.

Füllen Sie bitte den Beurteilungsbogen äußerst sorgfältig aus!

Die Auswertung der Daten erfolgt anonym.

Der papierlose IPV ...	**---**	**--**	**-**	**-/+**	**+**	**++**	**+++**	***Der papierlose IPV ...***
ist kompliziert zu bedienen.	☐	☐	☐	☐	☐	☐	☐	ist unkompliziert zu bedienen.
bietet nicht alle Funktionen, um die anfallenden Aufgaben effizient zu bewältigen.	☐	☐	☐	☐	☐	☐	☐	bietet alle Funktionen, um die anfallenden Aufgaben effizient zu bewältigen.
erfordert überflüssige Eingaben.	☐	☐	☐	☐	☐	☐	☐	erfordert keine überflüssigen Eingaben.
ist schlecht auf die Anforderungen der Arbeit zugeschnitten.	☐	☐	☐	☐	☐	☐	☐	ist gut auf die Anforderungen der Arbeit zugeschnitten.
erfordert viel Zeit zum Erlernen.	☐	☐	☐	☐	☐	☐	☐	erfordert wenig Zeit zum Erlernen.
ist so gestaltet, dass sich einmal Gelerntes schlecht einprägt.	☐	☐	☐	☐	☐	☐	☐	ist so gestaltet, dass sich einmal Gelerntes gut einprägt.
ist schlecht ohne fremde Hilfe oder Handbuch erlernbar.	☐	☐	☐	☐	☐	☐	☐	ist gut ohne fremde Hilfe oder Handbuch erlernbar.
erfordert, dass man sich viele Details merken muss.	☐	☐	☐	☐	☐	☐	☐	erfordert nicht, dass man sich viele Details merken muss.

Der papierlose IPV ...	---	--	-	-/+	+	++	+++	***Der papierlose IPV ...***
ist so gestaltet, dass sich einmal Gelerntes schlecht einprägt.	☐	☐	☐	☐	☐	☐	☐	ist so gestaltet, dass sich einmal Gelerntes gut einprägt.
ist schlecht ohne fremde Hilfe oder Handbuch erlernbar.	☐	☐	☐	☐	☐	☐	☐	ist gut ohne fremde Hilfe oder Handbuch erlernbar.
erfordert, dass man sich viele Details merken muss.	☐	☐	☐	☐	☐	☐	☐	erfordert nicht, dass man sich viele Details merken muss.
bietet keine Möglichkeit, die Arbeit an jedem Punkt zu unterbrechen und dort später ohne Verluste wieder weiterzumachen.	☐	☐	☐	☐	☐	☐	☐	bietet die Möglichkeit, die Arbeit an jedem Punkt zu unterbrechen und dort später ohne Verluste wieder weiterzumachen.
ermöglicht keinen leichten Wechsel zwischen einzelnen Menüs oder Masken.	☐	☐	☐	☐	☐	☐	☐	ermöglicht einen leichten Wechsel zwischen einzelnen Menüs oder Masken.
ist so gestaltet, dass der Benutzer nicht beeinflussen kann, wie und welche Informationen am Bildschirm dargeboten werden.	☐	☐	☐	☐	☐	☐	☐	ist so gestaltet, dass der Benutzer beeinflussen kann, wie und welche Informationen am Bildschirm dargeboten werden.

Der papierlose IPV ...	**---**	**--**	**-**	**-/+**	**+**	**++**	**+++**	***Der papierlose IPV ...***
erzwingt unnötige Unterbrechungen der Arbeit.	☐	☐	☐	☐	☐	☐	☐	erzwingt keine unnötigen Unterbrechungen der Arbeit.
lässt sich nicht durchgehend nach einem einheitlichen Prinzip bedienen.	☐	☐	☐	☐	☐	☐	☐	lässt sich durchgehend nach einem einheitlichen Prinzip bedienen.
erschwert die Orientierung, durch eine uneinheitliche Gestaltung.	☐	☐	☐	☐	☐	☐	☐	erleichtert die Orientierung, durch eine einheitliche Gestaltung.

Welche Funktionen fehlen Ihnen bei dem papierlosen IPV?
Könnten Sie sich vorstellen durch die Verwendung des papierlosen IPV Zeit gegenüber ihrer sonstigen Arbeitsweise zu sparen? ☐ ja ☐ nein Wenn ja, schätzen Sie bitte die Zeit (pro Workshop): __ min
Könnten Sie sich vorstellen in Zukunft mit dem papierlosen IPV zu arbeiten? ☐ ja ☐ nein
Welche Bedenken haben Sie bei der Umstellung auf einen papierlosen IPV?
Sonstige Anmerkungen: